空间非合作目标天基动态光学感知与检测识别

姜 丽　杨秀彬　徐婷婷　著

国防工业出版社

·北京·

内 容 简 介

本书从天基光学动态成像技术领域出发，针对4π空间中动态分布的非合作目标，建立了感知—发现—确定—识别的一体化框架，全面多维度地探讨了空间非合作目标的先进感知与识别技术，覆盖理论基础、技术创新与实践应用，为非合作空间目标的全方位、高效率感知提供了坚实的理论与技术支撑。全书共6章，内容包括绪论、天基光学对空间目标感知与识别基础理论、天基光学动态超宽域感知扫描模式设计、基于图神经网络的2π星图配准拼接成像、面向动态星图的星点匹配和端到端识别技术、基于改进密度峰值搜索的暗弱微小目标的检测方法。

本书内容系统且全面，重点突出，实践性强，为需要对空间非合作目标感知与识别的科技工作者提供了理论依据，适合高等院校光学工程、遥感信息等相关方向的师生阅读，也可供相关领域的研究人员或工程技术人员参考。

图书在版编目(CIP)数据

空间非合作目标天基动态光学感知与检测识别 / 姜丽，杨秀彬，徐婷婷著. -- 北京 ：国防工业出版社，2024. 12. -- ISBN 978-7-118-13536-7

Ⅰ. V474.2

中国国家版本馆 CIP 数据核字第 2024FW9216 号

※

国防工业出版社出版发行

（北京市海淀区紫竹院南路 23 号　邮政编码 100048）

雅迪云印（天津）科技有限公司印刷

新华书店经售

*

开本 710×1000　1/16　**插页** 6　**印张** 13½　**字数** 286 千字

2024 年 12 月第 1 版第 1 次印刷　**印数** 1—1500 册　**定价** 98. 00 元

（本书如有印装错误，我社负责调换）

国防书店：(010)88540777　　书店传真：(010)88540776

发行业务：(010)88540717　　发行传真：(010)88540762

序

人类太空活动日益频繁,太空环境变得日益拥挤。太空探测器、卫星和其他太空设备的数量不断增加,因此空间非合作目标的感知与识别变得尤为重要。通过这项技术,我们能够及时发现并跟踪太空中的非合作目标,如太空垃圾、失控的卫星或其他未经授权进入太空的物体,从而避免太空设备与它们发生碰撞,减少对太空设备的损坏,提高太空活动的安全性和效率。此外,空间非合作目标感知与识别技术还可以帮助监测潜在的太空威胁,如敌对国家或组织可能发射的攻击性武器,并可以采取相应的防御措施,保护太空资产,确保太空活动的安全性。这对于国家安全和国际安全具有重要意义。因此,空间非合作目标感知与识别技术的发展对于太空活动的可持续发展和安全性具有重要意义。

针对呈现高速运动趋势的多数空间非合作目标,为捕获其完整的运动轨迹、识别更多的非合作目标、实时稳定跟踪运动目标,目标搜索已朝全景广域覆盖、高分辨、敏捷机动的方向发展。为此,本书从基本概念、基础理论和基本方法等方面出发,介绍空间非合作目标天基动态光学感知与检测识别技术,在深入讨论天基动态光学主动环 4π 全景广域扫描原理的基础上,探索引入注意力机制、图卷积神经网络和改进密度峰值搜索方法等新兴手段,以实现对广袤的 4π 空间中动态分布的非合作目标的覆盖,利用图卷积神经网络拼接感知发现海量空间信息,并确定影响空间目标匹配的背景星图,从而实现端对端识别,同时本书还对暗弱小目标的准确检测计算模型等内容进行了系统的研究,尝试感知、发现、确定、识别一体化的运动非合作目标探测新体制。

本书是天基光学探测领域的著作，作者长期从事光学设计、航天遥感、目标检测、姿态控制、综合电子学设计与仿真分析，具备深入的理论基础和工程经验。本书详细地探讨了空间非合作目标感知与检测的复杂问题，并进行了全面论述，从多个角度系统对主题进行全面分析，同时还介绍了最新的研究成果，有利于相关领域研究人员了解研究进展。本书理论分析和实验紧密结合，实现了相关理论的准确验证，读者也更容易掌握姿态控制基本理论，增强了本书的可读性。

本书内容由浅入深，丰富且重点突出、覆盖全面，系统总结了当前国内外空间非合作目标感知与检测发展现状基础上，重点讲述了天基光学对空间非合作目标的动态多模式感知与识别方法，结合仿真加以验证。在本书中，理论分析和实验紧密结合，实现了相关理论的准确验证，读者也能更加容易掌握姿态控制基本理论，对于需要快速学习对地观测卫星先进控制技术的年轻工作者来讲，本书是一本极具价值的参考书，可供高等院校、科研院所高年级相关人员参考。

王家骐

中国科学院长春光学精密机械与物理研究所

前言

随着超级大国“星球大战蓝图”的全面铺设，外太空空间开发进程不断加速，空间非合作目标的数目不断增加，碎片化、高速化趋势日臻明显，迫切需要高动态、大范围的空间非合作目标观测与检测方法。现有的空间非合作目标观测模式大多集中于“守株待兔”的定指向目标检测，成像模式单一、观测范围狭小，难以适应高动态目标。而空间非合作目标不仅从四面八方袭来，还具有体积小、速度快等区别于空间合作目标的特点，给观测任务带来了巨大的困难和挑战。同时，碎片化的空间非合作目标的暗弱、小尺寸等光度学与形态学特征，增加了对目标检测的难度。对高动态空间非合作目标检测时，传统算法易出现目标淹没、虚警等情况；虽然新型的深度学习方法鲁棒性强，但是处理大范围图像时运算量激增，亟待提升检测效能。因此，对航天器周遭环境进行大范围观测，同时稳定地消除高动态的干扰成为天基光学遥感领域的研究热点。

本书从天基光学动态成像技术领域出发，针对 4π 空间中动态分布的非合作目标，建立了感知—发现—确定—识别的一体化框架。本书全面探讨了空间非合作目标的先进感知与识别技术，覆盖理论基础、技术创新与实践应用等多个维度。首先分析了当前技术现状与挑战，深入挖掘天基光学探测的核心理论，创新融合深度学习技术优化星图识别与暗弱目标检测。然后，聚焦于高效的空间任务规划，设计了新型成像模式与双星成像策略，极大地增强了目标的精确定位能力。通过对动态条件下的星图成像进行深入研究，建立了关键模型并优化了影像处理方法，以实现高精度的星图配准与拼接。此外，本书还致力于提升星点提取与识别算法的性能，并针对暗弱小目标检测提出创新算法，有效解决了检测效率与稳定性的难题。最后，结合人类视觉系统理论与密度峰值搜索技术提出的方法显著提高了在复杂背景下红外小目标的检测能力，为空间非合作目标的全方位、高效率感知提供了坚实的理论基础与技术支撑。

本书是在作者团队的共同努力下完成的，参与资料整理、章节编写、校对审核和技术支持的人员包括姜丽、杨秀彬、徐婷婷、周丹、王济凯、段锐等。全书由姜丽统稿并撰写。在编写过程中，本书得到了中国科学院王家骐院士的关注、指导和支持，王院士还为此书作序，谨此致以诚挚的感谢。此外，中国科学院长春光学精密机械与物理研究所、北京理工大学、吉林大学、清华大学、哈尔滨工业大学等院校的航空航天领域专家也提出了许多宝贵的意见和建议。同时，国防工业出版社的领导和编辑给予了直接的指导与帮助。值此书出版之际，谨向以上所有领导、专家及朋友们表示衷心的感谢。

姜　丽

2024 年 2 月

目录

第1章 绪论

1.1 空间非合作目标感知与识别技术概述

在新的国际发展形势下，军民领域对环绕地球的4π空间重点区域的探测需求与日俱增，在民用领域方面有未知天体、碎片查验、天文感知等方面的需求，在军事方面则对星球大战等天基目标攻防信息获取的及时性和准确性提出了更加严苛的限制和要求，以应对战场瞬息万变产生的不可预估性。在地球外太空优势开发的背景下，空天目标的数量爆炸式增长，各国竞相争取站在宇航技术的制高点上，进而掌握空-天-地军事主动权，赢取信息化战争的胜利。为此，针对空间目标的威胁感知与有效识别等技术迫在眉睫。

空间目标根据是否可控和可识别分为合作目标与非合作目标，通常情况下，合作目标都会具备用于对接航天器的标识，特征已知，相应的识别与位姿测量技术发展已较为成熟。空间非合作目标无法主动提供位姿信息，并且由于非合作目标分布于在广袤、深邃的4π宇宙中，存在"小""弱"等特性，("小"目标一般缺乏形状、纹理和颜色等特征信息，目标经过光学衍射后在图像上仅呈现斑点状。"弱"目标表征能量值小，一般指目标相对于周围背景而言不具有区分性，对比度或者信噪比低，即低于对比度阈值0.25、信噪比阈值4)，在航天器导航、姿态控制等任务执行中，需要借助多种测量敏感获取观测信息，并且无法精确预知。

随着天基观测卫星技术和感光器件探测水平的发展，卫星敏捷的机动能力联合相机探测星等的能力，为空间广域动态光学成像的实现提供了基础和保障。天基光学探测成像以卫星为观测平台，以光学相机为有效载荷，可以高空俯瞰，全时域、全天候、全空域地监视和掌握地面、空中所发生的一切变化，具有得天独厚的优势。

从天基观测平台的有效载荷类型来看，信息获取方式主要分为两大类，以雷达为代表的有源主动探测和以光电传感器为代表的无源被动探测。雷达载荷工作在无线电波段，相比于工作在光波段的光电传感器来说受天气影响较小，具有搜索范围广、测量精度高以及较强的避障能力等优势。但由于其处于主动工作方式,隐蔽性较弱,同时受限于天基平台性能限制,探测距离有限。相比之下,光学无源探测方式在实际应用中有重要的现实意义,天基光学探测设备不仅能在轨机动运行,而且可通过光学传感器收集由目标反射的太阳光信息来确定目标的运动状态和轨道信息,实现对深空非合作目标的探测。

现阶段由于天基光学载荷受口径焦距限制,成像范围有限,一般采用多个探测器或者多个卫星拼接成像实现大范围搜索,是当前空间目标天基光学探测的主要成像手段。尽管如此,相比于广袤的4π空间,这种方式也仅仅是“管中窥豹,可见一斑”。针对大范围分布的空间目标,如何在实现广域目标搜索的同时兼顾测量精度已经成为天基光学观测空间目标急需解决的问题。

针对上述问题,应用卫星平台的三轴姿态机动能力,结合高性能光学图像传感器,合理设计动态成像参数与模式,即根据像点运动设计卫星姿态和光学传感器积分时间,同时对动态成像的分辨率、覆盖能力及成像信噪比进行综合评估,完成空间目标超广域高信噪比成像,可以突破传统静态推扫成像模式和光学相机成像能力的限制。凭借这一优势,天基光学动态成像已经成为空间目标探测和识别方向的研究热点。

1.2 空间非合作目标感知技术发展现状

1.2.1 空间非合作目标信息获取研究现状

美、俄两国的天基空间目标监视系统发展规模最大,科技水平最为先进,主要包括天基空间目标监视系统(SBSS)、地球同步轨道空间态势感知计划(GSSAP)、增强型地球同步试验卫星(ESPA),以及“地球同步轨道态势感知微型卫星”(S5)等。

1.2.1.1 天基空间目标信息常规手段

美国天基空间目标监视系统运行在630km的太阳同步轨道上,主要目的是建立一个低地球轨道光学遥感卫星星座,对空间目标实施广域监视。其中,Block10卫星又称“探路者”卫星,由于其成像视场角宽,观测重复周期短,因此可以全天候对地球静止轨道目标进行观测,在轨工作如图1-1所示。SBSS卫星可以对中低轨道目标(直径大于1cm)探测和跟踪,轨道跟踪能力较强,可将空间目标编目信息的更新周期由5天缩短至2天。

地球同步轨道空间态势感知计划是美军的高轨空间目标监测卫星系统,卫星

图 1-1　SBSS Block10 卫星

漂移运行在地球同步轨道(GEO)上下两侧,双星轨道运行如图 1-2 所示。GSSAP 卫星通过携带的光电传感器实现对地球同步轨道目标的空间态势感知;其同时具有较强的机动能力,姿态控制指向误差优于 0.4mrad,具备执行交会对接操作的能力,既可以保障合作目标安全,又可以阻止非合作目标碰撞,这是 GSSAP 重要的任务之一。通过部署 GSSAP 卫星,大幅提高了美军对 GEO 上运行卫星的持续监视与抵近侦察能力,为监视目标提供精确的轨道跟踪,填补了美国对 GEO 监视的缺口。

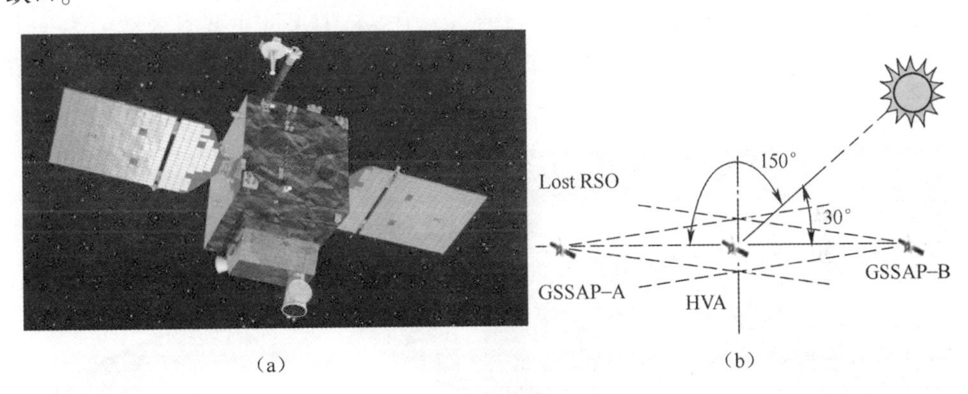

图 1-2　GSSAP 卫星示意图

(a) 在轨示意图;(b) 双星轨道运行。

增强型地球同步试验卫星的主要目的是验证监视数据收集的能力,如图 1-3(a)所示。由四颗卫星以高测量精度对空间目标在轨开展测量探测、敌方威胁行为识别等试验,并收集目标航天器的在轨运行数据,进一步扩展了美军在 GEO 的监视能力。地球同步轨道态势感知微型卫星主要验证开发低成本星座的可行性,探测和定位地球同步轨道附近的空间目标,如图 1-3(b)所示。除上述大型的天基空间目标监视系统以外,美国空军还积极研制微小卫星,让其成为空间监视力量的重要组成部分。

(a)　　　　(b)

图 1-3　卫星在轨运行示意图

(a)“老鹰”卫星;(b)S5。

俄罗斯的天基光学探测成像系统主要由第一代“眼睛”(OKO)系列卫星和第二代“穹顶”(EKS)系列卫星组成。“眼睛”系列卫星源于苏联,1972 年首颗卫星入轨,1987 年实现 9 颗卫星组网,可全天时覆盖北半球大部分国家和地区的航天发射场。“眼睛”系统卫星主要运行于大椭圆轨道(HEO)和地球同步轨道,此类卫星分别为 US-KS 和 US-KMO,如图 1-4 所示。US-K 卫星的主要有效载荷为一个直径 0.5m 的红外望远镜,US-KMO 卫星的主要有效载荷为一个直径 1m 的红外望远镜,并配有一个长 4.5m 的遮光罩。

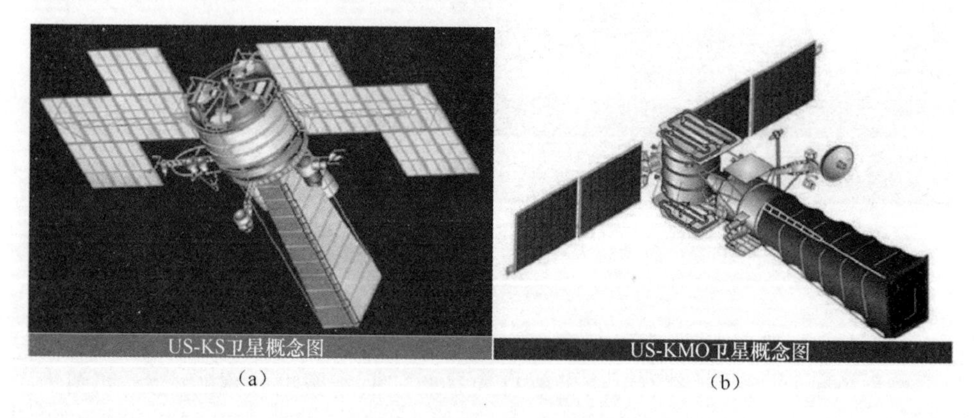

(a)　　　　(b)

图 1-4　“眼睛”系列卫星概念图

(a)US-KS;(b)US-KMO。

由于“眼睛”系统卫星老旧以及技术指标落后,该系统于 2014 年被废弃。新太空系统于 2015 年发射第一颗卫星,目前太空系统系统初步形成了 3 星组网工作模式。太空系统也是主要运行于大椭圆轨道和地球同步轨道,系统的主要有效载荷有红外望远镜、光学望远镜和紫外传感器,可以快速识别来自美国东部、欧洲大陆以及大西洋的空间飞行器及潜在威胁目标。除了美国和俄罗斯之外,其他国家也在逐步发展空间目标天基光学探测成像系统,德国于 2013 年底发射的 Asteroid Finder 卫星是一颗以观测近地轨道卫星和空间碎片为主的微小卫星[1],该光学系统的焦平面由 4 个 EMCCD 拼接组成,用高性能的探测器解决指向精度较低的问题。

综上所述,常规天基光学成像通常采用传统面阵成像模式,即成像过程中载荷与卫星平台间保持相对静止,这使得现有空间光学载荷在实际工作中存在诸多不足,如成像分辨率较低、重访周期较长、覆盖幅宽较窄以及灵活性较差等,导致现有光学探测成像的效率和信息应用时效大打折扣。由此,可以突破传统静态推扫成像模式和光学相机成像能力的限制的天基光学动态成像已经成为空间目标探测和识别方向的研究热点。

1.2.1.2 天基空间目标动态扫描成像技术手段

在大范围空间目标探测成像领域,欧洲航天局(ESA)于 2013 年 12 月发射了盖亚(Gaia)——全天体测量干涉仪全天球扫描式高精度空间天体测量卫星,如图 1-5(a)所示。"盖亚"卫星的主要任务是测量空间天体的三维位置、运动和姿态信息,并且为银河系绘制出最大、精度最高的三维银河系地图,如图 1-5(b)所示。"盖亚"卫星可以对空间中视星等范围在 5.7~21 的天体进行精度在 10 微角秒量级的测量。相比于欧洲航天局于 1989 年发射的第一代天体测量卫星"依巴谷"(Hipparcos)卫星而言,"盖亚"卫星的极限探测星等由 12 星等提升至 21 星等,同时测量精度也由 1000μas 提升至 10μas。不同于"盖亚"卫星的全称"全球天体物理干涉测量仪","盖亚"卫星并未使用干涉测量技术进行天体测量,而是直接对天体通过空间望远镜进行直接观测。"盖亚"卫星测量原理为空间天体扫描测量,通过两台望远镜随卫星不停旋转对空间天体重复扫描成像(在 5 年的任务持续时间内,每个天体会被观测 70 次),并通过两台望远镜测量天体的绝对视差来获得天体位置。

"盖亚"卫星的扫描规律如图 1-6 所示,两台望远镜的观测视线方向夹角(基本角)在卫星扫描方向上固定维持在 106.5°,太空中的天体发射的光经过望远镜最终成像到 CCD 相机上。为了使天体在像面上的移动速度与成像电子在 TDI CCD 上的转移速度保持一致,避免发生拖尾成像,卫星绕旋转轴的固定旋转速度设置为 60μs/s,以此来实现在旋转方向这一维度上的扫描成像。为了实现全天球扫描成像,"盖亚"卫星的旋转轴与太阳的夹角保持在 45°,并且绕太阳方向进行小幅度的进动,通过该进动轨迹,可以实现"盖亚"卫星对全天球的观测。因此,"盖

(a)

(b)

图 1-5 “盖亚”卫星
(a)在轨运行示意图;(b)三维银河系地图。

亚”卫星的旋转成像由三个周期性运动组合而成,分别为卫星的旋转运动、卫星的沿轨运动以及旋转轴的进动[2]。

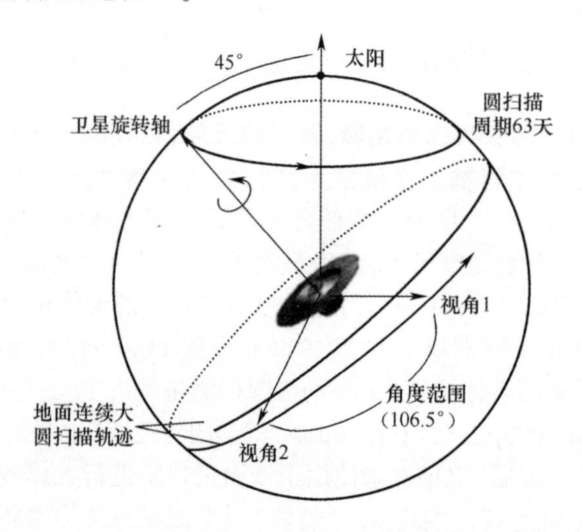

图 1-6 “盖亚”卫星的扫描规律示意图

“盖亚”卫星的动态扫描成像模式为分布广泛的空间目标监测模式,拥有观测卫星数量少以及探测范围广的优势,可以使天基光学探测做到快速广域探测,同时由光学相机通过天文定位完成高精度测量。“盖亚”卫星的成功在轨运行为广域空间目标通过天基光学卫星搜索感知和精密测量两个方面进行动态成像提供了新思路。

1.2.2 空间目标的天基光学定位方法

基于天基光学探测的空间目标定位方法是指以星载光电成像系统为主要探测

手段获取目标的图像、角度、波达时间或频率等信息并采用数据处理方法进行分析,结合探测器的位置或姿态数据以及坐标变换方法等辅助信息,最终得到目标在所需坐标系下(如天球坐标系等)的位置参数(方位、距离和速度等)。以探测卫星数目为分类依据,可将其分为单星定位方法、多星定位方法和天文定位方法三种。不同的定位方法适于对不同数目、运动特性和位置分布的目标进行定位。空间目标的天基光学定位方法主要步骤:首先对获取的信息进行预处理,剔除噪声和冗余;然后利用数据处理算法提取目标信息;最后利用不同的空间目标定位算法解算目标位置。

1.2.2.1 基于天基光学探测的单星定位方法

滤波估计定位是一种以目标角度或图像信息为先验知识实现目标状态估计的定位方法,适用于运动速度较快、轨迹多变的机动空间目标,能够估计运动目标的位置和速度矢量。滤波估计定位本质上就是根据动力学方程建立系统状态方程,再由空间几何关系建立目标状态量与观测量之间的观测方程,最后利用滤波方法进行更新迭代,估计出目标的状态参数和位置信息。

运动目标的跟踪定位是典型的非线性问题,可以利用滤波算法求解,经典的滤波算法包括迭代的高斯 牛顿(Gauss Newton)方法、卡尔曼滤波及其扩展算法等。但是基于扩展卡尔曼滤波(extended Kalman filter,EKF)的单星定位算法估计结果依赖迭代初值,且目标运动复杂度增加时会出现不稳定甚至发散的问题。无迹卡尔曼滤波(unscented Kalman filter,UKF)在解决非线性运动目标定位问题上比 EKF 更加精确且容易实现。粒子滤波(particle filter,PF)能够很好地解决 EKF 算法存在的发散问题,但其运算效率低和粒子退化问题是亟待解决的难点。

天文定位是一种基于图像信息定位的方法,多用于空间碎片等无机动目标的位置解算和空间目标的定轨问题,当目标进入视场时,拍摄目标及背景恒星的系列星图,再对每帧图像进行星点提取和星图匹配,计算像平面坐标系到地心惯性坐标系的姿态转换矩阵 $\boldsymbol{M}_{ic}$;然后对图像进行目标检测,得到像平面坐标 (x_c, y_c);最后根据传感器焦距 f 计算出空间目标的视位置(视赤经 α_0,视赤纬 δ_0)。其核心公式如下:

$$\boldsymbol{V}_i = \boldsymbol{M}_{ic}\boldsymbol{V}_c \tag{1-1}$$

式中

$$\boldsymbol{V}_i = \begin{bmatrix} \cos\delta_0\cos\alpha_0 \\ \cos\delta_0\sin\alpha_0 \\ \sin\delta_0 \end{bmatrix} \tag{1-2}$$

$$V_c = \frac{\begin{bmatrix} -x_c \\ -y_c \\ f \end{bmatrix}}{\sqrt{x_c^2 + y_c^2 + f^2}} \tag{1-3}$$

由式(1-1)可知,光电平台姿态误差和目标位置提取误差是影响天文定位精度的主要因素。

1.2.2.2 基于天基光学探测的多星定位方法

基于单星的目标定位方法已经趋于成熟,但是仍存在单星视野范围有限、获取目标信息量少、目标跟踪能力不足、定位精度不高且易受干扰的缺陷。随着空间探测领域的不断进步和探测需求的增加,多星协同探测技术逐渐得到发展。多星协同观测相比于单星探测,且具有范围广、跟踪和抗干扰能力强、突发情况应对能力好的优点;不仅能合理分配观测任务,获得多维目标信息,还能有效提高定位精度。因此,建立基于多星协同的探测体系对解算空间目标位置具有重要意义。基于天基光学探测的多星定位方法有目标质心定位、测向几何交叉定位、滤波估计定位和天文定位。其中,基于多星的滤波估计定位和天文定位原理与单星基本相同,本节不再赘述。

目标质心定位及其衍生算法属于非测距定位范畴,泛指不依赖目标和测站之间的任何角度、位置信息,只依靠测站的物理分布和目标“有、无”的二进制探测信息实现对目标位置估计的定位算法。由于该方法的定位精度有限且定位条件苛刻,一般很少使用。

目标质心定位算法的本质是将物理学中的质心定理应用于定位算法中,将探测卫星视为多质点系统(设为 N),假设每个测站的位置为 $p(x_i, y_i, z_i)$,在所有测站的权重相同的情况下,可以计算得到目标位置的估计值 (x, y, z):

$$\begin{cases} x = \dfrac{\sum x_i}{N} \\ y = \dfrac{\sum y_i}{N} \\ z = \dfrac{\sum z_i}{N} \end{cases} \tag{1-4}$$

很明显,当待测目标数量少或分布稀疏时,定位误差会很大。加权质心定位算法是在质心定位算法的基础上根据卫星位置距离的远近等规则给予不同观测卫星一定权重,再对目标位置进行估计,其定位精度相较于质心定位算法有所提升。网格定位算法是将观测卫星均匀部署并排列成网格的形式,对进入探测区域的目标进行探测和位置估计。该算法的定位精度最高,但在大量部署探测器的条件下适用。

测向交叉几何定位算法是在多星同步观测的情况下,根据星载传感器直接或间接获得目标视线角(一般为方位角和俯仰角)来建立几何模型,然后利用多星视线的交会关系建立方程组进行目标位置的解算。在星座联合探测的情况下,还需要结合选星算法以期达到最优的定位精度。

以双星测向交叉定位为例,其定位角度关系示意图如图 1-7 所示。

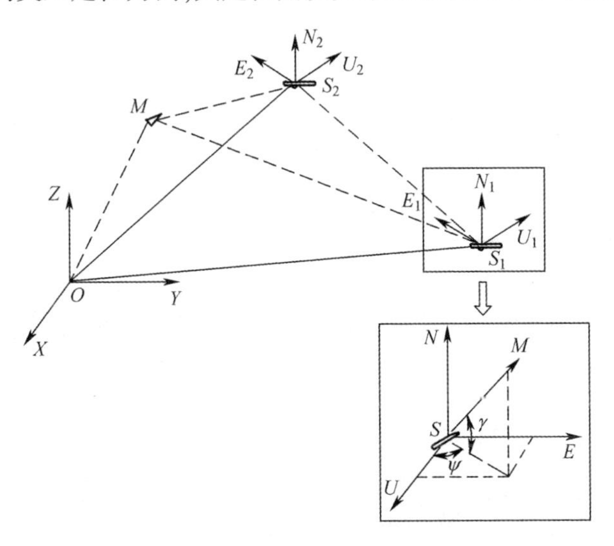

图 1-7　双星测向交叉定位角度关系示意图

目标 (x,y,z) 方位角和俯仰角与各探测卫星 (x_i,y_i,z_i) 的位置关系如下:

$$\begin{cases}\tan\psi_i = \dfrac{x - x_i}{y - y_i} \quad (i = 1,2,\cdots,n) \\ \tan Y_i = \dfrac{z - z_i}{r_i} \quad (i = 1,2,\cdots,n)\end{cases} \tag{1-5}$$

其中

$$r_i = \sqrt{(x - x_i)^2 + (y - y_i)^2}, x_i - y_i \tan p_i = x - y \tan p_i$$

当有 n 个测站时,有

$$\begin{bmatrix} x_1 - y_1 \tan\psi_l \\ \vdots \\ x_n - y_n \tan\psi_n \end{bmatrix} = \begin{bmatrix} 1 & -\tan\psi_l \\ \vdots & \vdots \\ 1 & -\tan\psi_n \end{bmatrix} \begin{bmatrix} x \\ y \end{bmatrix} \tag{1-6}$$

$$z = r_i \tan Y_i + z_i \tag{1-7}$$

联立式(1-6)和式(1-7)可以得到目标的三维坐标。一般而言,高度值取多个测站得到目标高度的平均值作为最终目标在 z 轴的高度。

1.2.2.3 空间非合作目标天文定位方法

天文定位是一种基于图像信息定位的方法,多用于空间碎片等非合作目标的位置解算和空间目标的定轨问题,当目标进入视场时,拍摄目标及背景恒星的系列星图,再对每帧图像进行星点提取和星图匹配,解算目标在惯性空间的位置[3]。

根据目标的成像特性可知,运动空间目标在长曝光时间下呈条状分布,而静态恒星为点状光斑分布。因此,在形态上空间目标与恒星可以通过矩形度,即最小外接矩形的长宽比进行区分[4]。天文定位具体操作如下:首先对含目标的星图进行中值滤波,目的是滤掉星图背景的离散噪声;其次为了尽可能保留目标的灰度分布信息,选择阈值分割的方法区分目标与背景,生成二值图像

$$b(x,y)=\begin{cases}0 & [f(x,y)\leqslant T]\\ 1 & [f(x,y)>T]\end{cases} \tag{1-8}$$

式中:$b(x,y)$ 为阈值分割后的二值化图像;T 为分割阈值。

本书采用自适应阈值方法,利用统计学上均值和方差思想,设计阈值:

$$T=\mu_{\text{image}}+\zeta\sigma_{\text{image}} \tag{1-9}$$

式中:μ_{image}、σ_{image} 分别为含目标的星图均值和方差。

图 1-8 为目标与背景的概率分布示意,可以看出,系数 ζ 的选择直接影响目标和背景的分离程度。因此,为了提高目标的检测率,应尽可能减小 ζ 的取值。本书取 $\zeta=2$,可保证目标信息的最大化保留。

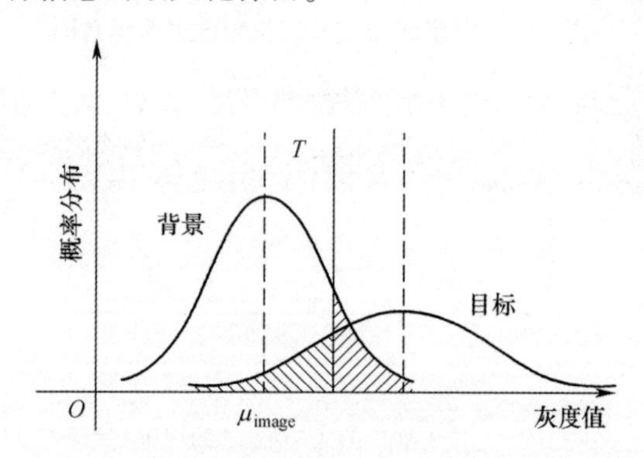

图 1-8 目标与背景的概率分布示意

在得到二值化图像 $b(x,y)$ 后,为了分析目标和恒星的形态,检测提取目标,需要对二值图像进行连通域分割处理,将目标和其他恒星分离。由于观测卫星姿态稳定精度很高,在曝光时间内恒星成像保持对称的光斑分布。因此本书定义矩形度 R 为目标/恒星像的最小外接矩形长宽比,以此为区分目标和恒星形态的标准。

不同矩形度的恒星和空间目标的形态区分如图 1-9 所示。

目标在像平面上的位置确定精度直接影响后续目标在三维空间的位置解算精度[5]。质心定位法计算简单、定位精度可达亚像元级,在工程上得到广泛应用。阈值质心法是在剔除背景噪声后再计算,比传统的质心法定位精度高。本章使用阈值质心定位方法计算像平面上目标位置,具体如下:

$$\begin{cases} x_f = \dfrac{\sum\limits_{x=1}^{m}\sum\limits_{y=1}^{n}[f(x,y) - T]\cdot x}{\sum\limits_{x=1}^{m}\sum\limits_{y=1}^{n}[f(x,y) - T]} \\ y_f = \dfrac{\sum\limits_{x=1}^{m}\sum\limits_{y=1}^{n}[f(x,y) - T]\cdot y}{\sum\limits_{x=1}^{m}\sum\limits_{y=1}^{n}[f(x,y) - T]} \end{cases} \tag{1-10}$$

式中:(x_f,y_f) 为目标的质心位置;$f(x,y)$ 为原始含目标的星图像;m、n 分别为目标对应的窗口横、纵方向像素数,一般为经过矩形度检测后仅含有目标区域的二值图像,图像中对应检测到的目标区域沿横纵方向分别外扩的两个像元。

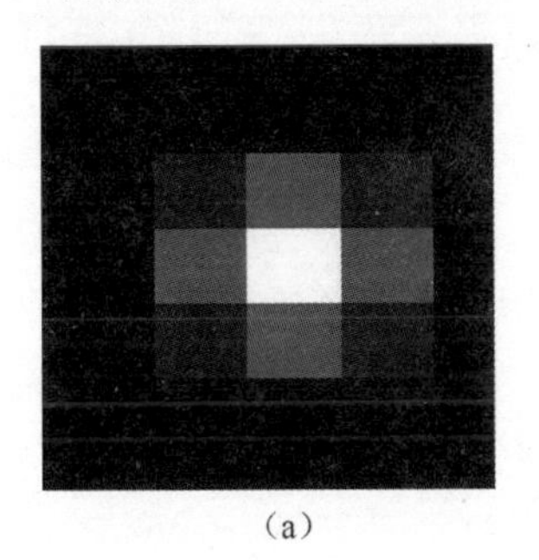
(a)

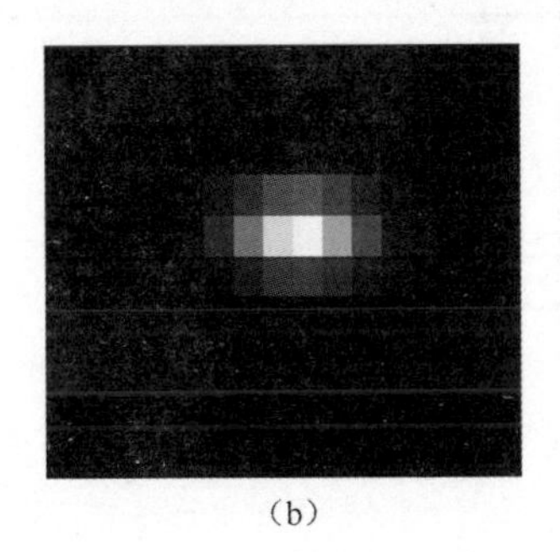
(b)

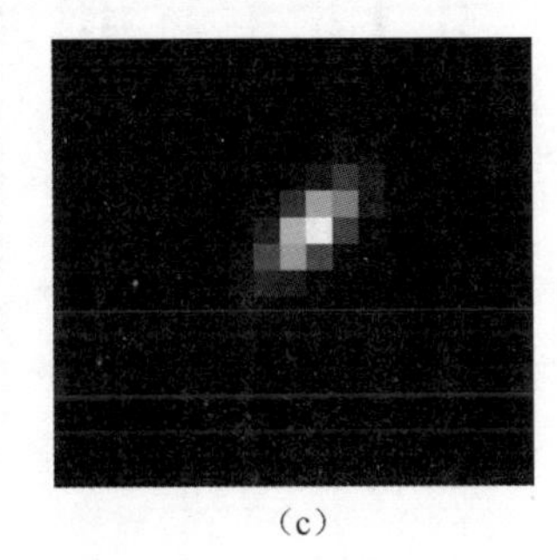
(c)

图 1-9 不同矩形度的恒星和空间目标的形态区分

(a)理想恒星像点 $R=1$;(b)目标 $R=1.62$;(c)目标 $R=1.77$。

在获取恒星及空间常驻物体在星敏感器像面上的位置后,基于姿态规划值并根据星图识别算法完成图像中的恒星识别,获取其天球坐标系下的坐标。卫星处于凝视动态测量条件下,恒星产生动态畸变。像平面上的恒星质心坐标为 $(x_1,y_1),(x_2,y_2),\cdots,(x_N,y_N)$,以空间常驻目标成像时刻为基准时刻,此时恒星质心坐标为 $(x'_1,y'_1),(x'_2,y'_2),\cdots,(x'_N,y'_N)$,根据公式可以得到

$$\begin{cases} x' = x - D \\ y' = y - H \end{cases} \tag{1-11}$$

在获取空间常驻物体(RSO)成像时刻的恒星质心后,计算空间常驻物体与已知恒星的角距

$$\cos e_{ij} = \cos\left(\frac{s_i \cdot s_j}{|s_i| \cdot |s_j|}\right) \tag{1-12}$$

式中

$$\boldsymbol{s}_i = \frac{1}{\sqrt{X_i^2 + Y_i^2 + f^2}}\begin{pmatrix} X_i \\ Y_i \\ f \end{pmatrix};\boldsymbol{s}_j = \frac{1}{\sqrt{X_j^2 + Y_j^2 + f^2}}\begin{pmatrix} X_j \\ Y_j \\ f \end{pmatrix}$$

计算空间常驻物体与视场内的恒星的角距关系。

设空间常驻物体在惯性空间内的位置矢量为

$$\boldsymbol{v}_0 = \begin{bmatrix} \cos\alpha_0\cos\delta_0 \\ \cos\alpha_0\sin\delta_0 \\ \sin\delta_0 \end{bmatrix}$$

根据角距信息建立的误差函数为

$$J(\boldsymbol{v}_0) = \sum \left\| \cos\left(\frac{\boldsymbol{s}_i \cdot \boldsymbol{s}_j}{|\boldsymbol{s}_i| \cdot |\boldsymbol{s}_j|}\right) - \cos e_{ij} \right\|_2 \tag{1-13}$$

为使损失函数最小,其偏导数应为0,即

$$\begin{cases} \dfrac{\partial J(\boldsymbol{v}_0)}{\partial x} = \sum\limits_{i=1}^{k} l_i^2 \cdot x + \sum\limits_{i=1}^{k} l_i \cdot m_i \cdot y + \sum\limits_{i=1}^{k} l_i \cdot n_i \cdot z - \sum\limits_{i=1}^{k} l_i \cdot \cos e_i = 0 \\ \dfrac{\partial J(\boldsymbol{v}_0)}{\partial y} = \sum\limits_{i=1}^{k} l_i \cdot m_i \cdot x + \sum\limits_{i=1}^{k} m_i^2 \cdot y + \sum\limits_{i=1}^{k} m_i \cdot n_i \cdot z - \sum\limits_{i=1}^{k} m_i \cdot \cos e_i = 0 \\ \dfrac{\partial J(\boldsymbol{v}_0)}{\partial z} = \sum\limits_{i=1}^{k} l_i \cdot n_i \cdot x + \sum\limits_{i=1}^{k} m_i \cdot n_i \cdot y + \sum\limits_{i=1}^{k} n_i^2 - \sum\limits_{i=1}^{k} n_i \cdot \cos e_i = 0 \end{cases} \tag{1-14}$$

解方程组得到待测空间目标的单位矢量和天球坐标系下中的位置矢量。

1.3 暗弱目标检测识别方法研究现状

随着科技的发展,各种先进的传感器技术被应用于空间非合作小目标感知与识别中,主要有光学传感器和红外传感器等,这些传感器为小目标检测和定位提供了丰富的目标信息和数据。小目标检测和定位在IRST中起着至关重要的作

用[6-7]。近年来,为了设计鲁棒的红外小目标检测与跟踪系统,研究人员进行了广泛的研究,提出了基于滤波器、局部信息、数据结构和深度学习的方法[8]。这些方法在提高检测精度、降低虚警率、提高实时性等方面都取得了一定的进展,并逐渐应用于军事、民用等领域。

1.3.1 红外小目标检测算法分类

作为红外小目标检测技术的主要应用场景,IRST 系统需要同时进行目标检测和跟踪两种任务。因此,现有红外小目标检测和跟踪算法相互关联。根据红外小目标检测和跟踪算法对输入信息处理方式的区别,现有算法可以分为跟踪前检测(detect before track,DBT)和检测前跟踪(track before detect,TBD)两大类[9]。

DBT 算法是一种经典的目标检测算法,它以单帧图像作为处理对象,通过对单帧图像的预处理得到目标置信图,再利用时域信息进行跟踪和预测。图 1-10 显示了 DBT 算法框架,首先通过图像预处理技术,抑制噪声和背景干扰,以获得较高的信噪比;随后在空域目标信息增强,通过阈值分割将置信度图转化为二值图像,得到检测结果(在实际应用中还可以通过轨迹辅助判决算法进一步优化结果)。DBT 具有简单易用、计算量小的优势,适用于信噪比较高的应用场景,但在信噪比较低的情况下,可能会出现虚警[10]。

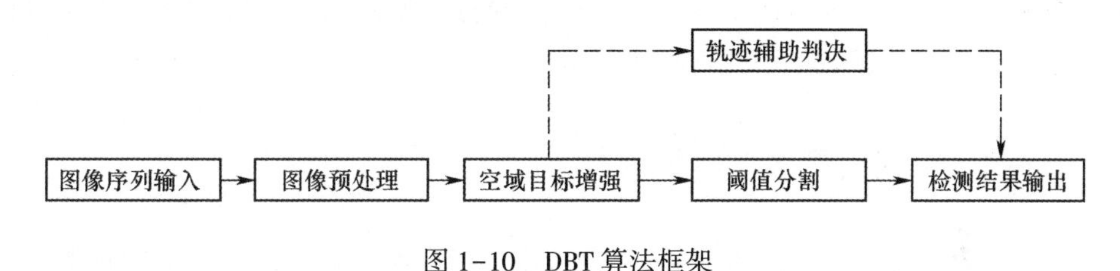

图 1-10 DBT 算法框架

TBD 算法作为一种基于非阈值的算法,其基于目标轨迹连续的假设,以序列图像中的多个连续帧为处理对象,用于目标检测和跟踪。图 1-11 显示了 TBD 算法框架。TBD 算法从预处理后的图像中提取目标的所有候选轨迹,并预测其下一帧位置,然后提取每个候选目标的特征作为目标身份识别判据,再比较每条轨迹的后验概率,提取出真实目标轨迹。TBD 算法适于低信噪比小目标的检测,常见的 TBD 算法包括高阶相关[11]、三维匹配滤波[12]、概率密度假设[13]、动态规划[14]、粒子滤波[15]、高阶累积量[16]等。TBD 算法需要处理不同时刻的多帧图像,所需的计算量大,计算复杂度更高,适用于信噪比(SNR)低、帧频高的序列图像。

无论是 TBD 算法还是 DBT 算法,其输入对象都是视频序列,但两种算法对帧间信息处理的先后顺序有所区别。在 DBT 算法中,目标检测和目标跟踪可以分别进行,两个过程可以采用不同的算法进行处理,以达到更好的效果。此外,目标检

图 1-11 TBD 算法框架

测可以对整个图像或视频序列进行处理,找到可能存在的所有目标,包括遮挡目标。跟踪只需在检测到的目标周围的局部区域内,减少了处理的范围和计算量。在 IRST 系统中,时效性是实现捕获来袭目标信息、做出战略决策、获得战场主动权的关键要求。由于 TBD 算法无法实现快速检测,因此需要具有目标检测和跟踪分离、处理范围局部化、准确性高、实时性好和鲁棒性强等优点的 DBT 算法。在红外小目标检测和跟踪中,DBT 算法已被广泛应用。本书将在 DBT 框架下深入研究红外小目标检测算法,并重点介绍 DBT 方法的研究现状。

需要说明的是,本书的研究内容是针对红外小目标的单帧检测方法和序列检测方法,而不涉及目标跟踪。顺序检测和目标/对象跟踪之间有所区别,顺序检测是指在序列的数据(如视频)中检测目标的过程。序列检测是检测随时间出现和消失的目标,并跟踪它们跨帧的移动。目标/对象跟踪则涉及随时间跟踪特定对象。目标/对象跟踪是定位和跟踪已识别的对象,并在外观、运动或遮挡发生变化的情况下跨帧保持其身份和轨迹。

根据图 1-10 所示 DBT 算法的处理流程,DBT 算法包含以空域目标再增强为主的单帧目标检测和通过轨迹辅助判决的多帧目标检测两个关键技术。因此,接下来主要针对相关领域的研究现状进行分类梳理。

1.3.2 单帧检测方法研究现状

红外小目标是“小”和“弱”两个显著特征。运动红外目标检测技术在预警、精确制导等领域发挥了重要作用。然而,由于成像距离远,成像环境复杂,目标在图像中仅占据几个像素,淹没在背景杂波中。此外,大气散射、折射、光学散焦和各种噪声等因素会导致红外图像的信噪比较低,纹理细节信息不足。这些因素会导致信号较弱且与目标背景的对比度较低,大大增加了检测运动红外小目标的难度。快速移动的传感器平台会使目标的运动轨迹不同,导致基于时域方法的性能下降,在这种情况下,单帧红外小目标检测变得更加重要[10]。

基于滤波器的预处理方法可以在简单的均匀场景轻易捕获目标[11],但该方法对噪声敏感,在复杂背景中无法取得令人满意的结果[17-18]。为了更好地抑制复杂背景,基于稳健主成分分析(robust principal component analysis,RPCA)的方法利用红外图像背景的非局部自相关性和小目标的稀疏性,将红外小目标检测问题转化为恢复低秩矩阵和稀疏矩阵的优化问题。如红外补丁图像(infrared patch-image, IPI）模型[19]、非凸秩逼近最小化联合 $l_{2,1}$ 范数（non - convex rank approximation minimization joint $l_{2,1}$ norm, NRAM）[20]、张量核范数的部分和（partial sum of the tensor nuclear norm, PSTNN）[21]。但是，由于强边界边缘具有与目标相似的稀疏特性，这些方法恢复的目标图像中仍然会保留一些边缘结构[22]。

随着人类视觉系统（human visual system, HVS）理论的发展，许多基于 HVS 的算法被提出，这些方法试图用不同的特征描述符来描述局部特征[23]，如 LCM[24]、改进的局部对比度（improved LCM, ILCM）[25]、基于多尺度补丁的对比度测量（multiscale patch-based contrast measure, MPCM）[26]、邻域显著图（neighborhood saliency map, NSM）[27]等。在多个目标相互靠近的情况下，这些方法很容易将多个目标识别为一个目标。为了提高检测性能，一些方法通过将局部对比度和梯度特性结合来区分真实目标和强杂波，如双邻域梯度（double-neighborhood Gradient, DNG）[27]、快速自适应屏蔽和迭代分割缩放（fast adaptive masking and scaling with iterative segmentation, FAMSIS）[28]、绝对方向平均差（absolute directional mean difference algorithm, ADMD）[29]等。

此外，还有许多联合方法，这些方法通过将 HVS 特征与其他技术结合来检测小目标。例如，基于环顶帽变换（ring top-hat transformation, RTH）的方法[30-32]，通过不同的环形结构元素在 RTH 中利用对比度信息。Deng 等[33]使用熵作为局部对比度的加权函数，设计了一种多尺度灰度差加权图像熵（multiscale gray difference weighted image entropy, MGDWIE）检测器。Xia 等[34]提出改进的随机游走（modified random walk, MRW）算法，将随机游走（random walk, RW）技术[35]应用到小目标检测。Qin 等[36]提出小面核滤波和随机游走（facet kernel and random walk, FKRW）在局部图像中分割目标和背景。Qiu 等[37]提出了像素级局部对比度测量（PLLCM），通过 RW 在像素级别细分小目标和背景。为了适应不同的背景图像，陆福星等[38]根据不同背景下的序列图像进行背景自适应判断，提出一种背景自适应的多特征融合检测方法，选取不同的预处理方法，然后利用目标的梯度特征、局部熵和方向比例等特征进行融合，提高红外弱小目标检测算法的性能。

上述基于 HVS 的单帧检测方法[24,39]试图用不同的特征描述符描述目标与周围背景的不同。它们易于实现，但受到目标和背景之间的对比度的限制，在低 SCR 下表现不佳。此外，还有一些方法关注目标的全局特性，例如基于谱图理论，Xia 等[34]提出带局部特征约束的图拉普拉斯方法，通过图拉普拉斯模型描述节点全局稀有性特征。Huang 等[40-41]提出用密度峰值搜索算法来获取图像中稀疏分布的密度峰值。这些方法能够应对复杂的背景杂波，但是由于只能利用空间的信息，这些方法对背景中与小目标高度相似的对象束手无策。

1.3.3 多帧轨迹提取方法研究现状

为了利用更多有用的目标信息并提高实时性能,提出了许多利用时空信息的序列检测方法。传统的顺序检测方法包括 3D 匹配滤波器[12]、时间剖面[24]、假设检验[42]、最大似然估计[43]和动态规划[44]。时域差分(time domain difference, TDD)法曾广泛用于运动目标检测[45],但它很有局限性,缓慢运动的目标会在差分图像中被抑制导致漏检,在差分图像中一个目标会产生两个阴影导致误检。Senga 和 Mukhopadhyay[45]提出基于帧差分和 W_4 的运动目标检测方法,通过将 W_4 算法应用于帧序列,使用逻辑"或"运算组合帧差分和 W_4 算法的结果以避免差分算法的重影问题。递归方差滤波器(the recursive variance filter, TVF)[46]和阻尼正弦滤波器(三重时间滤波器)(triple temporal filter, TriTF)[47]从多帧图像中检测小目标,然而仅根据差分信息无法区分目标和运动背景的差异,如移动的云也可能被检测为目标。

序列检测方法将序列图像流中的多个帧作为一个整体,把局部对比度空间引入 3D 空间中。通过融合空间局部对比度和时间局部对比度,Deng 等[48]提出一种时空局部对比度滤波器(spatial-temporal local contrast filter, STLCF)。Zhao 等[49]提出了一种时空局部对比度(spatial-temporal LCM, STLCM),使用空间域差异的平均滤波器预测和增强时域来检测移动小目标。这些基于显著图的方法取得了很好的检测效果,然而,由于某些方法中简单的时域微分操作,可能会丢失帧间小运动目标的局部灰度强度差异信息。因此,当背景复杂或杂乱时,其虚警率仍然很高,检测率并不明显优于使用单帧的方法。Du 和 Hamdulla 提出了时空局部差异度量(spatial-temporal local difference measure, STLDM),利用连续三幅图像中时空局部对比的方法进行联合目标增强和背景抑制[50],但是局部对比度的计算容易受到噪声的影响。GAO 等[51]提出了时间方差和空间补丁对比滤波器(temporal variance and spatial patch contrast filter, TVPCF),它将基于补丁的多尺度局部对比度与时间滤波器相结合,以获得更好的检测结果。Wan 等[52]提出了一种基于显著性直方图和几何不变性的检测方法,在显著图的基础上提出了一种新的显著性直方图,以区分视觉上的显著区域和背景。Li 等[53]提出了一种基于时空显著性模型和预测(spatio-temporal saliency model and prediction, STP)方法,使用当前图像块的时空邻域中的图像块来恢复新的图像块,当图像块和恢复图像块之间的差异定义为目标检测的时空局部对比度。虽然这种方法可以抑制杂波和单像素噪声,但是该过程对噪声极其敏感。在这种情况下许多目标可能会在高噪声的情况下丢失。Zhang 等[54]指出,目标快速运动时时域显著图上的鬼影会导致检测率下降。为了解决这一问题,Zhang 等[54]提出了新型时空矢量差分测度(spatial-temporal vector difference measure,STVDM),利用时间向量的局部均值,STVDM 通过构建具有增强向量范围的增强可能目标时间显著图消除鬼影。

然而,这些基于时空显著图的方法仅使用少数连续帧的信息,而没有考虑时域轮廓信息[55]。Lin 等[56]改进 TVF 并提出自适应时间滤波器(adaptive temporal filter,ATF),通过去除硬阈值分割来解决递归检测。这两种方法都假设当目标出现时,方差远高于没有目标的像素,易受强时间噪声的影响,对弱目标的检测能力较低。Liu 等[57]提出用于时间序列降噪的下驻点滤波(CLSP),但它会影响目标波形。Lv 等[58]使用局部相似性进行噪声抑制,但不使用时域轮廓特征进行检测。Niu 等提出高阶统计(higher order statistics,HOS),与 TVF 相比,对时间轮廓特征的建模更准确。Wu 等[59]提出利用小波变换对时间序列进行去噪,然后利用相邻两个时间窗内的波形进行互相关计算。Liu 等[55]提出一种像素时域轮廓相似度模型,利用快速傅里叶变换(FFT)和 KL 散度计算时域轮廓相似度,通过最大抑制策略来消除误报。

上述方法一般是通过计算时空邻域内像素或子块的差异来突出小目标。由于目标在背景中看起来很相似,一些杂波和噪声在检测后可能仍然存在。Liu 等[60]提出时空张量模型(spatio-temporal tensor model,STTM),应用背景的局部相似性先验和目标的稀疏先验来获取时空局部邻域的信息,可以更好地抑制背景杂波和噪声,从而实现准确的目标检测。为了充分利用目标和背景信息,Pang 等[61]提出一种基于刻面导数的时空张量多向边缘感知(facet derivative-based multidirectional edge awareness with spatial-temporal tensor,FDMDEA-STT)的方法,该方法将基于刻面导数的多向边缘感知与时空张量模型相结合。

为了在复杂环境中有效检测移动的红外小目标,Zhao 等[62]提出一种利用运动轨迹时空一致性的检测算法,将稠密轨迹信息引入红外小目标检测,通过提取密集轨迹以形成动态变化的轨迹列,应用轨迹点的空间聚合模型在单帧图像中检测候选目标,利用时空一致性来有效检测红外视频中的移动小目标。Yang 等[63]提出一种时空轨迹描述符,通过对目标编码和目标轨迹一致性测量,提高了对海上小目的标检测能力。

尽管所提到方法采用不同方式利用时空相关性,但当受点状背景特征干扰时,基于离群值的方法仍然面临着高误报率[64]。

1.3.4 复杂场景红外小目标检测研究

现有算法对复杂背景下红外小目标检测的研究较少。基于目标像素和背景像素在时空域中的方差特征和灰度强度特征,Pang 等[65]提出了用于慢速小目标检测的时空显著性方法(novel spatiotemporal saliency method,NSTSM)。在复杂场景下的小目标检测中，由于背景中可能会存在噪声变化等干扰，往往难以准确地定位待检测目标并提取其特征，也难以达到较为理想的检测率，因此如何增强模型对小目标的特征提取能力是一个主要难点。

Xie 等[66]总结了以无人机为代表的复杂背景目标的特征，包括阴影现象、运动特性和颜色信息，针对这些特征提出了一种基于自适应切换时空融合图(adaptive switching spatial-temporal feature maps，ASSTFM)的检测方法。Guan[67]对复杂背景红外小目标图像的特性进行了分析，总结了复杂背景目标的关键特性。复杂背景具有局部连续性、非局部相关性以及张量的低秩性。复杂背景小目标具有局部显著性、全局稀疏性以及张量的稀疏性。利用梯度反转层优化网络提取特征的域间适应，宋子壮等[68]提出基于无监督域适应的复杂背景红外目标检测，降低了参数标注的人工成本。为了应对实时处理需求，周海等[69]提出全卷积网络的复杂背景小目标检测方法，通过 FPGA 实现低时延并行处理。通过在时空域分别计算空间方差显著性映射和时间灰色显著性映射。Pang 等[65]提出一种融合空间显著图和时间显著图的目标检测方法，提高了对复杂背景的适应性。

1.4 研究意义和应用前景

空间非合作目标泛指不能提供有效合作信息的空间目标。随着人类太空活动日益频繁，空间非合作目标的数目不断增加，碎片化、高速化趋势日臻明显，迫切需要高动态、大范围的空间非合作目标观测与检测方法。现有的空间非合作目标观测模式大多集中于“守株待兔”的定指向目标检测，成像模式单一、观测范围狭小、难以适应高动态目标。而空间非合作目标不仅从四面八方袭来，还具有体积小、速度快等区别于空间合作目标的特点，给观测任务带来了巨大的困难和挑战。同时，碎片化的空间非合作目标因其暗弱、尺寸等光度学与形态学特征加大了目标的检测难度。在对高动态空间非合作目标检测时，传统算法易出现目标淹没、虚警等情况；而新型的深度学习方法鲁棒性强，但处理大范围图像时运算量激增，亟待提升检测效能。因此，如何对航天器周遭环境进行大范围观测，同时在检测过程中稳定地消除高动态的干扰，已成为了遥感领域研究热点。

空间非合作目标感知与识别技术的意义在于提高太空活动的安全性和效率。在当今日益拥挤的太空环境中，太空探测器、卫星和其他太空设备的数量不断增加，因此空间非合作目标的感知与识别技术变得尤为重要。通过这项技术，我们可以及时发现并跟踪太空中的非合作目标，包括太空垃圾、失控的卫星或其他未经授权进入太空的物体，从而避免太空设备与它们发生碰撞，减少对太空设备的损坏，保护人类在太空中的资产，对于太空活动的可持续发展和安全性具有重要意义。

参考文献

[1] 王亚敏. 敏捷卫星灵巧多模式成像设计与研究[D]. 长春:中国科学院长春光学精密机械与物理研究所, 2017.

[2] 白照广. 高分一号卫星的技术特点[J]. 中国航天, 2013(8): 5-9.

[3] 潘腾. 高分二号卫星的技术特点[J]. 中国航天, 2015,441(1): 3-9.

[4] 李果, 孔祥皓, 刘凤晶, 等. "高分四号"卫星遥感技术创新[J]. 航天返回与遥感, 2016, 37(4): 7-15.

[5] 黄群东, 杨芳, 赵键. 姿态对地指向不断变化成像时的偏流角分析[J]. 宇航学报, 2012, 33(10): 1544-1551.

[6] Chapple P B, Bertilone D C, Caprari R S, et al. Target detection in infrared and SAR terrain images using a non-Gaussian stochastic model; proceedings of the targets and backgrounds: Characterization and representation V, F[C]. SPIE,1999.

[7] 夏超群. 基于局部和全局特征表示的红外小目标检测算法研究 [D]. 杭州:浙江大学, 2021.

[8] ZHAO M, LI W, LI L, et al. Single-frame infrared small-target detection: A survey [J]. IEEE Geoscience and Remote Sensing Magazine, 2022, 2-34.

[9] 吕凭乐. 天基运动小目标检测若干关键技术研究 [D]. 上海:中国科学院大学(中国科学院上海技术物理研究所), 2019.

[10] 杨其利. 基于深度学习的红外弱小目标检测研究 [D]. 北京:中国科学院大学(中国科学院国家空间科学中心), 2020.

[11] LV P Y, LIN C Q. Dim point target enhancement and detection based on improved NL-means in complex background: proceedings of the ninth International conference on digital Image processing (ICDIP 2017), F[C]. SPIE,2017.

[12] REED I S, GAGLIARDI R M, STOTTS L B. Optical moving target detection with 3-D matched filtering [J]. IEEE Transactions on Aerospace and Electronic Systems, 1988, 24(4): 327-336.

[13] MAHLER R P S. Multitarget Bayes filtering via first-order multitarget moments [J]. IEEE Transactions on Aerospace and Electronic Systems, 2003, 39(4): 1152-1178.

[14] YAIR B. Dynamic programming solution for detecting dim moving targets [J]. IEEE Transactions on Aerospace and Electronic Systems, 1985(1): 144-156.

[15] SALMOND D J., BIRCH H. A particle filter for track-before-detect: proceedings of the proceedings of the 2001 American control conference(Cat No 01CH37148), F[C]. IEEE,2001.

[16] FREDERIC M,JOCELYN C, ALAIN H, et al. Higher-order statistics for the detection of small objects in a noisy background application on sonar imaging [J]. EURASIP Journal on Advances in Signal Processing, 2007:1-17.

[17] BI Y, CHEN J, SUN H, et al. Fast Detection of Distant, infrared Targets in a single image Using multiorder directional derivatives [J]. IEEE Transactions on Aerospace and Electronic Systems, 2020, 56(3): 2422-2436.

[18] DENG H, SUN X, LIU M, et al. Small Infrared Target Detection Based on Weighted Local Difference Measure [J]. IEEE Transactions on Geoscience and Remote Sensing, 2016, 54(7): 4204-4214.

[19] GAO C, MENG D, YANG Y, et al. Infrared Patch-Image Model for Small Target Detection in a Single Image [J]. IEEE Transactions on Image Processing, 2013, 22(12): 4996-5009.

[20] ZHANG L D, PENG L B, ZHANG T F, et al. Infrared Small Target Detection via Non-Convex Rank Approximation Minimization Joint l2,1 Norm [J]. Remote Sensing, 2018, 10(11):

[21] ZHANG L D, PENG Z M. Infrared Small Target Detection Based on Partial Sum of the Tensor Nuclear Norm [J]. Remote Sensing, 2019, 11(4):

[22] WANG K, DU S, LIU C, et al. Interior Attention-Aware Network for Infrared Small Target Detection [J]. IEEE Transactions on Geoscience and Remote Sensing, 2022(60):1-13.

[23] 韩金辉. 基于人类视觉特性的复杂背景红外小目标检测研究 [D]. 武汉:华中科技大学, 2016.

[24] CHEN C L P, LI H, WEI Y, et al. A Local contrast method for small infrared target detection [J]. IEEE Transactions on Geoscience and Remote Sensing, 2014, 52(1): 574-581.

[25] HAN J, MA Y, ZHOU B, et al. A Robust infrared small target detection algorithm based on human visual system [J]. IEEE Geoscience and Remote Sensing Letters, 2014, 11(12): 2168-2172.

[26] WEI Y T, YOU X G, LI H. Multiscale patch-based contrast measure for small infrared target detection [J]. Pattern Recognition, 2016,(58):216-26.

[27] LV P Y, SUN S L, LIN C Q, et al. A method for weak target detection based on human visual contrast mechanism [J]. IEEE Geoscience and Remote Sensing Letters, 2018, 16(2): 261-265.

[28] CHEN Y, ZHANG G, MA Y, et al. Small infrared target detection based on fast adaptive, masking and scaling with iterative segmentation [J]. IEEE Geoscience and Remote Sensing Letters, 2022(19):1-5.

[29] SAED M, PAYMAN M,FARZAN S M. Fast and robust small infrared target detection using absolute directional mean difference algorithm [J]. Signal Processing, 2020(177):107727.

[30] BAI X Z, ZHOU F G. Analysis of new top-hat transformation and the application for infrared dim small target detection [J]. Pattern Recognition, 2010, 43(6): 2145-2156.

[31] DENG L Z, ZHANG J K, XU G X, et al. Infrared small target detection via adaptive M-estimator ring top-hat transformation [J]. Pattern Recognition, 2021(112):107729.

[32] WANG C, WANG L. Multidirectional ring top-hat transformation for infrared small target detection [J]. IEEE Journal of Selected Topics in Applied Earth Observations and Remote Sensing, 2021(14):8077-8088.

[33] DENG H, SUN X, LIU M, et al. Infrared small-target detection using multiscale gray difference weighted image entropy [J]. IEEE Transactions on Aerospace and Electronic Systems, 2016, 52 (1): 60-72.

[34] XIA C Q, LI X R, ZHAO L Y. Infrared small target detection via modified random walks [J]. Remote Sensing, 2018, 10(12):2004. 1-2004. 21.

[35] GRADY L. Random Walks for image segmentation [J]. IEEE Transactions on Pattern Analysis and Machine Intelligence, 2006, 28(11): 1768-1783.

[36] QIN Y, BRUZZONE L, GAO C, et al. Infrared small target detection based on facet kernel and random walker [J]. IEEE Transactions on Geoscience and Remote Sensing, 2019, 57(9): 7104-7118.

[37] QIU Z B, MA Y, FAN F, et al. A pixel-level local contrast measure for infrared small target detection [J]. Defence Technology, 2021,18(9):1589-1601.

[38] 陆福星, 陈忻, 陈桂林,等. 背景自适应的多特征融合的弱小目标检测 [J]. 红外与激光工程, 2019, 48(3): 277-283.

[39] DU S Y, WANG K W, CAO Z G. From characteristic response to target edge diffusion: An approach to small infrared target detection [J]. Infrared Physics & Technology, 2022 (124):104214.

[40] HUANG S, PENG Z, WANG Z, et al. Infrared small target detection by density peaks searching and maximum-gray region growing [J]. IEEE Geoscience and Remote Sensing Letters, 2019, 16(12): 1919-1923.

[41] 黄苏琦. 时空谱多特征联合红外弱小目标检测方法研究 [D]. 成都:电子科技大学, 2020.

[42] TZANNES A P, BROOKS D H. Detecting small moving objects using temporal hypothesis testing [J]. IEEE Transactions on Aerospace and Electronic Systems, 2002, 38(2): 570-586.

[43] BALASINGAM B, BAR-SHALOM Y, WILLETT P, et al. Maximum likelihood detection on images [C]. proceedings of the 2017 20th International Conference on Information Fusion (Fusion), F 10-13 July 2017.

[44] RONI S, ALIZA C, PERRY Y, et al. Dynamic programming algorithm for point target detection: practical parameters for DPA[C]. proceedings of the ProcSPIE, F, 2001.

[45] Sengar Sandeep Singh, Mukhopadhyay Susanta. Moving object detection based on frame difference and W4 [J]. Signal, Image and Video Processing, 2017, 11(7): 1357-1364.

[46] Jerry Silverman, Charlene E. Caefer, Steven DiSalvo, et al. Temporal filtering for point target detection in staring IR imagery: II. Recursive variance filter[C]. Proceedings of the ProcSPIE, F, 1998.

[47] CHARLENEE. C, JERRY S, JONATHAN M M, et al. Temporal filtering for point target detection in staring IR imagery: I. Damped sinusoid filters[C]. proceedings of the ProcSPIE, F, 1998.

[48] DENG L Z, ZHU H, TAO C, et al. Infrared moving point target detection based on spatial-tem-

poral local contrast filter [J]. Infrared Physics & Technology, 2016(76):168-173.
[49] ZHAO B D, XIAO S Z, LU H Z, et al. Spatial-temporal local contrast for moving point target detection in space-based infrared imaging system [J]. Infrared Physics & Technology, 2018(95):53-60.
[50] DU P, HAMDULLA A. Infrared moving small-target detection using spatial-temporal local difference measure [J]. IEEE Geoscience and Remote Sensing Letters, 2020, 17(10): 1817-1821.
[51] GAO J, LIN Z, GUO Y, et al. TVPCF: A Spatial and temporal filter for small target detection in IR images [C]. Proceedings of the 2017 International Conference on Digital Image Computing: Techniques and Applications (DICTA), F 29 Nov. -1 Dec. 2017.
[52] WAN M J, REN K, GU G H, et al. Infrared Small Moving Target Detection via Saliency Histogram and Geometrical Invariability [J].Applied Sciences,2017, 7(6):569. 1-569. 18
[53] LI Y S, ZHANG Y J, YU J G, et al. A novel spatio-temporal saliency approach for robust dim moving target detection from airborne infrared image sequences [J]. Information Sciences, 2016(369):548-563.
[54] ZHANG Y, LENG K, PARK K. S. Infrared detection of small moving target using spatial-temporal local vector difference measure [J]. IEEE Geoscience and Remote Sensing Letters, 2022(19):1-5.
[55] LIU X, LI L, LIU L, et al. Moving dim and small target detection in multiframe infrared sequence with low SCR based on temporal profile similarity [J]. IEEE Geoscience and Remote Sensing Letters, 2022(19):1-5.
[56] LIM E T,SHUE L VENKARTESWARLU R. Adaptive mean and variance filter for detection of dim point-like targets[C]. proceedings of the ProcSPIE, F, 2002.
[57] LIU D L, LI Z H. Temporal noise suppression for small target detection in infrared image sequences [J]. Optik, 2015, 126(24): 4789-4795.
[58] LV P Y, LIN C Q, SUN S I. Dim small moving target detection and tracking method based on spatial-temporal joint processing model [J]. Infrared Physics & Technology, 2019(102):102973.
[59] WU Y, YANG Z, NIU W, et al. A weak moving point target detection method based on high frame rate image sequences[C]. proceedings of the IGARSS 2018-2018 IEEE International Geoscience and Remote Sensing Symposium, F 22-27 July 2018, 2018.
[60] LIU H K, ZHANG L, HUANG H. Small target detection in infrared videos based on spatio-temporal tensor model [J]. IEEE Transactions on Geoscience and Remote Sensing, 2020, 58(12): 8689-8700.
[61] PANG D, SHAN T, LI W, et al. Facet derivative-based multidirectional edge awareness and spatial temporal tensor model for infrared small target detection [J]. IEEE Transactions on Geoscience and Remote Sensing, 2022(60):1-15.
[62] ZHAO F, WANG T, SHAO S, et al. Infrared moving small-target detection via spatiotemporal

consistency of trajectory Points [J]. IEEE Geoscience and Remote Sensing Letters, 2020, 17(1): 122-126.

[63] YANG P, DONG L, XU H, et al. Robust infrared maritime target detection via anti-jitter spatial–temporal trajectory consistency [J]. IEEE Geoscience and Remote Sensing Letters, 2022(19):1-5.

[64] LI D W, MO B, ZHOU J T. Boost infrared moving aircraft detection performance by using fast homography estimation and dual input object detection network [J]. Infrared Physics & Technology, 2022(123):104182.

[65] PANG D, SHAN T, MA P, et al. A novel spatiotemporal saliency method for low-altitude slow small infrared target detection [J]. IEEE Geoscience and Remote Sensing Letters, 2022(19): 1-5.

[66] XIE J, YU J, WU J, et al. Adaptive switching spatial-temporal fusion detection for remote flying drones [J]. IEEE Transactions on Vehicular Technology, 2020, 69(7): 6964-6976.

[67] 管学伟. 机载 IRST 小目标检测技术研究 [D]. 成都:电子科技大学, 2021.

[68] 宋子壮, 杨嘉伟, 张东方,等. 基于无监督域适应的低空海面红外目标检测 [J]. 光学学报, 2022, 42(4): 127-134.

[69] 周海,李保权,王怀超,等. 低空复杂场景红外弱小目标快速精准检测[J]. 国防科技学学报,2023,45(01):74-85.

第2章 天基光学对空间目标感知与识别的基础理论

天基光学对分布在广袤 4π 空间中的未知目标探测具有得天独厚的优势，天基光学动态成像可以将目标直接投影至像面，获取有效的位置信息，但整个动态成像链路关联紧密，系统错综复杂，存在卫星轨道运动、姿态机动、背景杂光以及运动目标的绝对位置与多维相对运动变化复杂等问题，因此，需要按照载体功能与成像效能进行有效梳理。为避免动态成像模式下长周期曝光时间导致像点在像平面上拖尾运动造成的图像质量退化，需根据物像的运动特点设计卫星动态机动参数，包括卫星姿态运动、光学相机增益、传感器积分时间等；与此同时，鉴于现有天文定位方法对星图进行目标定位与检测时间长、精度差等局限性，需要探索新的方法和新的途径对空间目标进行搜索定位和精细识别。本章首先汇总天基动态光学探测物像映射基础理论，探究星图识别中引入深度学习方法、暗弱目标识别扩展至密度峰聚类搜索等新方法，为 4π 空间非合作目标的感知和识别方法提供新的理论依据。

2.1 天基动态光学探测物像映射基础理论

天基动态光学成像的物像映射过程包含卫星平台、光学相机和被测目标三种载体，物像间的映射关系为目标在惯性空间三维位置到光学相机二维焦平面上的投影坐标变换，如图 2-1 所示。物像映射关系具体可归纳为目标光学能量、相机几何光学成像、卫星姿轨运动等载体特性在不同坐标系之间利用齐次坐标系变换方法进行转换映射。为此，本节主要介绍对应的参考坐标系、卫星姿轨参数以及参考坐标系间的转换关系，为天基动态目标和像点之间的全链路多种成像映射关系奠定理论基础[1]。

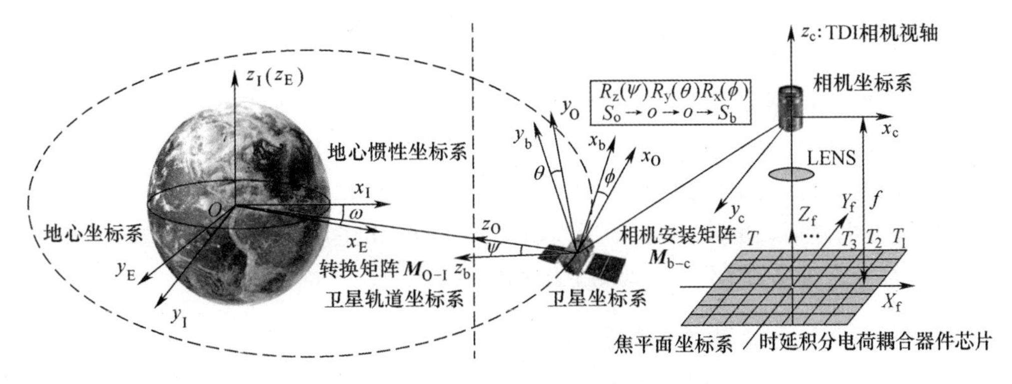

图 2-1　天基动态光学成像全链路关联示意图

2.1.1　参考坐标系

物像处于不同空间中,坐标系是全链路成像模型建立的基础。在天基光学全链路成像过程中有多个坐标系参与成像,其中卫星的位置和姿态以及目标的运动参数都是在特定的坐标系下定义的。天基光学相机在动态扫描成像时,主要使用的坐标系包括地心惯性坐标系、地心固联坐标系、卫星轨道坐标系、卫星本体坐标系、光学相机坐标系以及像面坐标系,如图 2-2 所示,相关参考坐标系(全部满足右手螺旋定则)以及位置关系定义如下。

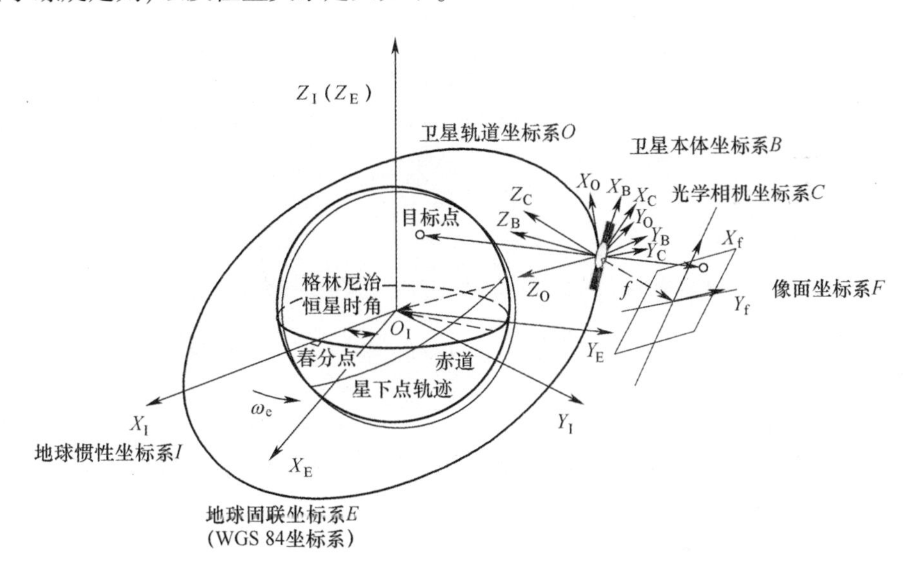

图 2-2　天基动态光学成像物像映射参考系示意图

2.1.1.1 地心惯性坐标系

地心惯性(Earth centered inertial frame,ECI)坐标系:地球中心为坐标原点;Z 轴指向北极,为地球的自转轴;X 轴位于赤道平面内,指向春分点方向;Y 轴位于赤道平面内,根据右手定则确定,如图 2-2 所示。由于 ECI 坐标系定义在惯性空间内,满足牛顿第二定律,即三轴指向稳定不变,因此在天基光学观测全链路中被定义为参考坐标系,用于描述观测卫星和被测目标的运动状态。

2.1.1.2 地心固联坐标系

地心固联坐标系(Earth-centered,earth-fixed,ECEF):地球中心为坐标原点;Z 轴指向北极,为地球的自转轴;X 轴位于赤道平面内,指向本初子午线与赤道的交点方向;Y 轴位于赤道平面内,根据右手定则确定。地心固联坐标系固联于地球,因此地面上点的坐标值保持不变,用于描述地面上目标点的空间位置。当以地心惯性坐标系为参考坐标系时,地心固联坐标系随地球一起旋转,绕 Z 轴逆时针方向以地球自转角速度 ω_e 自转,如图 2-3 所示。位置测量部件的坐标通常是定义在 WGS84 坐标系下,其 X 轴方向指向国际时间服务机构(BIH)1984.0 的零子午面和协议地球极(CTP)赤道的交点。由此,可以将 WGS84 坐标系看成地心固联坐标系在 1984.0 时的表达。

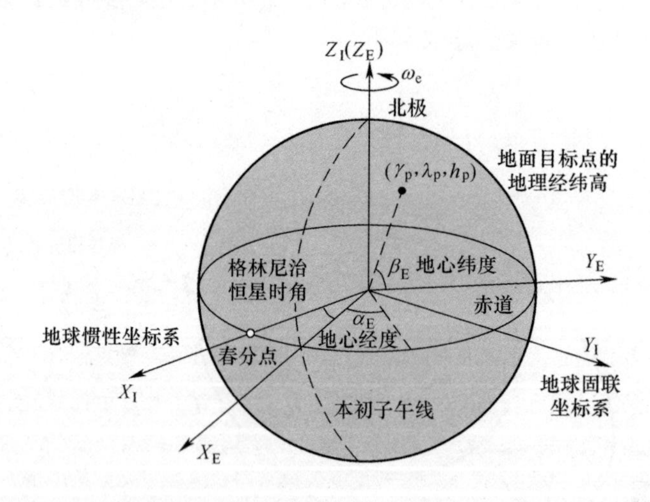

图 2-3 目标在 ECI 坐标系和 ECEF 坐标系的位置关系示意图

2.1.1.3 卫星轨道坐标系

卫星轨道坐标系(vehicle velocity,local horizontal,frame,VVLH):卫星质心为坐标原点;Z 轴位于轨道平面内,为卫星与星下点的连线方向,指向地心;X 轴位于轨

道平面内与 Z 轴垂直,并指向卫星速度方向;Y 轴垂直于轨道平面,根据右手定则确定,如图 2-4 所示。由于卫星轨道坐标系定义以卫星质心为坐标原点,因此坐标系实时变化,可以作为描述观测卫星的运动姿态的参考坐标系,通常称 X 轴 、Y 轴、Z 轴为滚动轴、俯仰轴和偏航轴。

2.1.1.4 卫星本体坐标系

卫星本体坐标系(satellite body frame):卫星质心为坐标原点;X 轴为卫星对称轴,并指向卫星速度方向;Z 轴在对称平面内,垂直于 X 轴,并指向下;Y 轴垂直于对称平面,根据右手定则确定。卫星本体坐标系固联于卫星,随卫星的姿态变化而变化。在卫星本体坐标系内,卫星的三轴姿态角可以表示为横滚角 φ 、俯仰角 θ 和偏航角 ψ 。当卫星无姿态运动时,卫星本体坐标系与卫星轨道坐标系重合。如图 2-4 所示。

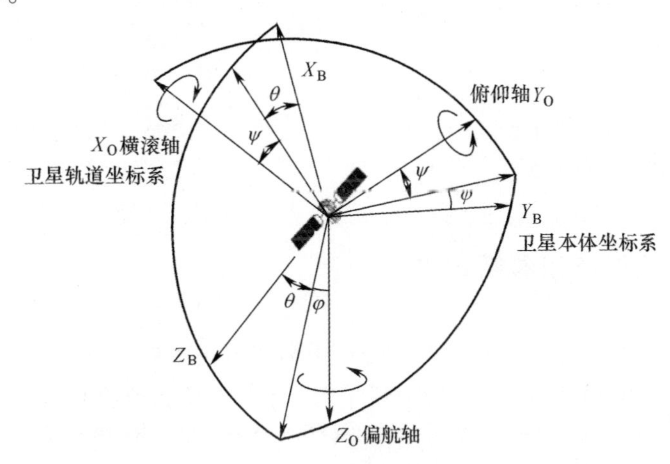

图 2-4 卫星本体坐标系和卫星轨道坐标系示意图

2.1.1.5 光学相机坐标系

光学相机坐标系(optical camera framel):相机透镜中心为坐标原点;Z 轴为相机光轴,指向被测目标和区域;X 轴和 Y 轴位于与 Z 轴垂直的像平面内,分别表示像平面的横纵坐标方向。当相机的光轴指向与卫星本体坐标系的 Z 轴指向相同时,即相机的俯仰角 ε 和方位角 α 均为 0°时,光学相机坐标系与卫星本体坐标系相同,如图 2-5 所示。光学相机坐标系用来确定当前相机的安装角度,以此确定相机的光轴指向。

2.1.1.6 像面坐标系

像面坐标系(focal plane frame):像面的中心为坐标原点;X 轴和 Y 轴位于像平

面内，分别表示像平面的横纵坐标方向。根据几何成像原理，把光学相机坐标系平移光学相机焦距 f 后，即可得到像平面坐标系。正方向由相机成像方式确定，如图 2-6 所示，光学相机为一次成像系统，即像点与目标为共轭关系，横纵坐标方向相反。由目标在像面上的坐标位置，即可确定进行光学相机光轴指向相对于卫星本体坐标系的方向。

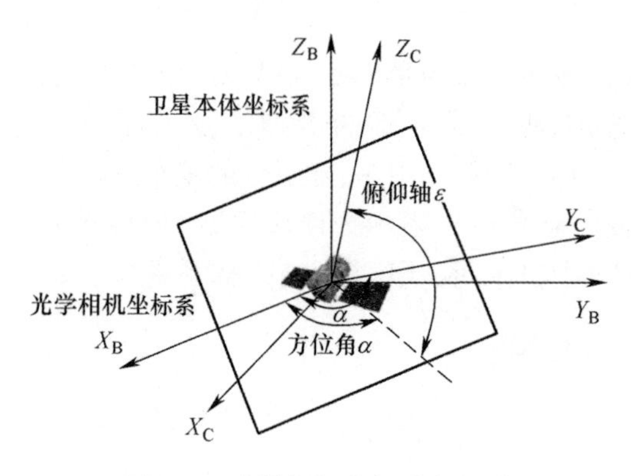

图 2-5　光学相机坐标系和卫星本体坐标系示意图

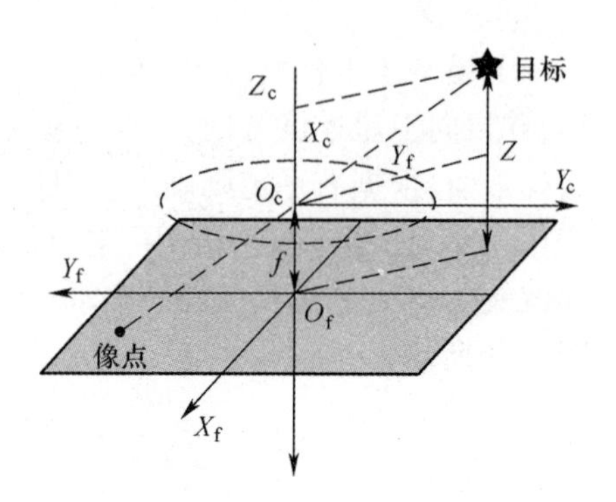

图 2-6　像面坐标系和光学相机坐标系示意图

2.1.2　卫星姿轨参数定义

天基光学中空间非合作目标的动态成像需要卫星运行在轨道过程中动态调整卫星姿态进行实时跟踪，因此梳理卫星平台、光学相机和被测目标之间的复杂关系，应了解卫星轨道和姿态参数，为全链路的成像模式、参数规划和性能评估提供理论支持。

2.1.2.1　卫星轨道

在 2.1.1 节中可以看到除了地心惯性坐标系保持三轴空间稳定指向之外，其他坐标系均是运动坐标系。其中，与卫星相关的坐标系，如卫星轨道坐标系和卫星本体坐标系均以卫星质心为坐标原点。由于光学相机安装在卫星上，光学相机坐标系和像面坐标系的三轴坐标也会随卫星运动状态的变化而变化。因此，全链路成像过程中，在地心惯性坐标系下确定卫星的空间位置和速度是关键问题。本节主要叙述了在地心惯性坐标系下卫星轨道基本参数特性。

本节中所提到的卫星运动轨道为二体轨道，即假定观测卫星绕地球运动时只受地球的引力作用，忽略其他各种摄动力的影响，将地球等效为一个质点，则地球和卫星构成了一个简单的二体系统。根据牛顿第二定律可知，观测卫星的运动方

程为

$$\ddot{\boldsymbol{r}} = -\frac{\mu \boldsymbol{r}}{r^3} \tag{2-1}$$

式中：$\mu = GM$ 为地心引力常数，$\mu = 3.986005 \times 10^5\ \mathrm{km^3/s^2}$；$\boldsymbol{r}$ 为卫星的地心向径，$\boldsymbol{r} = [x, y, z]^{\mathrm{T}}$；$\dot{\boldsymbol{r}}$ 为速度，$\dot{\boldsymbol{r}} = [\dot{x}, \dot{y}, \dot{z}]^{\mathrm{T}}$，$\ddot{\boldsymbol{r}}$ 为加速度，$\ddot{\boldsymbol{r}} = [\ddot{x}, \ddot{y}, \ddot{z}]^{\mathrm{T}}$；$r$ 为卫星与地心之间的距离，可以表示为

$$r = \sqrt{x^2 + y^2 + z^2} \tag{2-2}$$

从式(2-2)可以看出，这是一组非线性微分方程，当给定初始条件时，该方程的解可表示为

$$\begin{aligned} r &= r(t, C_1, C_2, C_3, C_4, C_5, C_6) \\ \dot{\boldsymbol{r}} &= \dot{\boldsymbol{r}}(t, C_1, C_2, C_3, C_4, C_5, C_6) \end{aligned} \tag{2-3}$$

式中：$C_1 \sim C_6$ 为由卫星初始时刻的位置和速度确定的6个独立的积分常数，通常称为轨道六根数或轨道参数，每个常数都描述卫星轨道的一种特性。

地心惯性坐标系轨道六根数表示为轨道半长轴 a、轨道偏心率 e、轨道倾角 i、轨道升交点赤经 Ω、卫星近地点辐角 ω、真近点角 f。由于卫星轨道运动满足开普勒行星运动定律，因此轨道六根数又称开普勒根数，具体定义分别如下：

（1）轨道半长轴：卫星运行轨道满足开普勒第三定律，轨道周期的平方与椭圆轨道的半长轴的三次方成正比，则有

$$T = 2\pi \sqrt{\frac{a^3}{\mu}} \rightarrow a = \left(\frac{\mu \cdot T^2}{4\pi^2}\right)^{-1/3} \tag{2-4}$$

式中：T 为卫星运行轨道周期。

（2）轨道偏心率：

$$e = \frac{\sqrt{a^2 + b^2}}{a} \tag{2-5}$$

式中：a、b 分别为卫星运行轨道半长轴和半短轴。

（3）轨道倾角：轨道平面与赤道平面之间的夹角 $0 \leqslant i \leqslant \pi$，可以表示为当卫星轨道运行方向和地球自转角速度方向矢量之间的夹角。

（4）升交点赤经：升交点 N 到 X 轴之间的夹角 $0 \leqslant \Omega \leqslant \pi$。

（5）近地点辐角：近地点 P 到升交点 N 之间的夹角。

（6）真近点角：卫星位置相对于近地点 P 的角距。

综上所述，a、e、i、Ω、ω 这5个常量分别定义了卫星运行轨道的大小、形状、轨道平面在空间中的位置以及卫星轨道在其轨道面内的旋转方向。第六个常量 f 主要确定卫星实时在轨的位置。当轨道六根数已知时，可以得到在地心惯性坐标系下卫星某一时刻的位置和速度。

如图2-7所示，轨道平面可以通过旋转矩阵转换到地心惯性坐标系下：首先将轨道平面绕惯性坐标系 Z 轴转过角度 $-\omega$，旋转矩阵为 $\boldsymbol{R}_z(-\omega)$；然后绕 X 轴旋转角度 $-i$，旋转矩阵为 $\boldsymbol{R}_x(-i)$；最后绕 Z 轴转过角度 $-\Omega$，旋转矩阵为 $\boldsymbol{R}_z(-\Omega)$。经过这样三次旋转后，轨道平面和赤道平面重合，卫星的位置 $\boldsymbol{r}$ 在惯性系下表达为

$$\boldsymbol{r} = r\cos f \cdot \boldsymbol{P} + r\sin f \cdot \boldsymbol{Q} \tag{2-6}$$

式中：$\boldsymbol{P}$、$\boldsymbol{Q}$ 分别为轨道半长轴、半短轴方向单位矢量，它们在地心惯性坐标系下可以表示为

$$\boldsymbol{P} = \boldsymbol{R}_z(-\Omega)\boldsymbol{R}_x(-i)\boldsymbol{R}_z(-\omega)\begin{bmatrix}1\\0\\0\end{bmatrix} = \begin{bmatrix}\cos\omega\cos\Omega - \sin\omega\sin\Omega\cos i\\ \cos\omega\sin\Omega + \sin\omega\cos\Omega\cos i\\ \sin\omega\sin i\end{bmatrix} \tag{2-7}$$

$$\boldsymbol{Q} = \boldsymbol{R}_z(-\Omega)\boldsymbol{R}_x(-i)\boldsymbol{R}_z(-\omega)\begin{bmatrix}0\\1\\0\end{bmatrix} = \begin{bmatrix}-\sin\omega\cos\Omega - \cos\omega\sin\Omega\cos i\\ -\sin\omega\sin\Omega + \cos\omega\cos\Omega\cos i\\ \cos\omega\sin i\end{bmatrix} \tag{2-8}$$

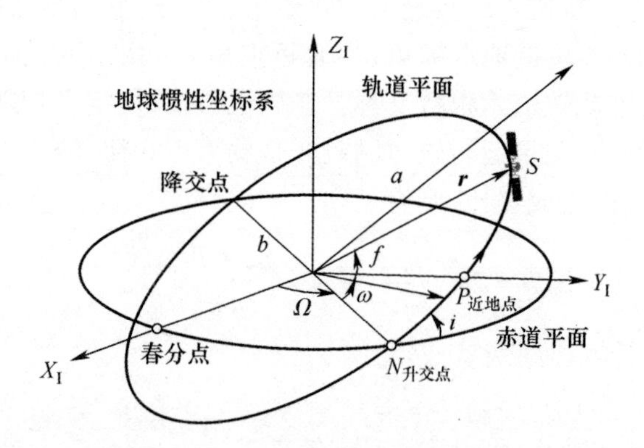

图2-7　卫星轨道六根数定义示意图

在给定时刻 t，卫星的偏近点角 E 与真近点角 f 以及平近点角都是对应的，如图2-8所示。由图可知卫星在某时刻的偏近点角 E 与真近点角 f 有如下关系：

$$\tan\frac{f}{2} = \sqrt{\frac{1+e}{1-e}}\tan\frac{E}{2} \tag{2-9}$$

将式(2-9)代入式(2-6)中，可以得到卫星的位置矢量表达为

$$\boldsymbol{r} = a(\cos E - e) \cdot P + a\sqrt{1-e^2}\sin E \cdot \boldsymbol{Q} \tag{2-10}$$

卫星的具体位置与时间关系的开普勒方程为

$$n(t-\tau) = E - e\sin E \tag{2-11}$$

对式(2-11)进行迭代求解 E 可得到卫星的具体时刻的表达式。

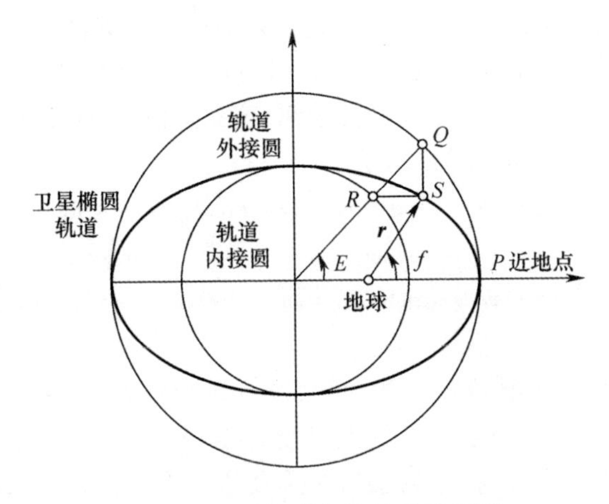

图 2-8　卫星轨道参数关系示意图

平近点角为

$$M = n(t - \tau) \tag{2-12}$$

式中：τ 为卫星经过近地点的时刻；n 为卫星运动的平均角速度。

将式(2-12)代入式(2-11)可得

$$E = M + e\sin E \tag{2-13}$$

2.1.2.2　卫星姿态

天基动对动成像中主要通过控制卫星的姿态来完成空间非合作目标的跟踪过程。姿态是描述卫星在轨道上正常运行的关键指标，因此卫星的星上姿态规划至关重要。欧拉角用来描述飞行器的姿态，它可以方便地表示和求解姿态参数。欧拉角常用于描述三维空间中物体旋转状态，它通过三个角度来表示物体绕坐标轴进行的旋转，横滚角(roll)、俯仰角(pitch)和偏航角(yaw)，它们对应于物体绕固定坐标系中的 X 轴、Y 轴和 Z 轴的旋转。横滚角 φ 描述了物体绕自身的前进轴(通常是 X 轴)旋转的情况。俯仰角 θ 描述了物体绕自身的侧倾轴(通常是 Y 轴)旋转的情况。偏航角描述了物体绕自身的垂直轴(通常是 Z 轴)旋转的情况。

在已知四元数的情况下，结合欧拉角的旋转顺序，可以直接计算出卫星的横滚角、俯仰角和偏航角，从而计算出卫星在空间中的方向。

在对卫星姿态进行描述时，有基于坐标变换的方向余弦法，以及基于欧拉定理的刚体转动欧拉角表示方法。方向余弦法缺乏具体的几何意义，不能直接具体地表现出三个姿态角参数，因此为了方便表示和求解姿态参数，采用欧拉角是最合适的方法。根据欧拉定理，欧拉角为绕参考坐标轴旋转过的角度，用欧拉角确定的坐标变换矩阵标准形式如式(2-14)~式(2-16)所示。需要注意的是,通过欧拉角确定的姿态变换矩阵与旋转的顺序有关,不同的转动顺序会产生不同的姿态矩阵结果。当坐标轴按照 3-1-2 转序进行转动时,姿态矩阵可表示为

$$\boldsymbol{A}_{3-1-2}(\psi,\varphi,\theta)=\boldsymbol{R}_y(\theta)\boldsymbol{R}_x(\varphi)\boldsymbol{R}_z(\psi)$$
$$=\begin{bmatrix}\cos\theta\cos\psi-\sin\varphi\sin\theta\sin\psi & \cos\theta\sin\psi+\sin\varphi\sin\theta\cos\psi & -\cos\varphi\sin\theta\\ -\cos\varphi\sin\psi & \cos\varphi\cos\psi & \sin\varphi\\ \sin\theta\cos\psi+\sin\varphi\cos\theta\sin\psi & \sin\theta\sin\psi-\sin\varphi\cos\theta\cos\psi & \cos\varphi\cos\theta\end{bmatrix} \tag{2-14}$$

上述姿态矩阵在横滚角 $\varphi=90°$时会发生奇异情况,即 θ、ψ 在同一平面内转动,不能唯一确定。对于特定任务的卫星姿态,需要一种可以唯一确定姿态参数的姿态矩阵表示方法,由于欧拉角转动方法需要进行多次三角函数的运算,因此可通过姿态四元数方法对姿态矩阵进行矩阵计算。姿态四元数 $\boldsymbol{q}$ 定义如下:

$$\boldsymbol{q}=\begin{bmatrix}q_0\\ \boldsymbol{q}_1\\ \boldsymbol{q}_2\\ \boldsymbol{q}_3\end{bmatrix}=\begin{bmatrix}\cos\dfrac{\Phi}{2}\\ e\sin\dfrac{\Phi}{2}\end{bmatrix}=\begin{bmatrix}\cos\dfrac{\Phi}{2}\\ e_x\sin\dfrac{\Phi}{2}\\ e_y\sin\dfrac{\Phi}{2}\\ e_z\sin\dfrac{\Phi}{2}\end{bmatrix} \tag{2-15}$$

式中:q_0 为四元数的标量部分;$\boldsymbol{q}_1$、$\boldsymbol{q}_2$、$\boldsymbol{q}_3$ 为矢量部分;$\boldsymbol{\Phi}$ 为欧拉角。

四元数满足约束条件 $q_0^2+q_1^2+q_2^2+q_3^2=1$。与四元数对应的姿态矩阵可以表示为

$$\boldsymbol{A}(\boldsymbol{q})=\begin{bmatrix}q_0^2+q_1^2-q_2^2-q_3^2 & 2(q_1q_2+q_0q_3) & 2(q_1q_3-q_0q_2)\\ 2(q_1q_2-q_0q_3) & q_0^2-q_1^2+q_2^2-q_3^2 & 2(q_2q_3+q_0q_1)\\ 2(q_1q_3+q_0q_2) & 2(q_2q_3-q_0q_1) & q_0^2-q_1^2-q_2^2+q_3^2\end{bmatrix} \tag{2-16}$$

在已知四元数的情况下,结合欧拉角的旋转顺序,可以直接计算出卫星三轴姿态角度。旋转矩阵简单清晰,这也是四元数方法的一大优点。当按照 3-1-2 转序旋转时,存在 $\boldsymbol{A}_{3-1-2}(\psi,\varphi,\theta)=\boldsymbol{A}(\boldsymbol{q})$,此时的三轴姿态角表示为

$$\begin{cases}\varphi=\arcsin[2(q_2q_3+q_0q_1)]\\ \theta=\arctan\left[\dfrac{2(q_0q_2-q_1q_3)}{q_0^2-q_1^2-q_2^2+q_3^2}\right]\\ \psi=\arctan\left[\dfrac{2(q_0q_3-q_1q_2)}{q_0^2-q_1^2+q_2^2-q_3^2}\right]\end{cases} \tag{2-17}$$

2.1.3 摄影光学

1. 摄影比例尺

相机镜头焦距的长短直接影响底片上所得影像的比例尺（$1/m$）。由几何光学可得,比例尺为

$$\frac{1}{m}=\frac{y'}{y}=\frac{f'+x'}{f+x}=\frac{l'}{l} \tag{2-18}$$

式中: l 为物距; l' 为像距,如图 2-9 所示。

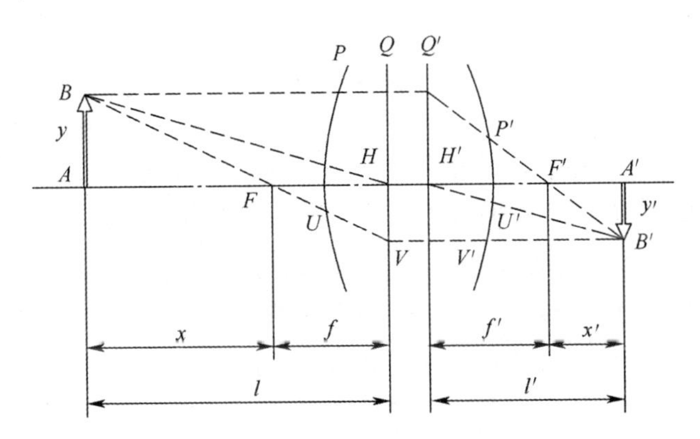

图 2-9　相机光学系统成像原理图

对于摄影物镜来说,一般物距远大于焦距（$l \gg f'$）, 而像面十分靠近物镜像方焦平面（$l' \approx f'$）。所以

$$\frac{1}{m}\approx\frac{f'}{l} \tag{2-19}$$

对于空间摄影来说,摄影高度 $H \gg f'$, 因此比例尺为

$$\frac{1}{m}\approx\frac{f'}{H} \tag{2-20}$$

显然,焦距越长,影像比例尺亦越大。相机物方焦距分为定焦和变焦。变焦镜头的最长焦距和最短焦距之比为变焦镜头的倍率。

依据相机物镜焦距的长短,一般将摄影相机镜头分成短焦、中焦及长焦三种,短焦为几十毫米,长焦为几米。

2. 相对孔径

摄影物镜入射光瞳的直径 D 与焦距 f' 之比称为物镜的相对孔径。习惯上,相对孔径的倒数叫作光圈数（F 数）,用 $F^{\#}$ 表示, $F^{\#}=f'/D$ 。

物镜相对孔径决定了相机镜头的衍射分辨力、像面照度及景深等光学参数。

相对孔径越大,像面照度越大,理论分辨力越高,景深越小。

3. 像面照度

像面照度为

$$E = \frac{\pi B_0 \tau}{4} (D/f')^2 \tag{2-21}$$

式中:B_0 为被摄物体的亮度;τ 为物镜透过率。

4. 曝光量

曝光时胶片上所接收到光能量多少称为曝光量。它等于像面照度 E 和曝光时间 t 的乘积,即

$$H = Et = \frac{\pi B_0 \tau}{4} (D/f')^2 t \tag{2-22}$$

5. 光圈

在拍摄中,已知被摄物体的亮度 B_0,可以通过调节光圈大小来改变像平面照度或控制曝光时间满足胶片所需曝光量。为此,相机镜头上大多装有专门调节光圈的机构。各挡光圈数是严格按照 $\sqrt{2}$ 等比级数排列的。方便起见,在镜头上都以其近似的整数作为光圈数进行标注,如表 2-1 所列。

表 2-1　光圈参数

相对孔径	1/1	1/1.4	1/2	1/2.8	1/4	1/5.6	1/8	1/11	1/16	1/22
光圈数	1	1.4	2	2.8	4	5.6	8	11	16	22
光圈数实际数值	1	$\sqrt{2}$	2	$2\sqrt{2}$	4	$4\sqrt{2}$	8	$8\sqrt{2}$	16	$16\sqrt{2}$

相邻两挡 $F^{\#}$ 的比值为$\sqrt{2}$,这样 $F^{\#}$ 变化一挡,相当于胶片上照度变化 1 倍。

6. 快门

相机快门控制曝光时间,使底片获得合适曝光量,快门速度以有效曝光时间表示,各挡快门速度均按等比排列,一般是将快于 1s 的数列修正后,取其倒数标记在照相机的速度盘上,如 1、2、4、8、15、30、60、125、250、500、1000、1500、2000。

7. 视场角

物镜的视场角决定了成像的空间范围。视场角越大,能够摄取的视角范围越大。视场角是由物镜焦距和视场光阑决定的。胶片框就是物镜的视场光阑,根据被摄景物的范围规划,在同一视场角下,可以将视场光阑设计成不同形状,以及选择合适的胶片规格。一般胶片宽度为 60mm、35mm、16mm,航空/航天摄影胶片宽度为 70mm、127mm 和 228.6mm 等。

胶片框尺寸确定时,物镜的视场角取决于物镜焦距的大小,设胶片框的斜对角线为 $2y'$,则有

$$2\omega = \arctan\frac{2y'}{f'} \tag{2-23}$$

$$2y' = f'\tan 2\omega \tag{2-24}$$

由上式可见,焦距越短,视场角 2ω 越大或物方视角范围越大。

8. 分辨力

在摄影系统中系统对黑白相间的线条密度的分辨极限称为分辨力。用它来评价相机的成像质量。单位长度里能够分辨的线条对数越多,摄影系统分辨力越高,即成像质量越高。

通常把摄影物镜和胶片的分辨力之和称为摄影系统的分辨力。经验公式为

$$\frac{1}{N} = \frac{1}{N_L} + \frac{1}{N_P} \tag{2-25}$$

式中:N_L 为物镜分辨力;N_P 为胶片分辨力。

1) 理论分辨力

摄影物镜的理论分辨力是在没有像差下,根据光学的瑞利判据和光学衍射理论来定义的,其仅与物镜的相对孔径有关。分辨力以黑白相间的两黑(或两白)线条(或两点)间的距离 σ 来表示,则有

$$\sigma = \frac{1.22\lambda}{D/f'}(\text{mm}) \tag{2-26}$$

或以单位长度内的线条对数来表示,则有

$$N_L = \frac{1}{\sigma}(\text{lp/mm}) \tag{2-27}$$

当波长 $\lambda = 0.55\mu\text{m}$ 时,有

$$N_L = 1475\frac{D}{f}(\text{lp/mm}) \tag{2-28}$$

由此可见,相对孔径越大,物镜的理论分辨力越高。

2) 目视分辨力(实际镜头分辨力)

其测量方法有以下两种:在进行测量时,首先将鉴别力板放置在平行光管的焦平面上;然后在平行光管的前方安装待测量的镜头;接着通过一个高倍率显微镜观察镜头像面上所成的鉴别力板的像。这个过程需要持续进行,直到能够清晰地看到鉴别力板中某组图案的极限细节。通过换算即是该镜头目视分辨力。一般平行光管的焦距应是被测镜头焦距的 4~5 倍。

A 型图案由 25 个线宽逐渐变细的线条单元、菱形图案以及两组短线标记构成。如图 2-10 (a)所示。B 型由明暗相间的楔形线组成的圆状辐射形图案,如图 2-10(b)所示。

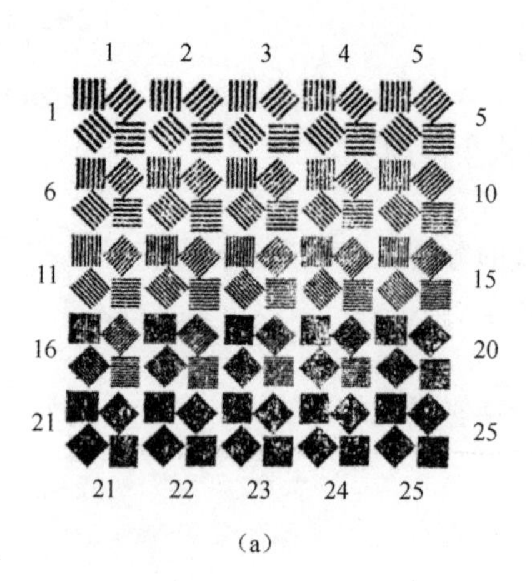

(a)

(b)

图 2-10　鉴别力板图形

(a)A 型;(b)B 型。

3) 胶片分辨力

胶片由底片和其上涂敷的感光乳剂层组成。胶片分辨力也称胶片的解像力,它是评价胶片上的感光乳剂能够记录景物细节的能力。它的大小以每毫米可以分辨的线对来表示。其测量方法是先将鉴别力板复制到胶片上,再使用高倍率显微镜进行观察,直到能够清晰辨认出鉴别力板上的某个图案,该图案的分辨率为胶片的分辨力。目前航空摄影胶片分辨力为 500~1000lp/mm。

4) 实验室相机静态摄影分辨力

在实验室中相机与被摄景物相对静止,景物一般为高对比的分辨力板,摄影参数及条件都在最佳情况下获得的最理想的摄影潜影胶片,通过测量显影胶片的分辨力称为相机静态摄影分辨力。

5) 相机动态摄影分辨力

相机动态摄影的分辨力可以分为实验室动态摄影分辨力和外场动态摄影分辨力两种。实验室动态摄影分辨力与实验室相机静态摄影分辨力相对应。与实验室相机静态摄影分辨力不同,实验室动态摄影分辨力是在景物相对于相机连续运动的状态下测量的。为了准确测量,相机需要配备像移补偿机构,以补偿曝光瞬间的影像移动。外场动态摄影分辨力在原理上实验室动态摄影分辨力相同,但受到复杂环境条件、多变的景物条件、不稳定的大气条件以及相机安装基座的振动等因素的影响,其分辨力通常低于室内条件下的动态摄影分辨力。

6) 地面像元分辨力

对于应用 CCD 线阵推扫原理的相机,其摄影分辨力受到 CCD 器件单个像元

(成像元素)尺寸的限制,因此通常以 CCD 单个像元来定义分辨力,即

$$N_{\mathrm{CCD}} = \frac{1}{2a}(\mathrm{lp/mm}) \tag{2-29}$$

$$N_{\mathrm{CCD}} = \frac{1}{2a}(\mathrm{lp/mm}) \tag{2-30}$$

式中:a 为 CCD 像元尺寸。

而地面像元分辨力为

$$\mathrm{GSD} = \frac{a}{f'}H(\mathrm{lp/mm}) \tag{2-31}$$

2.1.4 参考坐标系间的转换关系

相机对恒星进行探测的过程,实际上是恒星由地心惯性坐标系经过卫星轨道坐标系、卫星本体坐标系、光学相机坐标系,最终转换到相机探测器的像面坐标系的过程。因此,空间 TDI 相机对空间目标的推扫成像过程实际上是解算 TDI 相机成像模型的逆过程,即实现像面坐标系位置到地心惯性坐标系位置的映射关系。

设目标和卫星在地心惯性坐标系下的位置矢量分别为 $\boldsymbol{r}_t = [x_t, y_t, z_t]^{\mathrm{T}}$,$\boldsymbol{r}_s = [x_s, y_s, z_s]^{\mathrm{T}}$,目标在像平面上的位置坐标为 $\boldsymbol{r}_p = [x_p, y_p]^{\mathrm{T}}$。那么目标到像点之间的映射需要依次经过地心固联坐标系转地心惯性坐标系,转卫星轨道坐标系,转卫星本体坐标系,转光学相机坐标系,最后转像面坐标系,转换过程如图 2-11 所示。具体的坐标转换关系分析如下。

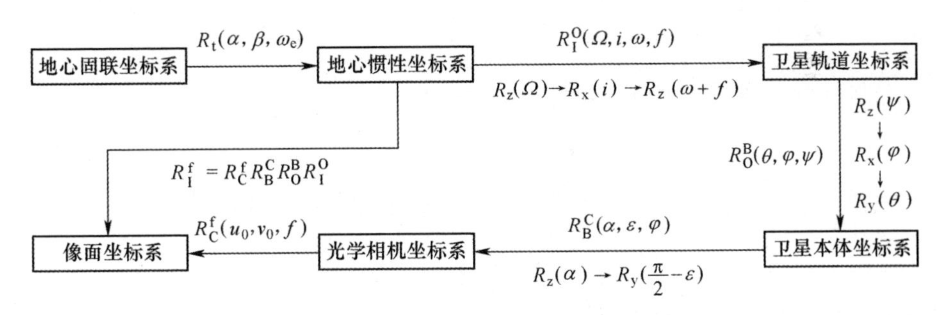

图 2-11 全链路坐标转换过程

2.1.4.1 基础坐标变换矩阵

在空间中,建立不同坐标系间的关系需要描述基础坐标变换矩阵。基础坐标系变换包含旋转变换、平移变换,旋转是角度的变换,平移是原点的平移。因此物

像变换可由三维坐标系的基础坐标系变换描述。

各个坐标系之间的转换是通过旋转和平移变换完成的，设原坐标下的位置坐标为 $[x,y,z]$，变换后在新坐标系下的位置坐标为 $[x',y',z']$，当原坐标系分别绕 X 轴、Y 轴、Z 轴旋转 θ 角时（逆时针旋转为正），基础旋转矩阵可以表示如下：

（1）绕 X 轴的坐标旋转矩阵：

$$\begin{bmatrix} x' \\ y' \\ z' \\ 1 \end{bmatrix} = \begin{bmatrix} 1 & 0 & 0 & 0 \\ 0 & \cos\theta & \sin\theta & 0 \\ 0 & -\sin\theta & \cos\theta & 0 \\ 0 & 0 & 0 & 1 \end{bmatrix} \begin{bmatrix} x \\ y \\ z \\ 1 \end{bmatrix} = \begin{bmatrix} x \\ \cos\theta \cdot y + \sin\theta \cdot z \\ -\sin\theta \cdot y + \cos\theta \cdot z \\ 1 \end{bmatrix} \tag{2-32}$$

在原坐标维度上加上一维是为后续的旋转平移矩阵的一般表达做准备，下述绕 Y 轴和 Z 轴的坐标旋转矩阵同理，不做赘述。

（2）绕 Y 轴的坐标旋转矩阵：

$$\begin{bmatrix} x' \\ y' \\ z' \\ 1 \end{bmatrix} = \begin{bmatrix} \cos\theta & 0 & -\sin\theta & 0 \\ 0 & 1 & 0 & 0 \\ \sin\theta & 0 & \cos\theta & 0 \\ 0 & 0 & 0 & 1 \end{bmatrix} \begin{bmatrix} x \\ y \\ z \\ 1 \end{bmatrix} = \begin{bmatrix} \cos\theta \cdot x - \sin\theta \cdot z \\ y \\ -\sin\theta \cdot x + \cos\theta \cdot z \\ 1 \end{bmatrix} \tag{2-33}$$

（3）绕 Z 轴的坐标旋转矩阵：

$$\begin{bmatrix} x' \\ y' \\ z' \\ 1 \end{bmatrix} = \begin{bmatrix} \cos\theta & \sin\theta & 0 & 0 \\ -\sin\theta & \cos\theta & 0 & 0 \\ 0 & 0 & 1 & 0 \\ 0 & 0 & 0 & 1 \end{bmatrix} \begin{bmatrix} x \\ y \\ z \\ 1 \end{bmatrix} = \begin{bmatrix} \cos\theta \cdot x + \sin\theta \cdot y \\ -\sin\theta \cdot x + \cos\theta \cdot y \\ z \\ 1 \end{bmatrix} \tag{2-34}$$

将旋转矩阵表示为 $\boldsymbol{R}(\theta)$，具有如下性质：

$$\boldsymbol{R}^{-1}(\theta) = \boldsymbol{R}^{\mathrm{T}}(\theta) = \boldsymbol{R}(-\theta) \tag{2-35}$$

当原坐标系在 X 轴、Y 轴、Z 轴方向发生平移时，基础平移矩阵可以表示为

$$\begin{bmatrix} x' \\ y' \\ z' \\ 1 \end{bmatrix} = \begin{bmatrix} 1 & 0 & 0 & e \\ 0 & 1 & 0 & f \\ 0 & 0 & 1 & g \\ 0 & 0 & 0 & 1 \end{bmatrix} \begin{bmatrix} x \\ y \\ z \\ 1 \end{bmatrix} = \begin{bmatrix} x + e \\ f + y \\ z + g \\ 1 \end{bmatrix} \tag{2-36}$$

式中：e、f、g 分别为 X 轴、Y 轴、Z 轴方向上平移的距离。

除了上述基础旋转矩阵和平移矩阵外，坐标系还会发生按比例缩放等变化，将上述基础变换整理至同一个坐标矩阵中可以表示为

$$
\boldsymbol{T}=\begin{bmatrix} a & b & c & p \\ d & e & f & q \\ h & i & j & r \\ l & m & n & s \end{bmatrix} \Rightarrow \begin{bmatrix} & 3 \\ 3\times 3 & \times \\ & 1 \\ 1\times 3 & 1 \end{bmatrix} \tag{2-37}
$$

2.1.4.2 坐标系的转换

1）地心固联坐标系到地心惯性坐标系的转换

当目标点位于地球表面时，由于 ECI 坐标系 X 轴方向指向春分点，ECEF 坐标系 X 轴方向指向本初子午线与赤道的交点方向，二者之间的夹角定义为格林尼治恒星时角，即 $G_0+\omega_e(t-t_0)$，其中，G_0 为初始时刻 t_0 格林尼治恒星时角。因此，地面目标点在 ECI 坐标系的地心经纬度（α_t,β_t）可以表示为

$$
\begin{cases} \alpha_t=\gamma_p+[G_0+\omega_e(t-t_0)] \\ \beta_t=\arctan[(1-f)^2\tan\lambda_P] \end{cases} \tag{2-38}
$$

式中：（γ_p,λ_p）为目标点在 ECF 坐标系下的地理经纬度；ω_e 为地球自转角速度，$\omega_e=7.292116\times10^{-5}\mathrm{rad/s}$；$f$ 为地球椭球模型下的地球曲率，$f=1/298.257$。

目标点在地心惯性坐标系下的位置坐标为

$$
\begin{bmatrix} x_t \\ y_t \\ z_t \end{bmatrix}=\|\boldsymbol{R}_t\|\begin{bmatrix} \cos\beta_t\cos\alpha_t \\ \cos\beta_t\sin\alpha_t \\ \sin\beta_t \end{bmatrix} \tag{2-39}
$$

式中：$\|\boldsymbol{R}_t\|$ 为地心与目标点之间的矢量长度，可以根据地球椭球参数表达为

$$
\|\boldsymbol{R}_t\|=\sqrt{\frac{a_e\cdot b_e}{{a_e}^2\sin^2\beta_I+{b_e}^2\cos^2\beta_I}}+h_t \tag{2-40}
$$

式中：a_e 为地球轨道半长轴，$a_e=6378.145\mathrm{km}$；b_e 为地球轨道半短轴，$b_e=6356.76\mathrm{km}$；h_t 为目标点在 ECEF 坐标系中的高程信息。

2）地心惯性坐标系到卫星轨道坐标系的转换

这一转换过程的参考坐标系为地心惯性坐标系，将目标位置从地心惯性坐标系转换至卫星轨道坐标系需要经过旋转和平移两个过程。首先 ECI 坐标系绕 Z 轴转过升交点赤经 Ω，旋转矩阵为 $\boldsymbol{R}_z(\Omega)$；然后绕 X 轴旋转轨道倾角 i，旋转矩阵为 $\boldsymbol{R}_x(i)$；最后绕 $\boldsymbol{Z}$ 轴转过卫星到升交点之间的角距（$\omega+f$），旋转矩阵为 $\boldsymbol{R}_z(\omega+f)$。经过三次旋转后，ECI 坐标系和卫星所在轨道平面重合，最后将 ECI 坐标原点沿 Z 轴平移卫星与地心之间的距离 $\|r_s\|$。变换过程可以由变换矩阵 $\boldsymbol{R}_I^O$ 进行表达：

$$
\boldsymbol{R}_I^O=\begin{bmatrix} 1 & 0 & 0 & 0 \\ 0 & 1 & 0 & 0 \\ 0 & 0 & 1 & 0 \\ 0 & 0 & 0 & -\|r_s\| \end{bmatrix}\boldsymbol{R}_z(\omega+f)\boldsymbol{R}_x(i)\boldsymbol{R}_z(\Omega) \tag{2-41}
$$

3）卫星轨道坐标系到卫星本体坐标系的转换

这一转换过程的参考坐标系为卫星轨道坐标系，将目标位置从卫星轨道坐标系转换至卫星本体坐标系只有旋转过程。由于矩阵变换与坐标旋转顺序相关，本书采用 3-1-2 转序：首先将 VVLH 坐标系绕 Z 轴转过偏航角 ψ ，旋转矩阵为 $\boldsymbol{R}_z(\psi)$ ；然后绕 X 轴旋转横滚角 φ ，旋转矩阵为 $\boldsymbol{R}_x(\varphi)$ ；最后绕 Y 轴转过俯仰角 θ ，旋转矩阵为 $\boldsymbol{R}_y(\theta)$ 。经过三次旋转后，VVLII 坐标系和卫星本体坐标系重合。变换过程可以由变换矩阵 $\boldsymbol{R}_O^B$ 进行表达：

$$\boldsymbol{R}_O^B = \boldsymbol{R}_{3-1-2}(\theta,\varphi,\psi) = \boldsymbol{R}_y(\theta)\boldsymbol{R}_x(\varphi)\boldsymbol{R}_z(\psi) \tag{2-42}$$

4）卫星本体坐标系到光学相机坐标系的转换

这一转换过程的参考坐标系为卫星本体坐标系，将目标位置从卫星本体坐标系转换至光学相机坐标系只有旋转过程。首先将卫星本体坐标系绕 Z 轴转过方位角 α ，旋转矩阵为 $\boldsymbol{R}_z(\alpha)$ ；然后绕 Y 轴旋转俯仰角 ε ，旋转矩阵为 $\boldsymbol{R}_y(\varphi)$ 。经过两次旋转后，卫星本体坐标系和卫星相机坐标系重合。变换过程可以由变换矩阵 $\boldsymbol{R}_B^C$ 进行表达：

$$\boldsymbol{R}_B^C = \boldsymbol{R}_y\left(\frac{\pi}{2} - \varepsilon\right)\boldsymbol{R}_z(\alpha) \tag{2-43}$$

5）光学相机坐标系到像面坐标系的转换

这一转换过程的参考坐标系为光学相机坐标系，将目标位置从光学相机坐标系转换至像面坐标系为光学相机的透视投影过程。这一相机投影过程可以由变换矩阵 $\boldsymbol{R}_C^f$ 进行表达：

$$\boldsymbol{R}_C^f = \begin{bmatrix} -\dfrac{f}{z_c} & 0 & 0 & u_0 \\ 0 & -\dfrac{f}{z_c} & 0 & v_0 \\ 0 & 0 & 0 & 1 \end{bmatrix} \tag{2-44}$$

式中：u_0、v_0 分别为像平面中心在像面坐标系上的位置，一般均为 0。

结合上述坐标变换过程，至此得到天基光学探测成像全链路旋转变换矩阵为

$$\boldsymbol{R}_I^f = \boldsymbol{R}_C^f\boldsymbol{R}_B^C\boldsymbol{R}_O^B\boldsymbol{R}_I^O \tag{2-45}$$

综合上述成像链路中的坐标变换过程，可以将目标从地心惯性坐标系的位置矢量 $\boldsymbol{r}_t = [x_t, y_t, z_t, 1]^{\mathrm{T}}$ 转到光学相机坐标系下的目标位置 $\boldsymbol{r}_p = [x_p, y_p, 1]^{\mathrm{T}}$ ：

$$\begin{bmatrix} x_p \\ y_p \\ 1 \end{bmatrix} = \boldsymbol{R}_I^f \begin{bmatrix} x_t \\ y_t \\ z_t \\ 1 \end{bmatrix} \tag{2-46}$$

$$\begin{bmatrix} x_p \\ y_p \\ 1 \end{bmatrix} = \begin{bmatrix} -\frac{f}{z_c} & 0 & 0 & 0 \\ 0 & -\frac{f}{z_c} & 0 & 0 \\ 0 & 0 & 0 & 1 \end{bmatrix} \boldsymbol{R}_y\left(\frac{\pi}{2} - \varepsilon\right)\boldsymbol{R}_z(\alpha)\boldsymbol{R}_y(\theta)\boldsymbol{R}_x(\varphi)\boldsymbol{R}_z(\psi)$$

$$\begin{bmatrix} 1 & 0 & 0 & 0 \\ 0 & 1 & 0 & 0 \\ 0 & 0 & 1 & 0 \\ 0 & 0 & 0 & -\|r_s\| \end{bmatrix} \boldsymbol{R}_z(\omega + f)\boldsymbol{R}_x(i)\boldsymbol{R}_z(\Omega) \begin{bmatrix} x_t \\ y_t \\ z_t \\ 1 \end{bmatrix} \tag{2-47}$$

如果将式(2-46)看作光学相机探测成像正向变换过程,那么已知目标在图像上的像点位置,求解其在地心惯性坐标系下的空间位置即式(2-47)的逆过程。可以看到,由于目标在像平面上仅有二维坐标,因此单相机的逆向求解过程仅获得目标的观测方向,无法获得具体的三维空间位置信息。目标在相机坐标系下的单位目标视线观测矢量表示为

$$\boldsymbol{l}_t = \frac{1}{\sqrt{x_f{}^2 + y_f{}^2 + f^2}} \begin{bmatrix} x_f \\ y_f \\ -f \end{bmatrix} \tag{2-48}$$

目标在地心惯性坐标系下的单位视线观测矢量表示为

$$\boldsymbol{u}_t = \frac{1}{\sqrt{(x_s - x_t)^2 + (y_s - y_t)^2 + (z_s - z_t)^2}} \begin{bmatrix} (x_s - x_t) \\ (y_s - y_t) \\ (z_s - z_t) \end{bmatrix} \tag{2-49}$$

将地心惯性坐标系转化至光学相机坐标系的变换矩阵定义为 $\boldsymbol{R}_I^C$,可以将目标在相机坐标系下的单位目标视线观测矢量 l_t 和在地心惯性坐标系下的单位视线观测矢量 $\boldsymbol{u}_t$ 之间的关系表示为

$$\boldsymbol{l}_t = \boldsymbol{R}_I^C = \boldsymbol{R}_B^C \boldsymbol{R}_O^B \boldsymbol{R}_I^O \boldsymbol{u}_t \tag{2-50}$$

$$\boldsymbol{u}_t = (\boldsymbol{R}_I^C)^{-1} \boldsymbol{l}_t \tag{2-51}$$

通过式(2-50)和式(2-51)分析目标在天基光学探测链路中的运动状态。

2.2 星图识别中的深度学习方法

人工神经网络(简称神经网络)是一种模拟大脑神经元工作模式的计算方法,通过参数的配置和数据的训练针对不同任务表现出色,且具有并行处理大规模数据的能力,已经成为人工智能应用中的重要研究领域。与模式识别类算法的原理

相似,神经网络在星图识别中也有重要应用,下面介绍神经网络在星图识别中的特征和基本原理。

2.2.1 前馈神经网络

神经网络通过神经元之间参数的相互连接进行工作,这些参数称为连接权值,权值体现了不同输入和输出之间的相互关联程度,神经网络通过记忆这些权值,对输入对象产生不同的响应。不同的神经网络有着不同的函数表达式,随着层数的增加,网络对非线性函数的拟合能力越来越强,输出结果的准确性也越来越高。

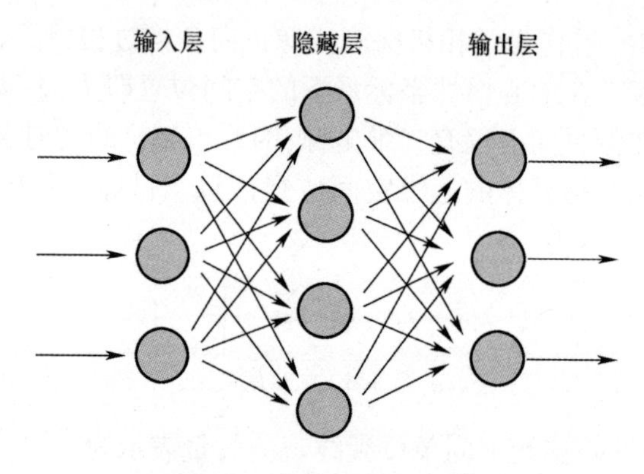

图 2-12 前馈神经网络

最典型的神经网络是前馈神经网络,神经元中的信息向前单向流动,网络结构如图 2-12 所示。网络前后两端分别为输入层和输出层,中间的神经元组成隐藏层,隐藏层可以有多层,神经元之间具有如下关系:

$$\boldsymbol{\alpha}_l = f(W_l \boldsymbol{\alpha}_{l-1} + b_l) \tag{2-52}$$

式中:f 为激活函数,使网络能够逼近非线性函数;l 为当前层数;$\boldsymbol{\alpha}_l$ 为当前的输出向量;$\boldsymbol{\alpha}_{l-1}$ 为输入的特征向量;W_l 为各神经元计算权值;b_l 为偏置。

通过这种运算,隐藏层与相邻两个层之间每个神经元互相连接,因此又称全连接层(FC)。当包含多层全连接层时,这种网络结构称为多层感知机(MLP)。多层前馈神经网络中反向传播(BP)神经网络被广泛用于星图识别中。BP 神经网络将误差反向传播算法用于神经网络的训练中,是网络得以有效拟合的基础。

2.2.2 卷积神经网络

在另一些高效的星图识别算法中,卷积神经网络(CNN)起着主要作用[10-11]。卷积神经网络是一种使用卷积操作进行前馈运算的神经网络模型。卷积神经网络不同于其他神经网络，其擅长对多维数据进行处理，特别是以图像处理为代表的二维数据，卷积运算广泛应用[2]推动了图像识别技术的发展，从而带动了对星图模式识别技术的研究。以单通道二维卷积为例，卷积神经网络的运算过程如下：

$$Z_{l+1}(i,j)=\sum_{k}^{K}\sum_{(x,y)}^{M}[Z_l^k(si+x,sj+y)W_{l+1}^k(x,y)]+B_{l+1}$$
$$=Z_l*W_{l+1}+B_{l+1} \tag{2-53}$$

式中：Z_l 为第 l 层的输出；W_{l+1} 为第 $l+1$ 层的卷积核；B_{l+1} 为当前层的偏置；$(i,j)\in\{0,1,\cdots,L_{l+1}\}$。当前层输入通道数为 K，卷积核与其通道数相同，层输出大小为 $L_{l+1}=(L_l+2p-M)/s+1$，其中 M 为卷积核的大小，s 为步长，p 为填充层数。

由式(2-53)可知，神经网络中的卷积更类似于一种相关计算，计算过程如图 2-13所示，通过调整卷积核的参数可以对图像实现不同像素之间的关联，使用 $M\times M$ 大小的卷积进行局部的连接，能生成具有大量局部信息的特征图。当需要产生多通道特征图时，卷积核的数量将会增加。

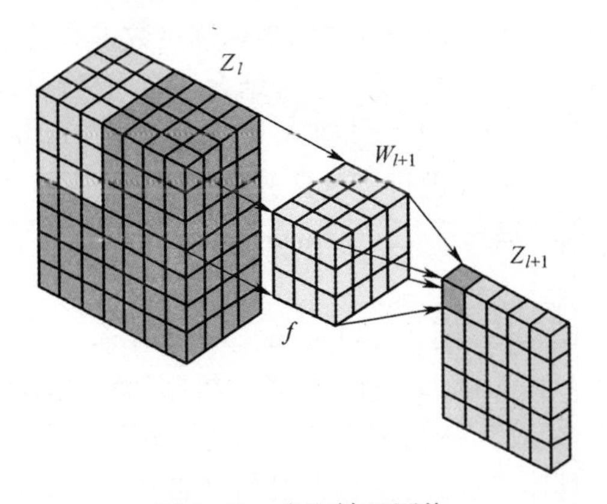

图 2-13 卷积神经网络

由于卷积核这种计算结构通过不同的参数能够产生不同的效果，卷积神经网络具有很强的特征提取能力，可以用于图片空间域上滤波、去噪或边缘提取等多种变换。卷积核具有权值共享的特性，在生成单通道特征图时有效减少了参数数量。

2.2.3 注意力机制方法

注意力机制的出现极大地推动了星图识别网络的发展。基于注意力机制的结构模型不仅能够记录信息间的位置关系，还能依据信息的权重度量不同信息特征的重要性。通过对信息特征进行相关与否分析建立动态权重参数，以加强关键信息弱化无用信息，从而提高深度学习算法效率，同时也改进了传统 CNN 的一些缺陷，例如，无法有效获取全局特征、无法实现上下文长距离关联等。基于注意力机制深度学习网络已经广泛应用于自然语言处理、统计学习、图像检测、语音识别等领域[1]。

传统的 FFN 结构和 CNN 结构可以通过每层间的输入与输出的连接关系学习到大量信息特征。然而,网络深度和宽度的增加,这些网络结构容易出现难以拟合和梯度爆炸等问题。为了解决该问题,有学者根据对人类注意力的研究提出了注意力机制。注意力机制本质上说就是实现信息处理资源的高效分配。当一个场景进入人类视野时,往往会先关注场景中的重点,如动态的点或者突兀的颜色,静态场景会被暂时忽略。若将注意力机制应用到神经网络中,则可以大大提高网络提取关键信息的能力,从而大大提升网络的下游任务处理性能。

注意力机制早在 20 世纪 90 年代就已经提出,Googlemind 团队将注意力机制与 RNN 结合进行图像分类取得显著成果[12]。此外,Bahdanau 等将注意力机制运用在自然语言处理中,大大提高了翻译精度,也让注意力机制得到不断发展,应用于各大领域[13]。此后,注意力机制也被应用于数据预测领域。之前传统的方法通常使用 RNN 进行预测,但是这种方法因为训练层数多和长距离的序列会产生梯度爆炸和梯度消失等问题,因此出现了一种结合注意力机制想法的 RNN 变体——长短期记忆人工神经网络(LSTM)。LSTM[14]最初是由 Hochreiter 和 Schmidhuber 在 1997 年提出的,Alex Graves 进行了改良和推广,使之更加灵活地应用于多种场合[15]。2017 年,Vaswani 提出了 Transformer 模型,掀起将注意力机制推向了诸多应用方向的热潮[16]。

根据 Transformer 结构图(图 2-14)可知,整个网络舍去 CNN 卷积层,全部采用了自注意力机制模块。Transformer 通过注意力机制、编码解码、残差前馈网络和线性化等解决了许多 CNN 或 RNN 无法解决的问题,如传统神经网络算法训练慢、全局特征获取困难等。具体来说,全注意力机制网络是根据 CNN 中的卷积思想,结合了多头注意力,实现并行计算,从而大大加快了计算速度,并在多项语言翻译任务中取得较好的结果;而位置编码又使 Transformer 具备了 CNN 欠缺而 RNN 擅长的能力,将序列数据间的关系存储下来,在自然语言处理的上下文语义等应用方面得到广泛应用[17]。

Transformer 也有缺陷,例如:只能让长序列得到高效处理,短序列的效率并没有得到提高;针对长序列,训练这些模型的成本就会很高。针对 Transformer 中存在的一些问题,Kitaev 等将其中一些结构进行优化,提出了新的模型 Reformer。首先是将 Transformer 中的点积注意力替换为局部位置敏感哈希注意力,如图 2-15 所示。Transformer 中的多头注意力是并行计算并叠加的,它计算两个数据点之间的 Attention Score 需要将多个自注意力连起来,因此计算量很大,所占内存较多。Refomer 选用了局部位置敏感哈希注意力,代替多头注意力,极大地提高了注意力机制模型的运行效率。

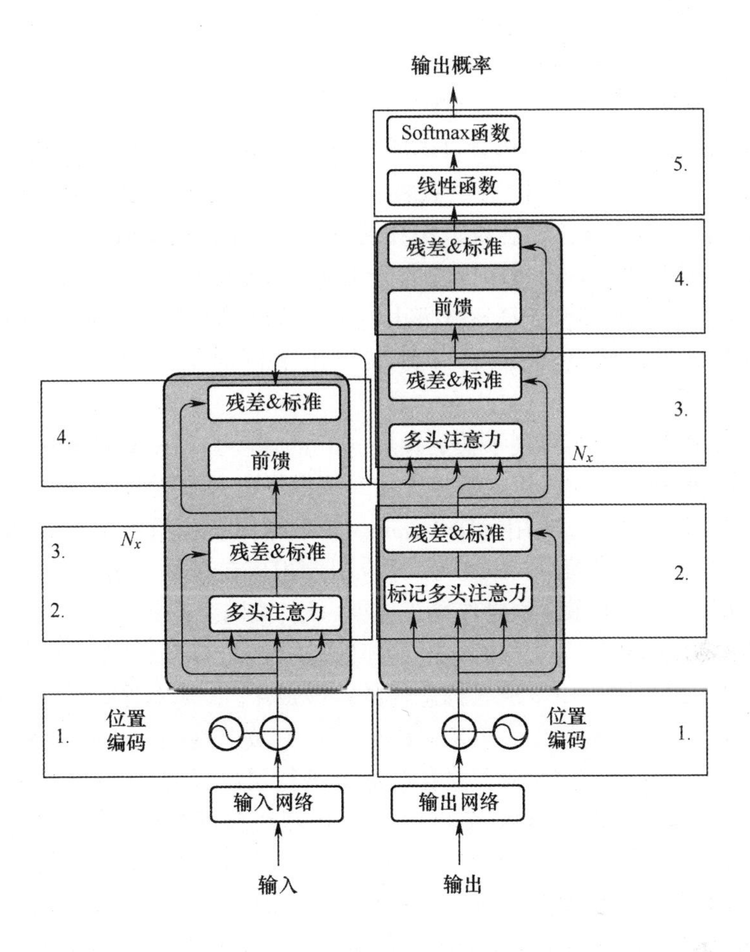

图 2-14 Transformer 结构图

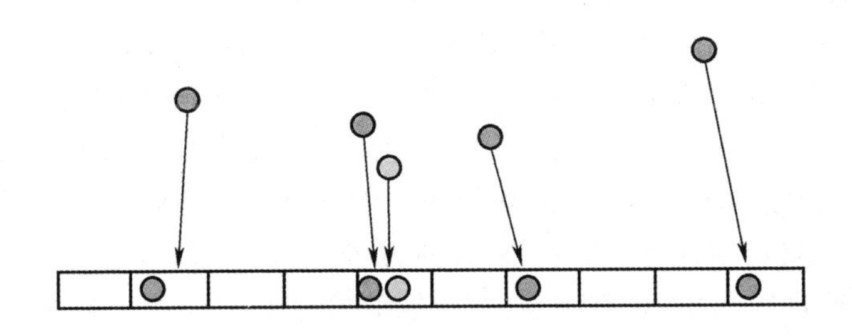

图 2-15 局部位置敏感哈希注意力

总之,全注意力机制网络相较于传统神经网络,其性能已经有了质的飞跃,它克服了 CNN、RNN 等算法的局限性,已经成为人工智能领域的热点研究方向,是当下星图识别算法的热门选择。

2.2.4 图神经网络方法

由于深空星图缺乏纹理信息且不同星点分布规律近似,传统的基于局部特征的特征构造方法不能很好构造星点特征,影响识别精度。近年来,图神经网络(graph neural network,GNN)在提取拓扑图数据特征上的表现得到了广泛关注。研究者在利用图神经网络,通过图匹配的方法进行深空图像识别时,通常会使用图的表达方式使原有的局部特征描述嵌入由特征点构建的拓扑图结构信息,实现低级像素级向高级语义级的转化,详尽地表示出丰富的信息,从而实现更精细的识别[9]。

近年来,图神经网络得到了长足发展。Bruna 等[23]利用空域和频域的对应关系、频域的近似操作将欧几里得数据中的卷积操作引入图数据中,但该方案的计算复杂度较高,不利于实际应用。Defferrard 等[24]利用切比雪夫多项式来近似卷积核,简化了图上的卷积操作。Kipf 等[25]应用卷积核在频域上的一阶近似,进一步简化了前人的工作,使图卷积操作真正变得可用,该网络即人们熟知的图卷积网络(graph convolutional network, GCN)。可以说,GCN 是首个成熟的图神经网络,是图神经网络发展过程中一个极具标志性的阶段成果,其基本思想是将结构化数据中的卷积操作引入图数据中。由于对图数据在空域上直接卷积无法实现,研究者利用卷积在空域和频域的对应关系在频域上进行层层近似,实现了图数据上的卷积操作。经过一层层图上卷积,节点特征不断变化,新提取到的节点特征参与后续的分类操作。

为了将图像与图关联起来,可以将图像视为图的特殊形式,每个像素代表一个节点,如图 2-16 所示,每个像素直接连接到其附近的像素。通过一个像素为 3×3 的窗口,每个节点的邻域是周围的 8 个像素。这 8 个像素的位置表示一个节点的邻域的顺序。然后,通过对每个通道上的中心节点及其相邻节点的像素值进行加权平均,对像素为 3×3 窗口应用一个滤波器。由于相邻节点的特定顺序,可以在不同的位置共享可训练权重。同样,对于一般的图,基于空间的图卷积将中心节点表示和相邻节点表示进行聚合,以获得该节点的新表示。GCN 在节点分类、链接预测、社区发现等许多任务中取得了很好的效果。然而,GCN 也存在一些问题,如对图中的局部结构信息的捕捉不足,对大规模图的计算效率低等。

GraphSAGE 应用了归纳学习的思想,其网络结构如图 2-17 所示。GraphSAGE 网络是基于空域的,有两个核心操作,分别是采样和聚合。采样是由上至下进行的,先对目标节点采样,获得一阶邻居节点,之后对一阶邻居节点采样,获得二阶邻居节点;聚合是由下至上进行的,先将二阶邻居节点特征聚合至一阶邻居节点,再将一阶邻居节点特征聚合至目标节点。GraphSAGE 可以适用于各种类型的图,如

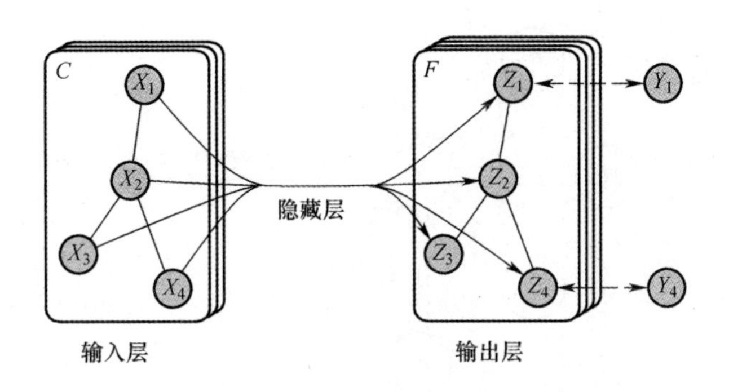

图 2-16 GCN 结构示意图

有向图、无向图、带权图等结构数据,并通过节点采样和特征聚合来减少计算复杂度,使模型能够有效地处理大型图,同时使节点表示能够充分考虑到节点的局部结构信息,其物理意义十分明晰。

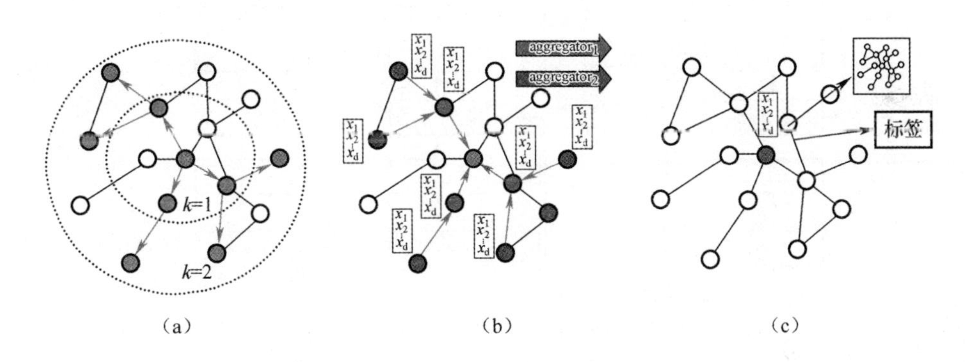

图 2-17 (见彩图)GraphSAGE 结构
(a) 结构示意图;(b) 特征总量;(c) 聚合信息预测。

图注意力网络(graph attention network,GAT)同样是基于空域的图神经网络[26],其结构如图 2-18 所示。不同于 GCN 和 GraphSAGE,GAT 首次引入了注意力机制。在表征目标节点与一阶邻居节点的关系时,应用了多头注意力机制,具体方式是使用多组全连接层计算多组注意力系数。在获得注意力系数后,通过特征拼接和加权平均的操作更新目标节点的特征,更新后的节点特征参与下游任务。GAT 能够动态地计算节点之间的注意力权重,根据节点之间的相似度来灵活地调整权重,更好地捕捉图中的局部结构信息。与此同时,多头注意力机制增强了模型的表达能力,使模型能够学习到不同特征子空间中的信息。

Graphormer 应用了 Transformer 结构,是 Transformer 结构与图神经网络结合的一次尝试。事实上,近年来有研究者不断将 Transformer 结构引入图神经网络中,这也是图神经网络最近的研究热点之一。Graphormer 的网络结构如图 2-19 所示。

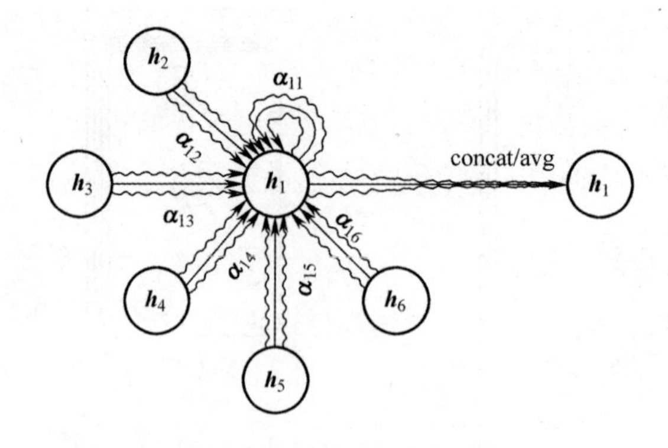

图 2-18　GAT 结构示意图

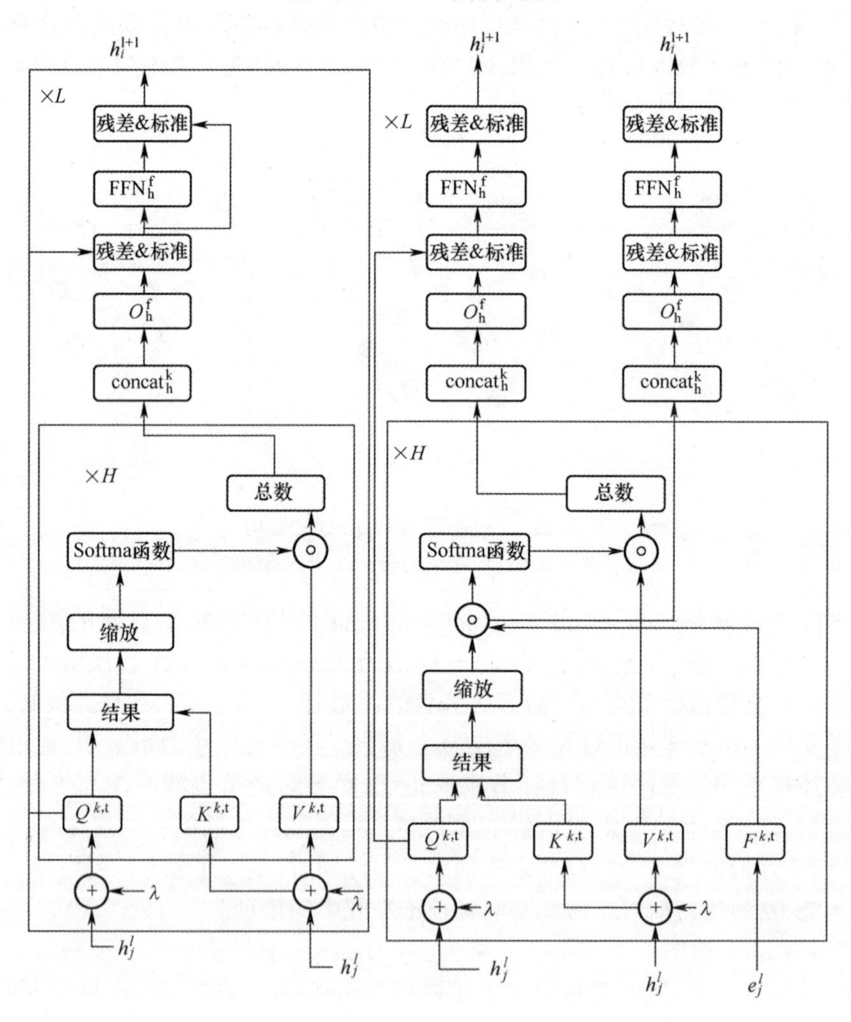

图 2-19　GraphTransformer 结构和 Graphormer 的网络结构图

虽然 Graphormer 同样使用多头注意力机制,但其多头注意力机制远比 GAT 复杂,使用了 Transformer 结构中经典的基于键值对的查询机制,同时又创新地应用了三种编码机制对注意力系数进行调制,使其能够更好地捕捉节点之间的关系和全局信息,具有更好的表达能力。Graphormer 网络结构略显复杂,但分类效果足够优秀,在一系列任务上达到了非常理想的精度,为处理图数据提供了一种新的思路和方法。

随着研究的逐渐深入,图神经网络在星图识别的能力被一再证明,其应用也不再局限于有星图匹配。随后,出现了一些应用图神经网络解决小样本问题、域适应、低信噪比等一系列细分方向的研究工作[18]。

2.3 密度峰值搜索方法

当空间复杂背景下暗弱目标通过星图识别方式与具体星等区分开后,对暗弱目标进行检测迫在眉睫。密度峰值搜索是一种常用的聚类分析领域算法,主要是寻找被低密度区域分离的高密度区域。将密度峰值搜索用于红外暗弱小目标检测,已被证明有效。在密度峰值搜索方法的框架下,空天红外图像由灰度空间转换至 ρ-δ 特征空间进行目标搜索[3],然后通过复杂的局部特征鉴别真实目标,兼顾了高检测性能和速度[4]。本节引入密度峰值搜索,通过小目标空间域的局部异质性和时间域的相关性区分红外目标和空间背景,提升空间暗弱小目标检测算法的性能和稳定性。

2.3.1 密度峰聚类的原理

密度峰聚类是一种基于密度的聚类算法,全称为快速搜索和发现密度峰值的聚类算法(clustering by fast search and find of density peaks,DPC)[19]。它是 2014 年在 *Science* 上提出的聚类算法[5],原理是通过确定数据集中的密度峰点(density peak),将数据点分配到不同的聚类中。该算法基于两个基本假设:

(1) 聚类是由局部高密度区域组成的,每个局部高密度区域中心的密度峰点会吸引其他密度较大的数据点,从而形成聚类。密度较小的点会被划分为噪声点。

(2) 不同聚类之间的密度变化较大,同一聚类内的密度变化较小,即聚类之间有较大的密度距离,而聚类内部的密度变化相对较小。

密度峰聚类算法的核心思想就是基于以上假设,通过计算每个数据点的密度值和密度峰点,将数据点分配到不同的聚类中。假设数据点 x_i 的局部密度为 ρ_i ,数据点 x_i 到局部密度比它大且距离最近的数据点 x_j 的距离为 δ_i ,则有如下定义:

$$\rho_i = \sum_{j \neq i} \chi(d_{ij} - d_c) \tag{2-55}$$

$$\delta_i = \min_{j:\rho_j > \rho_i}(d_{ij}) \tag{2-56}$$

式中：d_{ij} 为 x_i 和 x_j 的距离；d_c 为截断距离；$\chi(\cdot)$ 为逻辑判断函数，且有

$$\chi(x) = \begin{cases} 1 & (x < 0) \\ 0 & \text{其他} \end{cases} \tag{2-57}$$

通过构造 δ_i 相对于 x_i 的决策图，进行数据点分配和噪声点剔除，可以快速得到最终的聚类结果。基于快速搜索和发现密度峰聚类算法的具体步骤：首先计算任意两个数据点之间的距离，并根据截断距离计算出任意数据点 x_i 的 ρ_i 和 δ_i 然后，根据 ρ_i 和 δ_i 画出对应的聚类决策图；接着利用得到的决策图，将 ρ_i 和 δ_i 都较高的数据点标记为簇的中心，将 ρ_i 相对较低但是 δ_i 相对较高的点标记为噪声点；最后，利用算法将剩余的数据点进行分配，将剩余的每个数据分配到它临近且密度比其大的数据点所在簇[20]。

基于快速搜索和发现密度峰值的聚类算法，想法非常直观，能够快速发现密度峰值点，高效分配样本并发现噪声，是一种非常实用且灵活的聚类算法[6]，在大数据分析、机器学习和数据挖掘等领域得到了广泛应用。

2.3.2 密度峰值搜索框架

密度峰值搜索和最大灰度区域增长（DPS-GVR）是中用于红外小目标检测的方法，能够有效检测图像中不同尺度的目标[21]。密度峰值搜索（DPS）受到密度峰聚类方法的启发，通过定义每个像素点的"密度"和"δ-distance"，提出了一种新型的候选目标点提取策略。

该方法将图像中的所有像素点转换到由密度 ρ 和 δ 空间构成的特征空间，在 ρ-δ空间进行密度峰值搜索，将这些密度峰在原始图像中对应的像素点作为候选目标点；然后用局部特征进行筛选，提取出真实目标[22]。像素点 i 的密度和δ-空间定义为

$$\rho_i = g_i \tag{2-58}$$

$$\delta_i = \min(d_{ij}) \tag{2-59}$$

式中：g_i 为像素点 i 的强度；j 为密度大于 ρ_i 的像素点；d_{ij} 为像素点 i 和 j 之间的欧几里得距离。对于图像中密度最大的像素点，定义 $\delta_i = \max_j(d_{ij})$。

密度峰值搜索认为红外小目标具有两个特征：一是相对密度较高；二是与较高密度像素的距离相对较大。因而，红外小目标中有且仅有一个像素 k，使得 δ_k 和 ρ_k 均较大。图像中每个像素点的密度峰指数为

$$\gamma = \rho \times \delta \tag{2-60}$$

按 γ 大小对所有像素降序排序,将前 n_p 个像素作为密度峰,记为 $s_1, s_2, \cdots, s_{n_p}$,此过程称为密度峰值搜索。

2.3.3 密度峰值搜索性能评价

密度峰值搜索能够有效地筛选出目标点,并且拥有多尺度目标检测能力[7]。但是,当目标暗弱或者临近高亮度背景杂波(目标像素的 δ 空间较小)时,很容易在提取候选点的过程中丢失目标,称为集中效应。图 2-20 中显示了在一些具有代表性的红外图像中用 DPS 提取出的密度峰。第一行显示了 DPS 提取的候选目标,蓝色圆圈标记了密度峰,红色方框标记了图像中被忽略的目标。第二行显示了图像的 ρ-δ 特征空间,密度峰用蓝色点表示,目标点用红色圆圈标记。从图 2-20 可以看出"集中效应"使目标的 δ 变小,导致 DPS 出现漏检。

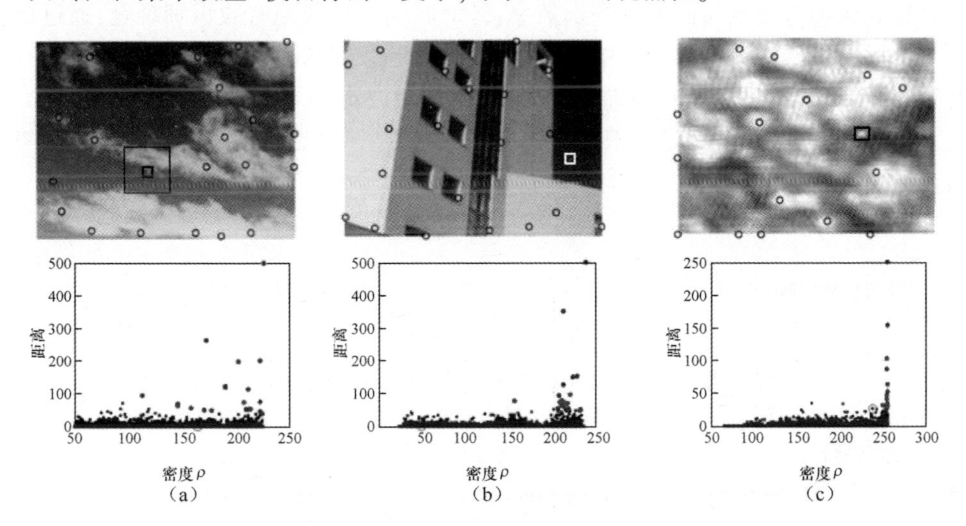

图 2-20 (见彩图)一些小目标被 DPS 忽略的场景

(a)目标靠近云层;(b)目标附近有建筑物;(c)目标位于阳光普照的湖面。

密度峰值搜索算法是基于图像强度来搜索密度峰,因此该算法难以应用于具有强噪声的红外图像。特别是对于红外图像中的高亮度像素噪声(PNHB),由于 PNHB 满足密度峰的两个特征:相对密度较高,与较高密度像素的距离相对较大,算法往往会将 PNHB 作为密度峰。在图像中存在多处 PNHB 时,密度峰值搜索可能忽略真实目标,检测性能下降。

在强背景杂波场景中,GVR 对目标的增强效果并不显著,使用 GVR 值作为特征区分候选点有时会存在误检或漏检。因此,需要一种新的特征能够显著地增强目标。此外,在实现的 DPS 中,迭代计算 δ 空间的过程需要多次对像素为 3×3 窗口内元素进行排序，消耗了一些不必要的时间。

2.4 小结

本章在空间非合作目标天基动态光学感知与检测识别中，针对复杂高速多维多载体运动，依次介绍各载体所处坐标定义，并系统梳理卫星姿轨参数和参考坐标系间的转换关系；针对包含空间多目标和复杂背景的星图如何有效剥离不同能量的星图以获取空间目标信息的问题，引入深度学习方法，利用注意力机制实现序列到序列的建模，利用编解码器不仅可以得到可变长度的序列数据，还可以将当前的输入与上一时刻输出以及自身状态联系起来，提高了模型的复杂程度和预测精度，此外，注意力机制中特有的不同权重参数配比，可以快速提取关键特征，模型特征可以有效地进行缩减从而提高判别效率；针对暗弱目标快速有效识别难题，通过研究在景物干扰严重的空间场景中的背景和目标特性，从图像的角度分析了密度峰聚类的原理和搜索框架，在受临近高亮度背景杂波影响导致的“集中效应”基础上，探究密度峰值搜索对目标识别的鲁棒性，为超高速动态机动下超宽域空间态势感知提供新的理论依据。

参考文献

[1] 任欢，王旭光．注意力机制综述[J]．计算机应用，2021，41(S1)：1-6.

[2] 刘俊奇，涂文轩，祝恩．图卷积神经网络综述[J]．计算机工程与科学，2023，45(8)：1472-1481.

[3] ALEX R, ALESSANDRO L. Clustering by fast search and find of density peaks [J]. Science, 2014, 344(6191): 1492-1496.

[4] YANG P, DONG L, XU W. Infrared small maritime target detection based on integrated target saliency measure [J]. IEEE Journal of Selected Topics in Applied Earth Observations and Remote Sensing, 2021(14)2369-2386.

[5] JIANG Y H, WANG J Y, ZHANG L, et al. Geometric processing and accuracy verification of Zhuhai-1 hyperspectral satellites[J]. Remote Sensing, 2019, 11(9): 996.

[6] XIA C, LI X, ZHAO L, et al. Modified graph laplacian model with local contrast and consistency constraint for small target detection [J]. IEEE Journal of Selected Topics in Applied Earth Observations and Remote Sensing, 2020(13)5807-5822.

[7] 覃尧．基于数据分类的红外与高光谱图像处理技术研究 [D]．长沙：国防科技大学，2019.

[8] 李瑶，陈忻，饶鹏．空间目标天基光学定位方法综述[J]．中国空间科学技术，2023：1-13.

[9] 刘俊奇，涂文轩，祝恩．图卷积神经网络综述[J]．计算机工程与科学，2023，45(8)：

1472-1481.

[10] JIANG J, LIU L, ZHANG G. Star identification based on spider-web image and hierarchical cnn [J]. IEEE Transactions on Aerospace and Electronic Systems, 2019, 56(4): 3055-3062.

[11] WANG B, WANG H, JIN Z. An efficient and robust star identification algorithm based on neural networks [J]. Sensors, 2021, 21(22): 7686.

[12] MNIH V,HEESS N,GRAVES A. Recurrent models of visual attention[C]. Proceedings of the 27th International Conference on Neural Information Processing Systems. Cambridge:MIT Press, 2014,2204-2212.

[13] BAHDANAU D,CHO K,BENGIO Y. Neural machine translation by jointly learning to align and translate[EB/OL]. ICLR. 2015.

[14] HOCHREITER S. The vanishing gradient problem during learning recurrent neural nets and problem solutions[J]. International Journal of Uncertainty,Fuzziness and Knowledge-Based Systems, 1998,6(2):107-116.

[15] HOCHREITER S,SCHMIDHUBER J. Long short-term memory [J]. Neural Computation, 1997,9(8):1735-1780.

[16] VASWANI A,SHAZEER N,PARMAR N,et al. Attention is all you need[EB/OL]. 2017

[17] 李岚欣. 面向自然语言处理的注意力机制研究[D]. 北京:北京邮电大学,2019.

[18] 孙亚圣,姜奇,胡洁,等. 基于注意力机制的行人轨迹预测生成模型[J]. 计算机应用, 2019,39(3):668-674.

[19] ALEX R, ALESSANDRO L. Clustering by fast search and find of density peaks [J]. Science, 2014, 344(6191): 1492-1496.

[20] 董宏成,文志云,万玉辉, 等. 基于DPC聚类重采样结合ELM的不平衡数据分类算法 [J]. 计算机工程与科学, 2021,43(10): 1856-1863.

[21] HUANG S, PENG Z, WANG Z, et al. Infrared small target detection by density peaks searching and maximum-gray region growing [J]. IEEE Geoscience and Remote Sensing Letters, 2019, 16(12): 1919-1923.

[22] 黄苏琦. 时空谱多特征联合红外弱小目标检测方法研究 [D]. 成都:电子科技大学,2020.

[23] BRUNA J,ZAREMBA W,SZLAM A,et al. Spectral network sand locally connected networks on graphs[J]. arXiv:1312. 6203v2,2014.

[24] DEFFERRARD M, BRESSON X, VANDERGHEYNST P. Convolutional neural networks on graphs with fast localized spectral filtering [C]. Proc of the 30th International Conferenceon Neural Information Processing Systems,2016:3844-3852.

[25] KIPF T N,WELLING M. Semi-supervised classification with graph convolutional networks [J]. arXiv:1609. 02907, 2016.

[26] VELICKOVIC P,CUCURULL C,CASANOVA A,et al. Graphattention networks [J]. arXiv: 1710. 10903, 2017.

第3章 天基光学动态超宽域感知扫描模式设计

空间非合作目标分布范围广、相对运动速度快，单一常规的手段无法进行全空间快速目标探测成像，只能提供空间目标的角度信息，且观测弧段短、测量精度低，如布设大量载荷集群观测又会存在观测冗余的问题。为此，在4π空间进行有效的成像任务规划、在超宽域范围实施高时效动态TDI扫描模式、进行高动态大范围拼接成像、确定空间重点非合作目标高精度位置和速度等问题迫在眉睫，这些都成为天基动态光学重点解决的内容。

3.1 空间成像任务规划设计

在动态天基光学下对空间非合作目标进行成像，涉及轨道、地球、目标、卫星、相机系统等多方面全链路关系，而这些关系中包括一系列必须预先进行综合考虑的问题，如动态条件下对目标信噪比、面积、长度、可见时间窗口的筛选和裁剪等，需要预先进行成像模式的任务规划[1]。本节首先介绍成像容许域设计，探讨设计成像容许域时需要考虑的关键性因素，包括太阳照射角度、卫星姿态控制、空间目标位置以及成像频率等；然后详细阐述卫星姿态设计，依据卫星载荷布局、光学组件安装、姿态传感器测量等方面确定初始光轴矢量；最后以2023年10月5日04：00：00为初始时刻，以耶鲁亮星-2491为初始光轴指向位置，列举卫星成像任务的初始光轴规划。

3.1.1 成像容许域设计

为了避免卫星在观测目标时被太阳光照射，保证成像的有效性，卫星在地球阴影区以外的轨道弧段被定义为成像容许域。成像容许域设计是确保卫星在观测过程中能够获得清晰、有效成像的重要步骤。容许域的设计涉及卫星姿态、轨道参数等多方面因素[2]。

3.1.1.1 太阳照射角度

为了在推扫成像过程中避开太阳光线直射，成像容许域设计需要考虑太阳照射角度。为了避免太阳光线直射对成像系统的干扰，卫星的轨道弧段应该尽可能避开太阳照射充足的区域，以提高卫星的成像质量。

太阳照射角度一般是指太阳光线与卫星轨道平面的夹角，其取决于卫星所处的位置、轨道倾角等因素。在推扫成像过程中，如果卫星所在的轨道弧段处于太阳光线直射的区域，就可能会由于强烈的太阳辐射影响成像质量，甚至损坏光学设备。通过轨道仿真计算可以确定太阳照射角度的变化规律，从而规划卫星轨道，使其在成像过程中太阳光线的直射最小化[3]。太阳照射角度也与卫星轨道的选择有关。通过调整卫星轨道的倾角和升交点位置，可以有效避开太阳光线直射的区域。

观测卫星的最佳区域位于地球背面的阴影处，这一位置能够有效地遮挡来自太阳的电磁辐射，防止阳光直射在空间相机上，确保在观测过程中最大限度地消除外部光源的干扰，进而维护空间相机的成像质量。当卫星运行至地球阴影区时，太阳光线被地球遮挡使卫星表面接收不到太阳辐射。由于太阳辐射的不平行性，地球产生的阴影区由本影区和半影区组成，如图 3-1 所示。

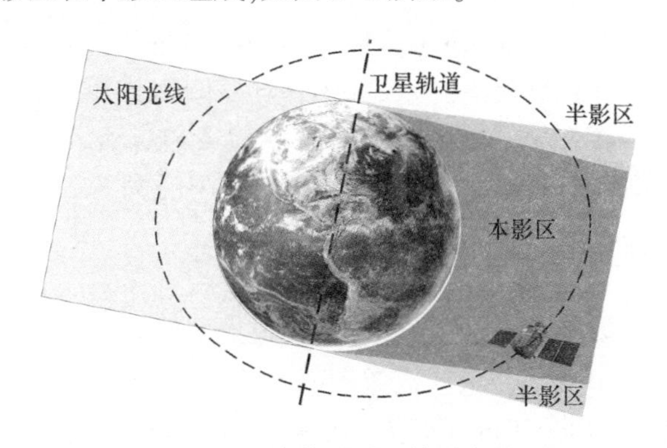

图 3-1 最佳观测区域示意图

本影区和半影区之间的锥角为 32″，本影顶点位于地球 100 多万千米处，而空间态势感知卫星通常工作于太阳轨道或地球同步轨道，因此卫星可以快速通过半影区。在实际计算中直接将地球阴影区视为直径 16392km 的圆柱区域[4]。在轨道平面内，最佳探测区域为地球背面太阳光线无法覆盖的本影区，在此区间的轨道弧段为最佳观测区间。

3.1.1.2 卫星姿态控制

在进行卫星成像设计时，需要考虑卫星对目标成像的三轴姿态，以及在推扫成像时的姿态稳定性,确保成像过程中不受到姿态扰动的影响,从而获得清晰的成像效果。首先,卫星的姿态受到大气阻力、地球引力、太阳辐射压力等因素影响,这些外部扰动会导致卫星姿态的不稳定,影响成像质量。此外,推扫成像的特殊性对卫星姿态控制提出了特殊要求。由于卫星在轨道中以一定速度行进,需要考虑推扫过程中可能发生的姿态变化。合理的姿态控制系统应该在推扫成像过程中及时、精确地调整卫星姿态,以适应不同的观测角度和场景变化,确保成像质量稳定[5]。

3.1.1.3 空间目标位置

在进行成像容许域设计时必须充分考虑观测目标的位置,确保容许域能够有效地覆盖目标所在的空间范围,这涉及卫星轨道的选择和轨道平面内的位置的安排等多个方面。

首先,卫星轨道的选择直接影响容许域的空间布局。不同类型的轨道(如低轨道、中轨道、地球同步轨道等)具有不同的特性,包括轨道周期、高度、倾角等,需要根据待观测空间目标的位置分布和运动规律选择合适的轨道类型。轨道的选择应当综合考虑目标的位置分布、运动速度和观测需求。例如:对于需要全天候监测的目标,可以选择地球同步轨道;而对于需要高频率观测特定区域的目标,低轨道可能更为合适。

其次,轨道平面内的位置安排是成像容许域设计的另一个关键因素。通过合理规划卫星在轨道平面内的位置,可以优化容许域的形状和大小,以确保空间目标得到充分的覆盖。考虑卫星轨道的变化和目标的运动轨迹,需要采用精密的轨道规划算法,使容许域与目标的相对位置保持良好的对应关系。

3.1.1.4 成像频率

容许域的设计需要考虑成像频率,确保在成像容许域内轨道弧段足够密集,满足对空间目标的高频率观测需求。成像频率直接关系到卫星对空间目标的覆盖率和观测时间分辨率。因此,在设计成像容许域时需要权衡成像频率与路径规划之间的关系。

首先,在确定成像频率时考虑待观测空间目标的特性,包括空间目标的运动状态、变化速度以及观测需求的时间分辨率。对移动目标或者特定空间目标进行推扫成像时,所需的成像频率更高,以确保空间目标在卫星经过成像容许域时能够进行有效观测。其次,成像频率也受到卫星轨道周期的影响。在确保成像容许域内观测弧段密集分布的同时,还需要考虑轨道周期的限制,以维持卫星轨道的稳定性。通过调整卫星轨道参数可以优化成像频率,使其在观测需求和轨道稳定性之间取得平衡。成像频率的设计还应该考虑卫星成像系统的性能和数据处理能力,确保卫星能够高效地获取、传输和处理大量图像数据,从而保证在高频率成像条件下卫星系统的可靠性和稳定性。

综合考虑上述因素,成像容许域的设计将在卫星成像路径规划任务中发挥关键作用。通过合理设计成像容许域,可以最大限度地提高卫星的观测效能,确保对目标的有效监测和成像。

3.1.2 最佳成像窗口设计

3.1.2.1 最佳成像时间点计算

天基动态光学最佳成像时间点是指卫星在同一轨道圈次执行成像任务时所成图像质量最高、频次最大、时长最长的成像时间点。因为空间目标存在高速运动特性,所以卫星观测空间目标需要进行实时的姿态机动。因此,观测过程中卫星最佳成像时间点取决于卫星机动的三轴姿态角和姿态角速度。相对速度越慢、姿态角速度越小,图像的分辨率越高、跟踪的时长越长、图像越清晰[6]。因此,只要保证卫星观测任务条带时的平均俯仰角最小,就能保证观测条带的平均成像质量最高,即成像任务均匀地分布在最大成像时间窗口中。最佳成像窗口如图 3-2 所示。

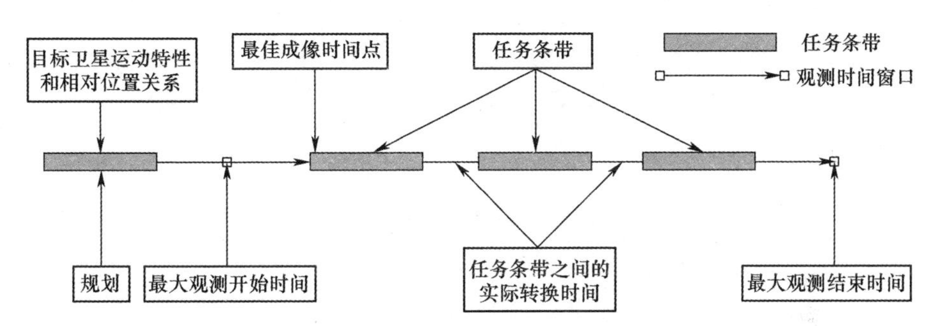

图 3-2 最佳成像窗口示意图

对于单次单目标的单长条带成像任务来说,为保证任务的成像质量最高,在成像任务时将卫星和目标距离最近的点安排在时间窗口的中间。对于多目标下多条带成像任务来说,为了保证多条带任务的平均成像质量最高,各条带能够均匀分布在卫星最大成像时间窗口中,需要通过精确计算确定成像任务的最佳时间点。为了提高成像模式设计算法的效率,最佳成像时间点的计算安排在预处理阶段完成。

天基光学最佳成像时间点的规划计算采用逐步迭代的方法寻找最佳成像时刻。以三个任务条带的大区目标为例(图 3-3),首先定义最大观测时间窗口的开始时刻作为初始最佳成像时间 T_0;其次计算三个成像条带间的卫星姿态调整时间,再将条带任务的观测时间与卫星姿态机动时间相加得到总时间 T_{α}^{0},最大成像时间窗口的总时间为 T_β，则下一次迭代的最佳成像时间点为 $T_1 = T_0 + (T_\beta - T_\alpha^0)/2$ 然后依次迭代；最后当两次计算最佳成像时间点的差值小于 0.1s 或者迭代次数超过 10 次时，算法终止。

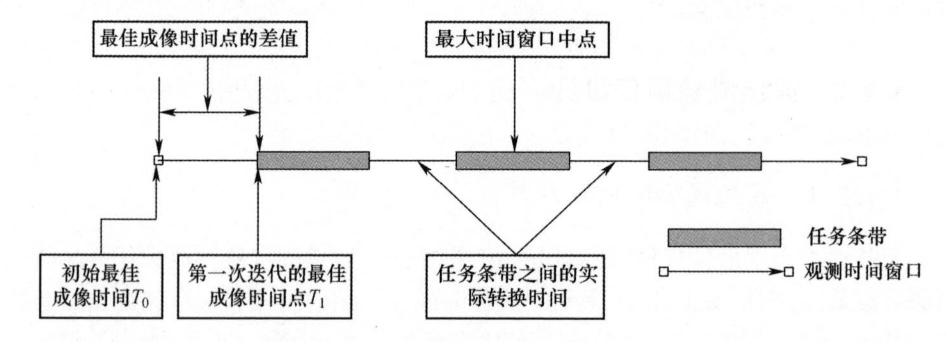

图 3-3　最佳成像窗口计算示意图

按照成像任务，计算成像时间的最佳窗口步骤如下：

(1) 定义最大成像时间窗口的起点为初始时刻 $T_i(i = 0)$；

(2) 根据初始时刻 T_i 规划成像之间的姿态调整时间；

(3) 将观测时间与机动时间相加，作为任务的总时间；

(4) 计算迭代第 i+1 次的最佳成像时间点，$T_{i+1} = T_i + (T_\beta - T_\alpha^i)/2$；

(5) 若 $T_{i+1} - T_i < 0.1$ 或者 $i \geq 10$，转步骤(6)；否则转步骤(2)；

(6) 算法终止，输出最佳成像窗口 T_{i+1}。

3.1.2.2　对地成像时间窗口的筛选过程

天基动态光学成像时间窗口的筛选主要包括以下两部分。

(1) 根据用户要求的成像时间对成像时间窗口进行筛选。通常用户对成像任务有时效要求，超出了该成像时间要求的卫星图像对用户来讲是没有意义的。因此，在卫星对目标的时间窗口计算完之后，不能直接应用于规划过程，还需要按照用户要求的成像时间对所有可见时间窗口进行筛选，剔除不满足观测时间要求的窗口。

(2) 根据地影预报对时间窗口进行筛选。对于可见光成像卫星来说，处在地影区和光照区的时间窗口，对天对地均有一定的约束，因此在卫星对目标的时间窗口计算完之后，还需要根据卫星进出地影区的预报信息，剔除处在地影区或者光照区内影响成像任务的时间窗口。

3.1.2.3　对地观测时间窗口的裁剪算法

由于天基动态光学可用于观测的时间窗口很长，在任务最大可见时间窗口内观测得到的图像分辨率、时长是不同的,任意选择其中的时间用于拍摄可能会不满足用户对成像时长、范围和分辨率的要求[7],因此需要在任务规划前对最大观测时间窗口进行裁剪,使时间窗口内所有成像时间点都满足用户的成像要求。算法的主要思想:首先判断最大可见时间窗口的起止点和中点是否满足成像分辨率要求,如果中点不满足成像分辨率要求,则说明任务当前窗口的观测时间点无法满足用户要求,删除该时间窗口[8];若起止点不满足成像要求,则按照二分法找到符合成像要求的时间段。时间窗口裁剪的算法流程如图 3-4 所示。

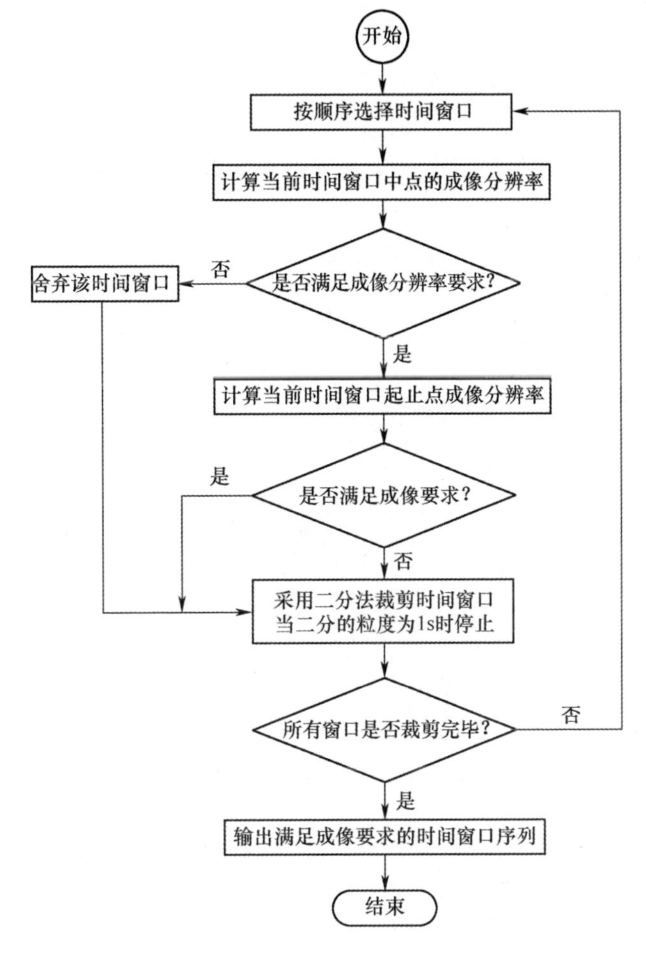

图 3-4 时间窗口裁剪的算法流程图

天基动态光学观测时间窗口的裁剪算法步骤如下:

(1) 按照顺序从任务时间窗口集中选择时间窗口,计算该时间窗口中点位置的成像分辨率。

(2) 判断当前时间窗口中点位置的成像分辨率是否满足用户要求,满足要求,转下一步;如果不满足则舍弃该时间窗口,转步骤(5)。

(3) 计算当前时间窗口起止时间点的成像要求,判断当前时间窗口起止时间点成像是否满足成像要求,满足要求转步骤(5),不满足要求则转下一步。

(4) 采用二分法裁剪时间窗口,找到满足成像要求的可行时间段,当二分的粒度为 1 s 时停止裁剪。

(5) 判断所有时间窗口是否已经裁剪完毕,若是则转下一步,否则转步骤(1)。

(6) 终止算法,输出满足成像要求的时间窗口序列。

3.1.3 卫星三轴姿态角规划

天基动态光学成像是在卫星进动过程中对目标点成像,需要建立光学相机的光轴与目标区域的精准指向模型,即光轴 $\boldsymbol{u}^O$ 始终与观测矢量 $\boldsymbol{u}_{SA}^O$ 重合,从而保证卫星跟踪目标机动的角距离最短,实现最优跟踪机动路径,如图 3-5 所示。

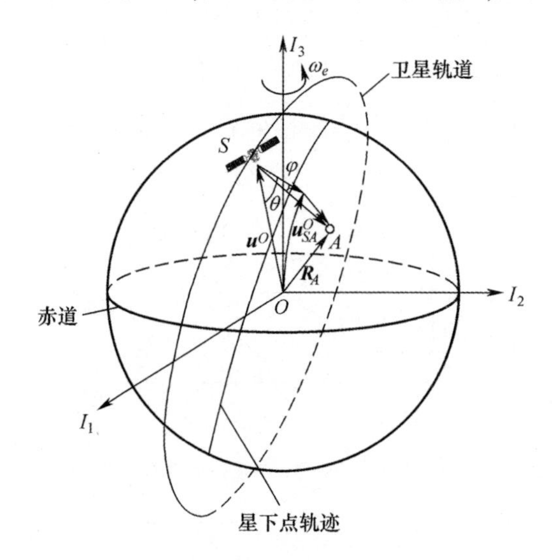

图 3-5 精准跟踪指向示意图

3.1.3.1 横滚角俯仰角规划

假设条带起始点 A 在地理坐标系中的坐标为 $A(\gamma_A,\lambda_A,h_A)$,其中,γ_A、λ_A、h_A 分别是 A 点的经度、纬度、高度,则 A 在地心惯性坐标系下的地心经度和地心纬度可以分别表示为

$$\alpha = \gamma_A + [G_0 + \omega e(t - t_0)] \tag{3-1}$$

$$\beta = \arctan[(1-f)^2\tan\lambda_A] \tag{3-2}$$

式中：G_0 为起始时刻的格林尼治恒星时角；ω_e 为地球自转角速度；f 为地球曲率。

条带起始点 A 在地心惯性坐标系中随时间变化的位置矢量可以表示为

$$\boldsymbol{R}_A^I = \begin{bmatrix} x_A^I \\ y_A^I \\ z_A^I \end{bmatrix} = \|\boldsymbol{R}_A\| \cdot \begin{bmatrix} \cos\beta\cos\alpha \\ \cos\beta\sin\alpha \\ \sin\beta \end{bmatrix} \tag{3-3}$$

式中：$\|\boldsymbol{R}_A\|$ 为条带起始点 A 到地球质心的矢量长度，且有

$$\|\boldsymbol{R}_A\| = \sqrt{\frac{a_e^2 b_e^2(1+\tan^2\beta)}{b_e^2 + a_e^2\tan^2\beta}} + h_A = \frac{a_e b_e}{\sqrt{a_e^2\sin^2\beta + b_e^2\cos^2\beta}} + h_A \tag{3-4}$$

式中：a_e、b_e 分别为地球的长半轴和短半轴。

观测矢量 $\boldsymbol{R}_{SA}^O$ 在卫星轨道坐标系中可以表示为

$$\boldsymbol{R}_{SA}^O = \boldsymbol{A}_I^O(\boldsymbol{R}_A^I - \boldsymbol{R}_S^I) = \boldsymbol{A}_I^O(\boldsymbol{A}_E^I\boldsymbol{R}_A^E - \boldsymbol{R}_S^I) \tag{3-5}$$

式中：$\boldsymbol{R}_S^I$ 为地心惯性坐标系中卫星的位置矢量。$\boldsymbol{A}_I^O$ 是从地心惯性坐标系到卫星轨道坐标系的坐标转换矩阵，可以表示为

$$\boldsymbol{A}_I^O = \boldsymbol{R}_{I2}(-\pi/2)\boldsymbol{R}_{I1}(-\pi/2)\boldsymbol{R}_{I3}(u)\boldsymbol{R}_{I1}(i_0)\boldsymbol{R}_{I3}(\Omega) \tag{3-6}$$

式中：i_0 为轨道倾角；u 为历元时刻升角角距，Ω 为升交点赤经；$\boldsymbol{R}_{I3}(\Omega)$ 为绕 I_3 轴旋转 Ω 角度的坐标转换矩阵。

沿观测矢量方向的单位向量 $\boldsymbol{u}_{SA}^O$ 在轨道坐标系下可以表示为

$$\boldsymbol{u}_{SA}^O = \frac{\boldsymbol{R}_{SA}^O}{\boldsymbol{R}_{SA}^O} \tag{3-7}$$

在卫星轨道坐标系中，为了实现对条带起始点的观测，使光轴 $\boldsymbol{u}^O$ 与观测矢量 $\boldsymbol{u}_{SA}^O$ 重合，卫星星体可以有无数种调整路径。根据四元数定义，为了实现卫星的最短机动路径观测，卫星本体坐标系相对卫星轨道坐标系的期望四元数可以表示为

$$\boldsymbol{Q}_A = \left[\cos\frac{\delta}{2} \quad \boldsymbol{e}\sin\frac{\delta}{2}\right]^{\mathrm{T}} = [q_{A0} \quad q_{A1} \quad q_{A2} \quad q_{A3}]^{\mathrm{T}} \tag{3-8}$$

式中：δ 为观测矢量与光轴矢量之间的夹角；$\boldsymbol{e}$ 为与观测矢量、光轴矢量垂直的单位矢量，q_{A0}、q_{A1}、q_{A2}、q_{A3} 为期望四元数。

最优机动路径方式的机动欧拉角垂直于观测矢量和光轴矢量，即在观测矢量和光轴矢量方向上没有角速度分量，只需使光轴矢量和观测矢量指向一致。这样可以保证星体以最短的角距离跟踪指向目标，从而实现机动路径上的最优跟踪指

向。按照1-2-3转序旋转,可以得到对 A 点指向时卫星本体坐标系相对于轨道坐标系的期望横滚角和期望俯仰角为

$$\varphi_A = \arcsin[2(q_{A0}q_{A2} + q_{A1}q_{A3})] \tag{3-9}$$

$$\theta_A = \arctan\frac{2(q_{A2}q_{A3} - q_{A0}q_{A1})}{q_{A0}^2 - q_{A1}^2 - q_{A2}^2 + q_{A3}^2} \tag{3-10}$$

3.1.3.2 初始光轴矢量确定

在卫星推扫成像和凝视指向成像规划中,初始光轴矢量的确定是确保卫星光学系统对空间目标成像的关键[9]。首先,初始光轴矢量的确定涉及卫星载荷的布局和光学组件的安装。空间TDI相机光学系统通常包括透镜组、图像传感器等光学元件,它们的相对位置和方向关系直接影响相机的光轴指向。其次,卫星在轨道上运动时,由于各种外部因素(如姿态扰动、结构热胀冷缩等)的影响,光轴可能发生偏移。因此,需要在轨道上进行实时的姿态传感器测量,以获取当前时刻的实际光轴矢量,用于修正初始光轴的理论值。最后,为了确保初始光轴矢量的准确性,还需要进行地面仿真标定实验。在上述约定下,举例设计卫星成像初始光轴矢量,设初始时刻为2023年10月5日04:00:00,空间TDI相机的初始光轴位置指向耶鲁亮星-2491,初始光轴矢量方向示意图如图3-6所示。

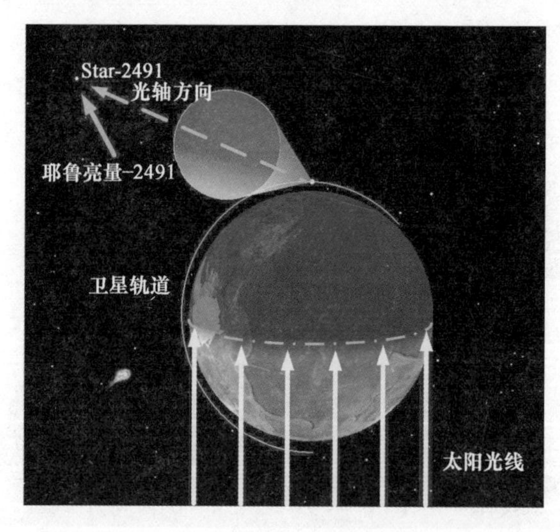

图3-6 初始光轴矢量方向示意图

选择这颗恒星作为初始光轴指向位置,是基于该恒星提供了稳定的、适用于定向的背景辐射,有助于进行空间相机的定标和性能评估,且耶鲁亮星-2491作为一个典型的背景光源,具有相对恒定的辐射特性,使其成为理想的参考目标。表3-1所列出耶鲁亮星-2491的恒星参数值。

表 3-1　耶鲁亮星-2491 的恒星参数值

参数名称	参数值
质量	0.2 太阳质量
半径	0.3 太阳半径
表面温度	3000K
亮度	0.02 太阳亮度
距离	20 光年
绝对星等	12.5Mv
光谱类型	M4
年龄	80 亿年
金属丰度	-0.2

3.2　惯性空间相机长弧段主动环扫技术

天基 TDI 相机具有多级累积成像信噪比高和探测灵敏度大等优点，在保持多级严格匹配累积的情况下，一次扫描成像可以实现超宽域范围态势感知。针对惯性空间大范围暗弱目标的探测，按照星载参数精确计算任意时刻的光轴指向，保持光学系统实时对准目标的条件下，对空间 TDI 相机进行主动推扫成像模式设计[10]。具体而言，空间 TDI 相机围绕相机坐标系的某个轴（通常为 y 轴）以固定的角速度进行旋转，同时沿着该旋转方向进行推扫成像。图 3-7 展示了空间 TDI 相机长弧段星源主动对天推扫成像模式示意图。鉴于四元数能够更有效地表示旋转操作，本书采用四元数进行描述和计算。TDI 相机采用主动推扫成像模式可以实现对空间目标高效观测，有助于拓展成像系统的成像幅宽，提高观测效率和质量。

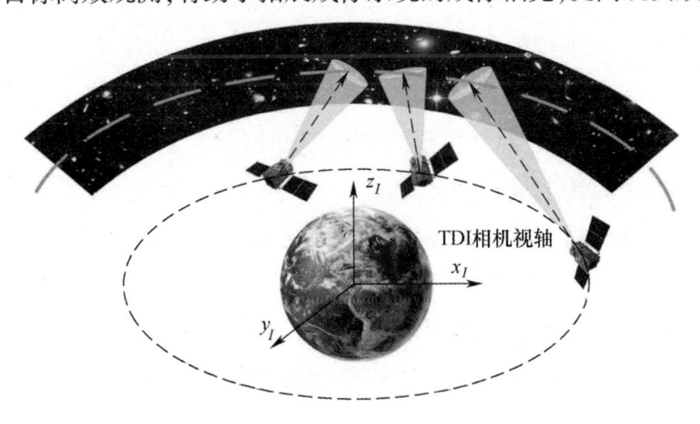

图 3-7　空间 TDI 相机长弧段星源主动对天推扫成像模式示意图

3.2.1 主动推扫成像规划

通过3.1节得到空间TDI相机初始时刻的光轴矢量后,可以进一步计算观测卫星初始时刻的姿态四元数。

根据第2章中建立的卫星本体坐标系到地心惯性坐标系的转换矩阵 $\boldsymbol{M}_{O-I}$,可以计算得到卫星本体坐标系在三轴对地时相对于地心惯性坐标系的姿态四元数 $\boldsymbol{Q}_B$ 。设卫星开始主动推扫时的卫星本体坐标系相对于地心惯性坐标系的四元数为 $\boldsymbol{Q}_C$,设观测卫星开始进行主动推扫时的光轴矢量在地心惯性坐标系下的坐标为 $\boldsymbol{b}$,根据3.1节的结论可以得到地心惯性坐标系下空间TDI相机的光轴矢量 $\boldsymbol{u}_i$ 。

空间TDI相机进行推扫成像过程主要可以分为三轴对地阶段、推扫开始阶段和推扫结束阶段。TDI推扫成像过程示意图见图3-8。

三轴对地阶段 —— $Q_A=Q_C\times Q_B$ → 推扫开始阶段 —— $q_{Ib}=Q_A\times q_I$ → 推扫结束阶段

图3-8 TDI推扫成像过程示意图

在三轴对地阶段,默认状况下的空间TDI相机光轴指向J 2000坐标系的坐标原点。首先根据三轴对地开始时刻的光轴矢量 $\boldsymbol{b}$ 和推扫成像开始时刻的光轴矢量 $\boldsymbol{u}_i$,可以计算出两矢量之间的夹角 $\boldsymbol{\delta}$ 和欧拉轴单位矢量 $\boldsymbol{e}$;然后基于四元数的定义计算出三轴对地时的机动四元数 $\boldsymbol{Q}_C$;最后根据三轴对地时的姿态四元数 $\boldsymbol{Q}_B$ 和三轴对地时的机动四元数 $\boldsymbol{Q}_C$,相乘求解得到推扫成像开始时刻的姿态四元数 $\boldsymbol{Q}_A$ 。

同理,在推扫成像过程中,如果已知推扫成像持续的时间间隔 ΔT ,就可以计算出推扫开始时刻到推扫结束时刻的光轴矢量夹角 $\boldsymbol{\delta}$,以及光轴矢量对应的欧拉轴 $\boldsymbol{e}$ 。通过这些参数可以计算得到推扫开始时刻的机动四元数 q_I ,再将推扫开始时刻的机动四元数 $\boldsymbol{q}_{\mathrm{I}}$ 与之前计算得到的推扫开始时刻的姿态四元数 $\boldsymbol{Q}_A$ 相乘,就可以得到推扫结束时刻的姿态四元数 $\boldsymbol{q}_{Ib}$ 。

得到推扫成像开始和推扫成像结束时刻的姿态四元数后,就能够在任意时刻准确描述卫星的实时姿态和空间TDI相机的光轴指向[12]。这一过程的关键在于使用姿态四元数来描述卫星实时姿态,并用机动四元数来描述卫星姿态的旋转变化[11],从而在不同成像阶段进行合理的姿态控制和调整,确保推扫成像的准确性和稳定性。

3.2.2 姿态机动四元数计算

根据四元数的定义,卫星初始本体坐标系相对于主动推扫成像开始时的本体坐标系的四元数可以表示为

$$\boldsymbol{Q}_C = \left[\cos\frac{\delta}{2} \quad \boldsymbol{e}\sin\frac{\delta}{2}\right]^{\mathrm{T}} \tag{3-11}$$

式中:δ 为观测卫星主动推扫开始时刻光轴与初始光轴之间的夹角;$\boldsymbol{e}$ 为与主动推扫开始时刻光轴和初始光轴垂直的单位矢量。

夹角 δ 和单位矢量 $\boldsymbol{e}$ 分别为

$$\delta = \arccos\frac{\boldsymbol{u}_i \cdot \boldsymbol{b}}{\|\boldsymbol{u}_i\| \cdot \|\boldsymbol{b}\|} \tag{3-12}$$

$$\boldsymbol{e} = \frac{\boldsymbol{u}_i \times \boldsymbol{b}}{\|\boldsymbol{u}_i \times \boldsymbol{b}\|} \tag{3-13}$$

因此,主动推扫开始时刻的卫星本体坐标系相对于地心惯性坐标系的姿态四元数 $\boldsymbol{Q}_A$ 可以表示为卫星初始本体坐标系相对于主动推扫成像开始时的本体坐标系的四元数与卫星本体坐标系在三轴对地时相对于地心惯性坐标系的姿态四元数乘积,即

$$\boldsymbol{Q}_A = \boldsymbol{Q}_C \times \boldsymbol{Q}_B \tag{3-14}$$

为了求得主动推扫成像开始时刻的姿态四元数,根据四元数乘积的性质,首先确定任意时刻下的卫星本体坐标系相对初始时刻卫星本体坐标系的状态转移四元数。根据四元数的定义可知,四元数由欧拉角和欧拉轴两部分组成,用公式可以表示为

$$\boldsymbol{q} = \begin{bmatrix} q_0 \\ \boldsymbol{q} \end{bmatrix} = \begin{bmatrix} \cos\dfrac{\varphi}{2} \\ \boldsymbol{e}\sin\dfrac{\varphi}{2} \end{bmatrix} \tag{3-15}$$

在主动推扫成像模式下计算机动四元数时,通常可以将欧拉轴设定为卫星本体坐标系的 Y 轴,这是出于简化计算和降低复杂性的考虑。卫星本体坐标系的 Y 轴为固定轴,选用它作为欧拉轴可以简化机动四元数的计算步骤。因此,欧拉轴可以表示为 $\boldsymbol{e} = [0,1,0]^{\mathrm{T}}$,并且假设欧拉角速率为 ω 。因此,将 $\varphi = \omega t$ 代入式(3-15)后,机动四元数可表示为

$$
\boldsymbol{q}_I = \begin{bmatrix} \cos\left(\frac{1}{2}\omega t\right) \\ 0 \\ \sin\left(\frac{1}{2}\omega t\right) \\ 0 \end{bmatrix} \tag{3-16}
$$

根据四元数相乘的性质,计算出卫星机动后的姿态四元数,即

$$
\boldsymbol{q}_{Ib} = \boldsymbol{Q}_A \times \boldsymbol{q}_I \tag{3-17}
$$

式中:$\boldsymbol{q}_{Ib}$ 为卫星进行机动后在地心惯性坐标系下的姿态四元数;$\boldsymbol{q}_I$ 为在惯性坐标系下的机动四元数;$\boldsymbol{Q}_A$ 为惯性坐标系下初始时刻的姿态四元数。

至此完成推扫成像姿态机动四元数的计算。

3.2.3 推扫弧段长度及成像立体角计算

在完成推扫成像后计算卫星姿态,还需要对推扫成像的弧段长度以及成像立体角进行计算。

根据推扫总时间和欧拉角速率,可以计算出从开始到结束时的光轴矢量夹角,从而计算得到推扫弧段长度。假设推扫总时间为 t ,欧拉角速率为 ω ,则推扫弧段长度为

$$
\theta = \omega t \tag{3-18}
$$

可以将推扫成像过程中的卫星观测区域视为位于空间 TDI 相机光轴前方的球面,扫描区域的立体角 Ω 由球面立体角计算公式得出:

$$
\Omega = 2\pi(1 - \cos\theta) \tag{3-19}
$$

至此便完成了对卫星姿态在主动推扫成像模式下的计算和模拟全过程。

通过建立全链路光学成像模型,采用四元数表述卫星姿态和机动路径,结合欧拉轴最优路径规划方法,成功设计了主动推扫成像模式。在这个模式下,卫星在推扫成像过程中可以通过三轴机动来对准空间目标,并实现沿着推扫路径进行积分成像,从而获得了更大的成像幅宽。

贯穿整个推扫路径设计流程,本书充分考虑了初始光轴矢量的确定、姿态四元数的计算、推扫开始和结束时刻的姿态设计等关键步骤,以确保卫星在推扫成像模式下的机动姿态可靠,并实现对空间目标的高信噪比成像。

这一设计不仅在理论上完善了卫星成像容许域的建模设计,同时提供了一种可行的主动推扫成像模式,为实际卫星的星源扫描成像任务提供了重要的参考和指导,本书还可以根据具体任务需求进一步优化参数和算法,以实现更精确、更高效的星源扫描成像。

3.3 空间目标单星环扫成像方法

为有效扩大天基面阵成像范围设计了一种天基环扫推帧拼接成像模式，根据空间目标分布和星载成像原理设计了能量与帧频相匹配的单相机环扫拼接成像参数。该成像模式通过单相机多自由度运动实现环 4π 区域的环扫拼接成像，可以有效减少载荷的冗余度，大幅提高对空间目标的观测效率。

3.3.1 空间目标单星环扫成像原理

为了克服面阵相机传统成像模式中成像视场受限、范围不足等问题，实现低载荷冗余度与高时效性的空间环 2π 成像，单相机空间目标环扫成像模式通过相机随卫星旋转运动实现光轴按照预定的旋转速度进行同步拍照，进而实现沿迹成像范围的大幅延展，有效解决了传统推扫模式相机像面尺寸受限而无法有效实现全空间目标探测的困难[13]。

不同于对地遥感成像相机光轴指向地球表面的观测任务，本节所提的单相机空间目标环扫成像模式中，相机光轴与地球方向相反，向外指向空间捕捉空间目标。图 3-9 为空间环扫推帧成像原理图，成像过程由两部分组成：

(1) 以卫星与地心连线方向为卫星旋转轴，卫星绕旋转轴以恒定的角速度在轨道切平面方向做旋转运动，如图 3-9 中红色条带所示；

(2) 卫星沿轨道运动的同时，卫星旋转轴绕卫星中心旋转，由此改变了相机的旋转扫描方向，如图 3-9 中蓝色条带所示。

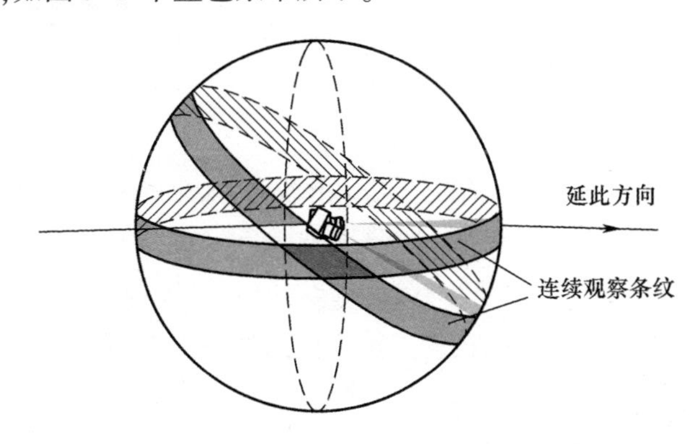

图 3-9 (见彩图)空间环扫推帧成像原理图

由于卫星存在上述多自由度运动，在天基面阵相机环扫成像模式下相机实际光轴指向运动轨迹在空间中两个维度不停变化，以此实现单颗卫星对全空间的均匀覆盖成像。

3.3.2 环扫成像数学模型的建立与分析

为了保证对全天区空间目标进行最大区域覆盖拼接成像，本节首先对相机视轴指向运动轨迹进行分析，然后综合考虑空间动态速度、环扫推帧速度、帧曝光时间、帧间的重叠度等因素设计天基光学成像参数[14]。由上述分析可知，成像过程可分成卫星在轨道切平面内绕自转轴进行环 2π 空间成像以及自转轴绕地心旋转进行环 4π 空间成像两部分。

本节首先分析环 2π 空间成像过程，如图 3-10 所示。其中，P_i、P_j 分别代表空间相机在 T_i、T_j 时刻所拍图像。提取相机旋转一周所得的全部图像，在保持成像帧间夹角不变的条件下，校正沿轨道方向的位移量，可构建空间相机全景成像的原始柱面影像，如图 3-10(a)所示，通过拼接每帧影像阵列得到环 2π 空间图像。

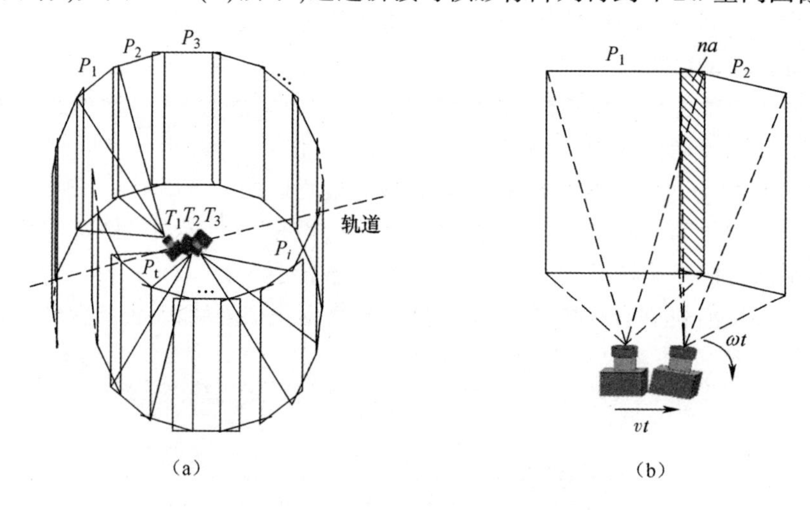

图 3-10 单相机环扫成像模式过程示意图

(a)旋转运动相机焦平面的位置变化；(b)连续两帧图像的位置关系。

以卫星指向地心方向为卫星旋转轴，旋转轴的方向随着卫星的运动实时变化，因此在一个卫星旋转周期内，相机的光轴指向与像面交点(像平面中心点)运动轨迹实际为螺旋线，且第一帧 P_1 和最后一帧 P_{last} 的像面成像区域没有重合，存在夹角 θ。当 P_1 和 P_{last} 的重叠率为 β 时，θ 可表示为

$$\theta = \overline{\omega_o} T_{\text{loop}} = (1-\beta)\alpha \tag{3-20}$$

式中：α 为相机沿轨方向视场；T_{loop} 为卫星旋转一圈所需时间；$\overline{\omega_o}$ 为卫星沿轨运

动角速度均值。

由于卫星运行轨道受摄动力影响飞行速度并非固定值，因此本节取卫星运行角速度 ω_o 在轨道周期内的运行均值为

$$\bar{\omega}_o = \frac{1}{T_{\text{orbit}}}\int_0^{T_{\text{orbit}}} |\omega_o(t)| \mathrm{d}t \tag{3-21}$$

式中：T_{orbit} 为轨道周期。

由式(3-20)和式(3-21)可以得到卫星旋转一周的时间为

$$T_{\text{loop}} = \frac{(1-\beta)\alpha}{\bar{\omega}_o} \tag{3-22}$$

为保证后续图像拼接的可行性，需要相邻两帧图像有重叠区域，当重叠率为 η 时，可以得到相机环形旋转运动角速度为

$$\omega_s = \frac{(1+\eta)\cdot 2\pi}{T_{\text{loop}}} \tag{3-23}$$

3.3.3 环扫成像动态条件下的星点成像模型

3.3.3.1 空间目标像面位置矢量模型

为更好地分析天基面阵相机环扫拼接成像是否能满足输出大视场拼接星空背景图像的需求，本节首先选取光学相机与恒星存在相对运动时的场景对恒星的成像进行如下分析。在相机与恒星保持相对静止时，光学传感器上像点在水平和垂直方向光能量扩散程度相同，经过光学系统后成像为扩散的弥散斑。当相机相对恒星运动速度较快时，在长曝光时间下像点为滑过视场的短条纹轨迹，且中心位置光能量随机扩散在相邻像素上。其扩散结果可以由二维高斯扩散函数[15]表示如下：

$$f(x,y) = A\cdot\exp\left\{-\frac{(x-x_i)^2}{2{\sigma_x}^2} - \frac{(y-y_i)^2}{2{\sigma_y}^2}\right\} \tag{3-24}$$

式中：$f(x,y)$ 为图像灰度；x_i、y_i 为恒星质心；A 为恒星中心处光电子总数；σ_x、σ_y 分别为弥散斑水平和垂直扩散参数。当 $\sigma_x=\sigma_y=0.671$ 时，有 95%的光能量分布在 3×3 个像元上[16]，星像点的能量分布直接影响恒星在焦平面上的质心定位精度，一般分布在 3×3 个像元或者 5×5 像元上的质心定位精度可达 10^{-4}。

动态条件下，恒星在像面上的位置以及坐标系如图 3-11 所示。从式(3-24)可以看出，恒星在焦平面上的位置 (x_i,y_i) 是影响焦平面上像元分布的主要因素。当相机相对恒星有运动速度时，恒星像点位置 (x_i,y_i) 是由相机焦距 f 和目标的观测矢量 $\boldsymbol{w}_i$ 决定的[17]。根据相机本体坐标系 C 与像面坐标系 F 之间的投影变换关

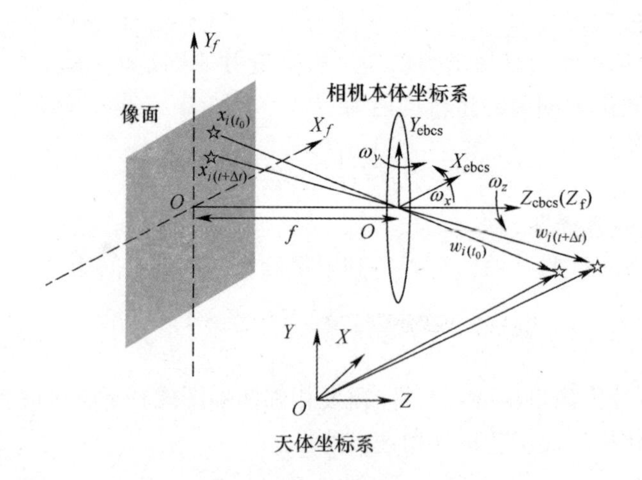

图 3-11 动态条件下恒星在像面上的位置以及坐标系示意图

系,恒星 i 在相机坐标系下的观测矢量可表示为

$$\boldsymbol{w}_i = \frac{1}{\sqrt{(x_i - x_0)^2 + (y_i - y_0)^2 + f^2}} \begin{bmatrix} -(x_i - x_0) \\ -(y_i - y_0) \\ f \end{bmatrix} \tag{3-25}$$

当观测卫星运动时,姿态的变化使恒星在成像坐标系中的坐标随时间变化,设 t_0 时刻的目标位置矢量在相机坐标系下的坐标为 $\boldsymbol{w}_{i(t_0)}$,经过曝光时间 Δt 后变为

$$\boldsymbol{w}_{i(t+\Delta t)} = \boldsymbol{M}_{t_0}^{t_0+\Delta t} \times \boldsymbol{w}_{i(t_0)} \tag{3-26}$$

式中:$\boldsymbol{M}_{t_0}^{t_0+\Delta t}$ 为从 t_0 到 $t_0+\Delta t$ 相机本体坐标系的变换矩阵,可以表示为

$$\boldsymbol{M}_t^{t+\Delta t} = \begin{bmatrix} 1 & \omega_z\Delta t & -\omega_y\Delta t \\ -\omega_z\Delta t & 1 & \omega_x\Delta t \\ \omega_y\Delta t & -\omega_x\Delta t & 1 \end{bmatrix} \tag{3-27}$$

式中:$\boldsymbol{I}_{3\times3}$ 为 3×3 单位矩阵,$\boldsymbol{\omega}_s = [\omega_x \quad \omega_y \quad \omega_z]^{\mathrm{T}}$ 为相机在运动时间 Δt 内旋转角角速度在俯仰、横滚和偏航三个方向上的分量。

由此得到 Δt 时间后恒星在像平面上的位置为

$$\begin{cases} x_{i(t_0+\Delta t)} = x_{i(t_0)} + y_{i(t_0)}\omega_z\Delta t + f\omega_y\Delta t \\ y_{i(t_0+\Delta t)} = y_{i(t_0)} - x_{i(t_0)}\omega_z\Delta t - f\omega_x\Delta t \end{cases} \tag{3-28}$$

将式(3-28)代入式(3-29),可以得到在动态条件下恒星在像平面上的成像分布为

$$f(x,y) = A \cdot \exp\left\{-\frac{[x - x_{i(t_0+\Delta t)}]^2}{2{\sigma_x}^2} - \frac{[y - y_{i(t_0+\Delta t)}]^2}{2{\sigma_y}^2}\right\} \tag{3-29}$$

可以看出，除曝光时间外，光学相机运动角速度也会影响恒星在焦平面上的成像分布。图 3-12 表示光学相机在不同运动速度下的仿真星图。根据动态星图仿真结果可以看出，星点拖尾的主要因素为光学相机在俯仰和偏航两个方向上的角速度分量。横滚方向的角速度分量 ω_z 主要影响星点的分布形状，对星点的拖尾长度影响不大，且 ω_z 对相机视场边缘的星点质心位置影响很小。因此，为了保证星图的配准精度，需合理设置曝光时间和运动速度，保证仿真星图不受星点拖尾的影响。

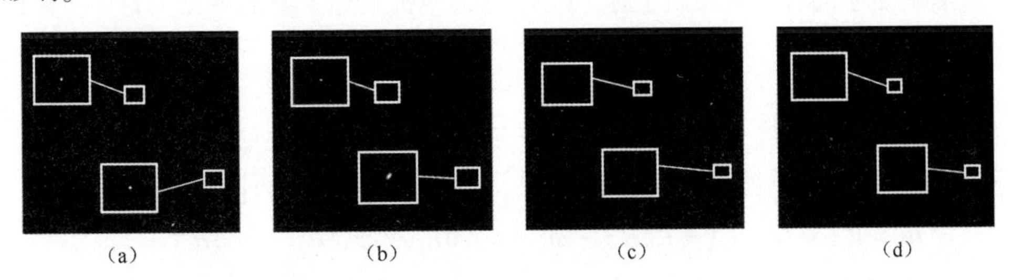

图 3-12　在不同运动速度下的仿真星图

(a)静态星图；(b)在横滚方向上有运动速度；(c)在俯仰和偏航方向有运动速度；(d)三个方向均有运动速度。

3.3.3.2　空间目标惯性空间观测矢量模型

根据上述内容确定目标在像面上的位置，其中，(x_f, y_f) 为目标的质心位置，$f(x,y)$ 为原始含目标的星图像，m、n 分别为目标对应的窗口横纵方向的像素数，一般为 $\hat{b}(x,y)$ 图像中对应检测到的目标区域沿横纵方向再分别外扩两个像元。

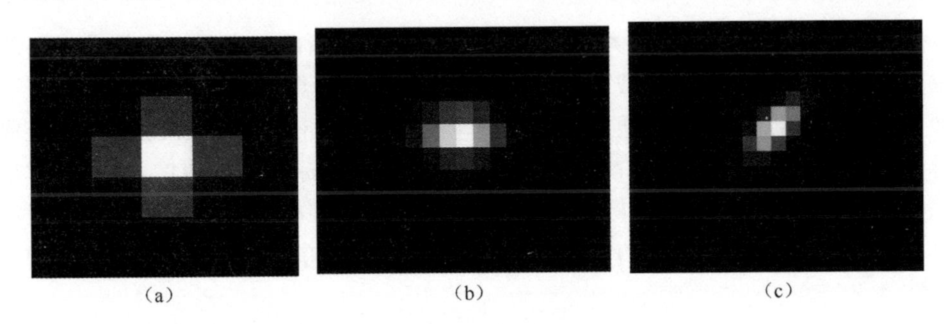

图 3-13　恒星和空间目标的形态区分

(a)理想恒星像点 $R=1$；(b) $\theta = 0°$，目标 $R=1.62$；(c) $\theta = 45°$，目标 $R=1.77$。

由于在天基空间目标探测成像全链路中存在多个坐标系，需要定义一个基础坐标系后，再建立多种坐标系并明确它们之间的转换关系。由于地心惯性坐标系关联位置和时间，因此本书将基础坐标系定为地心惯性坐标系，对应的求解过程均在地心惯性坐标系下进行。本书在 2.1.4 节参考坐标系间转换关系节中,建立了基于坐标变换的天基光学探测成像物像对应关系,空间目标在地心惯性坐标系下的位置矢量 $\boldsymbol{u}_i(i=1,2)$ 与空间目标相对观测卫星坐标系的观测矢量为 $\boldsymbol{l}_i(i=1,2)$ 关系表示为

$$\begin{cases}\boldsymbol{l}_i = \boldsymbol{R}_I^C = \boldsymbol{R}_B^C\boldsymbol{R}_O^B\boldsymbol{R}_I^O u_t \\ \boldsymbol{u}_i = (\boldsymbol{R}_I^C)^{-1} \cdot l_t\end{cases} \tag{3-30}$$

在确定空间目标的像面坐标 (x_f, y_f) 后,相机坐标系下的观测矢量 $\boldsymbol{l}_i(i=1,2)$ 为

$$\boldsymbol{l}_i = \frac{(-x_f^i, -y_f^i, \text{focal}^i)}{\sqrt{(-x_f^i)^2 + (-y_f^i)^2 + (\text{focal}^i)^2}} \tag{3-31}$$

式中:上、下角标均为观测卫星的序号; $\text{focal}^i(i=1,2)$ 为相机的焦距。

$$\begin{aligned}\boldsymbol{u}_i &= R_z(-\Omega^i)R_x(-i^i)R_z(-\omega^i - f^i)BR_z(-\psi^i)R_y(-\theta^i)R_x(-\varphi^i) \\ &= R_z(-\alpha^i)R_y\left(\beta^i - \frac{\pi}{2}\right)\frac{(-x_f^i, -y_f^i, \text{focal}^i)}{\sqrt{(-x_f^i)^2 + (-y_f^i)^2 + (\text{focal}^i)^2}}\end{aligned} \tag{3-32}$$

综上所述,可以得到惯性系下的目标观测矢量 $\boldsymbol{u}_i$,通过求解空间多目标的观测矢量,可以保证 2π 空间大视场范围内目标的存在,为星图拼接和目标识别提供数据。

3.4 空间目标双星交会成像方法

通过天基动态扫描成像大范围搜索目标后,为了精确确定目标在惯性空间的位置,本节基于两个分别搭载于两颗相距一定距离的卫星上的光学载荷,提出了一种天基双星交会成像模式,通过双星对空间目标同时进行凝视跟踪成像,直接获取目标的三维位置信息。本节首先分析了单星对空间目标的凝视成像原理,通过自适应阈值分割的方法确定目标质心;然后基于最小二乘准则建立了双星交会定位模型,并分析了该成像模型的定位误差;最后通过数值仿真验证了该定位算法的有效性。

3.4.1 双星凝视跟踪交会成像原理

空间目标的天基光学探测可以采用动态跟踪方式和凝视跟踪方式[18]。动态跟踪方式是指通过对卫星姿态进行控制,使观测相机视轴指向与空间目标运动方向一致,补偿相对运动引起的像移,使空间目标在积分时间内基本保持为一个点

源,而背景星点形成条纹。动态跟踪法的优点是只要视场内有较亮的恒星,就可通过相机运动使空间目标基本保持不动,可以有效提高探测能力。但该方式必须预知卫星相对运动速度,需要具备在轨自跟踪能力,而且要求卫星姿控系统和指向镜有较高的控制精度,在星上实现这些功能并满足成像精度要求的难度较大。

凝视跟踪方式[19]是指通过卫星姿态控制,保持探测相机指向不动,对特定天区进行凝视成像。这种方式使星点在成像焦面上基本不动,形成一个点像;空间目标相对运动将在探测器积分时间内形成条纹。凝视跟踪法的优点是只需对固定天区进行凝视,就可以完成对该天区的搜索与探测,因此空间目标的天基光学探测采用凝视跟踪方式较为合适。图 3-14 为天基空间目标双星交会凝视跟踪成像示意图,该方法通过将两个光学相机分别搭载于相距一定距离的两颗观测卫星上,双星观测矢量交叉到同一目标点,再基于最小二乘法准则,求解空间目标位置。

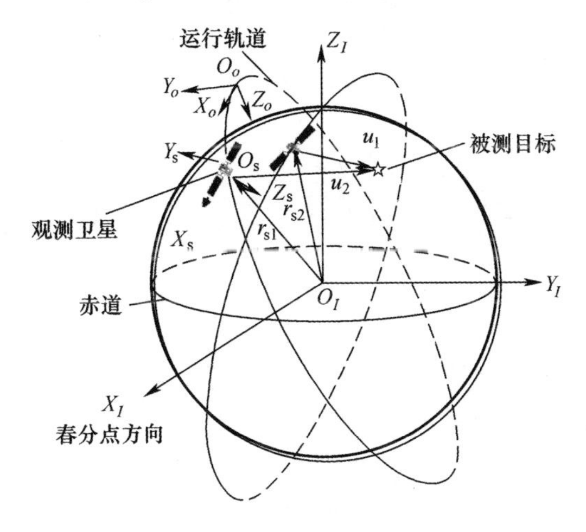

图 3-14　天基空间目标双星交会凝视跟踪成像示意图

凝视跟踪成像方式可实现连续观测全视场内发生的现象,具有较高的时间分辨率,特别适于观测动态目标,分析其瞬时特性。设地心惯性坐标系下相机的光轴指向矢量为 $\boldsymbol{u}$,观测卫星对目标的观测矢量为 $\boldsymbol{u}_{\mathrm{st}}$ 。显然,由于成像过程中的扰动因素,光学相机的光轴指向并没有与目标真实观测矢量保持一致,如图 3-15 所示。对于观测卫星来说,为了实现在卫星和目标区域之间存在相对运动的情况下对区域定向凝视,只需使卫星凝视跟踪的控制姿态时刻变化,使载荷视场中心始终指向目标,即光轴指向矢量 $\boldsymbol{u}$ 与观测矢量 $\boldsymbol{u}_{\mathrm{st}}$ 始终重合,这样可以保证星体有最短的角距离跟踪目标区域,从而实现机动路径上的最优跟踪。

在凝视跟踪成像过程中,卫星的姿态调整是以卫星轨道坐标系为参考坐标系的。在卫星轨道坐标系中,三轴姿态分别是相对 x、y、z 坐标轴的横滚角 φ 、俯仰角 θ 和偏航角 ψ 。为了实现空间目标的凝视跟踪,卫星本体坐标系相对卫星轨道坐

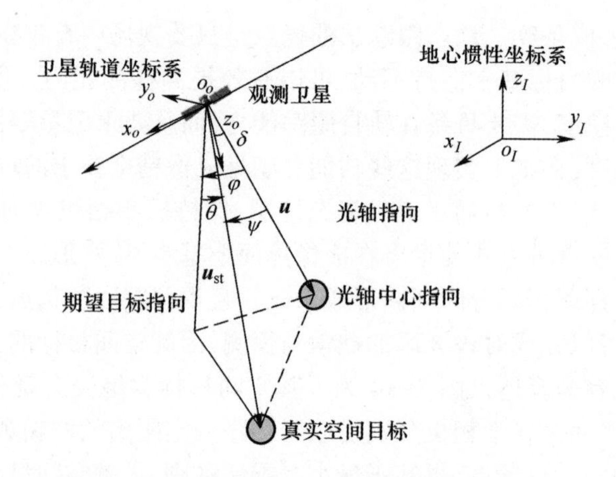

图 3-15　天基凝视跟踪成像卫星姿态机动过程

标系的期望四元数可以表示为

$$\boldsymbol{Q}_c = \left[\cos\frac{\delta}{2} \quad \boldsymbol{e}\sin\frac{\delta}{2}\right]^{\mathrm{T}} = [q_1 \quad q_2 \quad q_3 \quad q_4]^{\mathrm{T}} \tag{3-33}$$

式中：δ 为光轴矢量和观测矢量之间的夹角；$\boldsymbol{e}$ 为同时垂直于光轴矢量和观测矢量的单位矢量，分别表示为

$$\delta = \arccos\frac{\boldsymbol{u}^o \cdot \boldsymbol{u}_{\mathrm{st}}^o}{|\boldsymbol{u}^o| \cdot |\boldsymbol{u}_{\mathrm{st}}^o|} \tag{3-34}$$

$$\boldsymbol{e} = \frac{\boldsymbol{u}^o \times \boldsymbol{u}_{\mathrm{st}}^o}{|\boldsymbol{u}^o \times \boldsymbol{u}_{\mathrm{st}}^o|} \tag{3-35}$$

式中：惯性坐标系下的单位光轴矢量 $\boldsymbol{u}^o$ 可以根据相机的光轴安装角和当前时刻卫星的位置确定；单位观测矢量 $\boldsymbol{u}_{\mathrm{st}}^o$ 可以通过观测卫星和空间目标的位置矢量 $\boldsymbol{r}_S^I$ 和 $\boldsymbol{r}_t^I$ 确定，且有

$$\boldsymbol{u}_{\mathrm{st}}^o = \boldsymbol{A}_I^o \boldsymbol{u}_{\mathrm{st}}^I = \boldsymbol{A}_I^o(\boldsymbol{r}_t^I - \boldsymbol{r}_s^I) \tag{3-36}$$

式中：$\boldsymbol{A}_I^o$ 为地心惯性坐标系到卫星轨道坐标系的变换矩阵，具体表达可见 2.2.3.1 节；$\boldsymbol{r}_t^I$ 可以通过目标的像点坐标和坐标转换矩阵求得，同时目标在像平面上的坐标可以求得；$\boldsymbol{r}_s^I$ 为观测卫星的单位位置矢量，其中卫星的位置矢量可以表示为

$$\boldsymbol{r}_s = a(\cos E - e) \cdot \boldsymbol{P} + a\sqrt{1 - e^2}\sin E \cdot \boldsymbol{Q} \tag{3-37}$$

式中：a 为观测卫星轨道半长轴；e 为轨道偏心率；$\boldsymbol{P}$、$\boldsymbol{Q}$ 分别为椭圆半长轴和半短

轴方向的单位矢量。单位矢量 $\boldsymbol{r}_s^I$ 表达如下：

$$\boldsymbol{r}_s^I = \begin{bmatrix} x_s \\ y_s \\ z_s \end{bmatrix} = \frac{\boldsymbol{r}_s}{\|\boldsymbol{r}_s\|} \tag{3-38}$$

期望四元数即为了实现凝视观测星体需要机动的四元数。此类机动方式的机动欧拉轴垂直于光轴 $\boldsymbol{u}^O$ 和观测矢量 $\boldsymbol{u}_{\mathrm{st}}^O$，只考虑 $\boldsymbol{u}^O$ 和 $\boldsymbol{u}_{\mathrm{st}}^O$ 指向一致。当卫星按照 3-1-2 转序旋转时，可以得到凝视时卫星本体坐标系相对于卫星轨道坐标系的期望三轴姿态角的取值为

$$\begin{cases} \psi = \arctan\left[-\dfrac{2(q_1q_2 + q_3q_4)}{-q_1^2 + q_2^2 - q_3^2 + q_4^2}\right] \\ \varphi = \arcsin[2(q_2q_3 - q_1q_4)] \\ \theta = \arctan\left[-\dfrac{2(q_1q_3 + q_2q_4)}{-q_1^2 - q_2^2 + q_3^2 + q_4^2}\right] \end{cases} \tag{3-39}$$

3.4.2 双星交会凝视跟踪成像中空间目标双矢量交会定位模型

双星交会凝视跟踪成像是为了获取空间目标的三维位置信息[20]，主要方式是通过凝视跟踪成像获取的空间目标的像平面上的二维坐标信息转换为三维空间的位置信息。

在地心惯性坐标系下获得目标相对观测卫星的观测矢量 $\boldsymbol{u}_i$ 后，仅能计算出目标的方位角和高低角等角度信息。在此定位体制下，本节基于测向交叉定位原理，结合最小二乘法准则提出了一种双星交会定位方法。空间目标双矢量交会定位原理如图 3-16 所示，其中 $M(x_t, y_t, z_t)$ 表示空间目标在惯性坐标系下的三维位置，$\boldsymbol{m}_i(i = 1,2)$ 为目标分别在两个观测相机像面上的像点坐标。通过两个观测矢量交叉，解算出空间目标的三维位置信息。定义 $\boldsymbol{r}_{si}(i = 1,2)$ 为观测卫星在地心惯性坐标系下的位置矢量，根据观测矢量 $\boldsymbol{u}_i$ 和卫星的位置矢量 $\boldsymbol{r}_{si}(i = 1,2)$，可以建立目标在惯性系下的位置计算模型为

$$\boldsymbol{M} = \boldsymbol{r}_{si} + \|\boldsymbol{r}_{si} - \boldsymbol{M}\| \cdot \boldsymbol{u}_i \tag{3-40}$$

式中：$\|\boldsymbol{r}_{si} - \boldsymbol{M}\|$ 为观测卫星与空间目标的距离；$\boldsymbol{r}_{si}(i = 1,2)$ 可以通过卫星轨道参数表示。

将式(3-40)展开整理为矩阵形式：

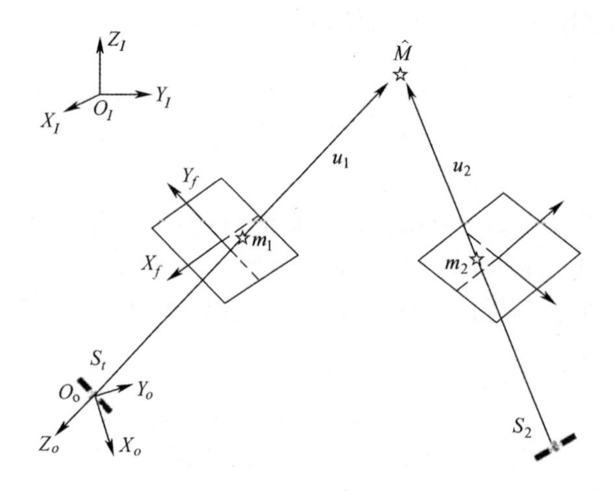

图 3-16 双矢量交会定位示意图

$$\begin{pmatrix} 1 & 0 & -u_{1x}/u_{1z} \\ 0 & 1 & -u_{1y}/u_{1z} \\ 1 & 0 & -u_{2x}/u_{2z} \\ 0 & 1 & -u_{2y}/u_{2z} \end{pmatrix} \begin{pmatrix} x_t \\ y_t \\ z_t \end{pmatrix} = \begin{pmatrix} x_{s1} - u_{1x}z_{s1}/u_{1z} \\ y_{s1} - u_{1y}z_{s1}/u_{1z} \\ x_{s2} - u_{2x}z_{s2}/u_{2z} \\ y_{s2} - u_{2y}z_{s2}/u_{2z} \end{pmatrix} \tag{3-41}$$

将式(3-41)简写为 $\boldsymbol{A}\cdot\boldsymbol{M}=b$,可以看出,该方程的个数大于未知数,为超定方程,无解析解。因此,对 $\boldsymbol{M}$ 的求解可以转化为最优解的估计问题,采用最小二乘法准则对未知量进行最优估计如下:

$$\hat{\boldsymbol{M}} = (\boldsymbol{A}^{\mathrm{T}}\boldsymbol{A})^{-1}\boldsymbol{A}^{\mathrm{T}}b \tag{3-42}$$

结合式(3-41)和式(3-42),即可通过空间目标在光学传感器上的二维图像位置信息 (x_{fi},y_{fi}) 通过坐标变换得到三维空间信息 (x_t,y_t,z_t) 。

3.4.3 双星定位误差分析

在双星交会定位过程中,影响定位精度的因素主要有两大部分:一是目标图像位置确定误差;二是在矩阵变换的过程中,卫星位置、姿态以及相机的安装角度误差等[25-26]。本节通过蒙特卡洛方法[21]对定位误差的分布进行分析,蒙特卡洛方法基于大数定律,通过在真实数据上添加随机误差,并进行大量的计算,使统计结果更加真实可信。本节主要考虑了测量卫星的位置误差、姿态误差、轨道误差、相机安装误差以及图像处理误差即像平面的位置提取误差五项误差源[22]。且本节中的两颗观测卫星设置相同,因此误差符合相同的分布。首先将随机误差加到真实值上,然后通过双星天文定位法求出目标的位置,将该值与真实目标位置进行比

较,从而得到该定位算法的误差。通过蒙特卡洛方法得到的定位误差模型如下:

$$(\Delta x_t(i),\Delta y_t(i),\Delta z_t(i)) = M(i) - M'(i) \quad (i=1,2,\cdots,n) \tag{3-43}$$

式中:$M(i)$ 为目标的真实位置;$M(i)$ 为对各项输入添加随机误差后的定位结果[23]。

在得到 n 组定位误差后,以 x 轴方向的误差分布为例做统计分析如下:

$$\mu = \frac{\sum_{i=1}^{n} |\Delta x_t(i)|}{n} \tag{3-44}$$

$$\sigma = \sqrt{\frac{1}{n-1}\sum_{i=1}^{n} (\Delta x_t(i) - \mu)^2} \tag{3-45}$$

式中:μ 为误差分布的均值;σ 为误差分布的标准差,受输入误差的分布特性影响而变化。

3.4.4 双星交会成像仿真分析

本节针对天基空间双星交会凝视跟踪成像系统,主要从生成含目标的仿真星图、目标在像平面上的检测提取以及双矢量交会定位算法的精度三部分开展图像仿真实验,并对定位算法进行了精度分析,验证了本节方法的可行性。

3.4.4.1 空间目标凝视交会定位仿真

首先进行仿真观测任务的设置,观测卫星和被测目标均设置在太阳同步轨道上,在观测时刻 2021 年 4 月 15 日 04:00:00.000(UTCG),观测卫星和被测目标的轨道根数及相关姿态设置如表 3-2 所列。光学相机固定安装在卫星上,相机光轴指向与卫星本体坐标系 Z 轴指向保持夹角为 90°,随观测卫星姿态机动对空间目标凝视跟踪成像。根据初始时刻的观测卫星和空间目标的位置,卫星期望姿态可以通过公式计算得到,图 3-17 为在卫星轨道坐标系下,卫星的转序为 3-1-2 顺序时的姿态角度和角速度。

表 3-2 观测卫星、被测目标轨道根数及相关姿态设置

观测时刻		2021 年 4 月 15 日 04:00:00.000(UTCG)	
参数	观测卫星 1	观测卫星 2	被测目标
轨道半长轴/km	6928.14	6928.14	7000.14
偏心率	0	0	0
轨道倾角/(°)	97.5521	97.5521	97.7141

续表

观测时刻		2021 年 15 日 04：00：00.000(UTCG)	
参数	观测卫星 1	观测卫星 2	被测目标
升交点赤经/(°)	203.282	203.282	163.536
近地点辐角/(°)	0	0	0
真近点角/(°)	0.10826	8.10826	0
横滚角/(°)	0	0	—
俯仰角/(°)	0.0349	0.0313	—
偏航角/(°)	2.2034	2.0356	—
相机安装高低角(相对观测卫星)/(°)	90	90	—
相机安装方位角(相对观测卫星)/(°)	0	0	—

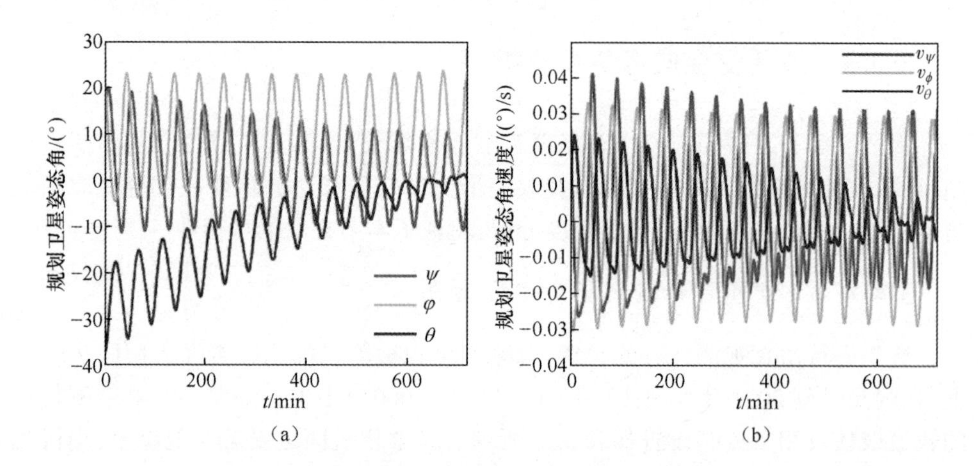

图 3-17 (见彩图)规划的卫星姿态角和姿态角速度

(a)三轴姿态角；(b)姿态角速度。

由于空间目标与光学相机相距较远,因此可以将空间目标看作点目标进行处理。根据天基光学动态探测成像模型的分析,可以将光学系统的点扩散函数用二维高斯分布函数代替,使星点光斑在探测器上所占的像元数为3×3。表 3-3 所列为双星交会凝视跟踪成像目标探测能力及光学载荷仿真参数,图 3-18 所示仿真星图,静态星点能量呈点状分布,空间目标呈条状分布。

在空间目标探测中,当信噪比阈值为 4 时,可满足目标检测需求,因此表 3-3 设置的仿真参数是符合实际应用需求的。当在可见光波段探测 15cm@ 200km 的目标时,计算目标等效星等为 7.5257。经计算,本节仿真使用的光学载荷可探测的极限星等为 8.07。在光学探测器曝光时间内,从图 3-18(b)可以看到空间目标和恒星形态的明显区别,因此本节利用该形态特征设计矩形度 R 来进行空间目标的检测。

表 3-3　目标探测能力及光学载荷仿真参数

参数名称	参数值	参数名称	参数值
探测指标	15cm@ 200km	探测器暗电流噪声 e-/pixel/s	3
探测波段/μm	0.4~0.7	探测器读出噪声 e^{-1}	1.3
像元尺寸/μm	6.5	探测器平均量子效率	0.6
像平面尺寸/像素	4096×4096	光学系统透过率	0.8
焦距/mm	220	探测器曝光时间/ms	2.3
孔径/mm	110	探测器像元填充因子	0.7

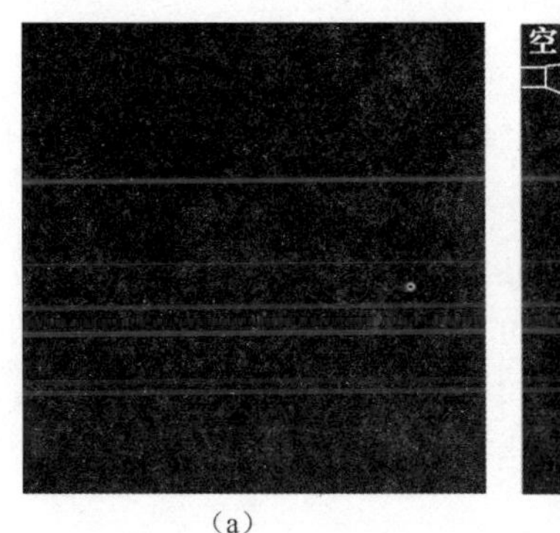
(a)

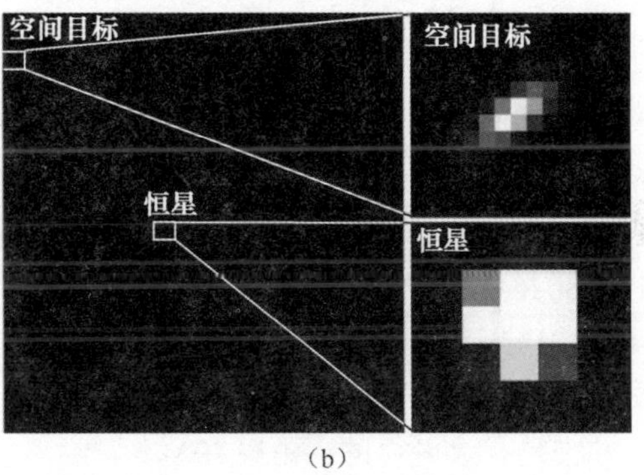

(b)

图 3-18　含空间目标的仿真星图
(a)背景恒星星图;(b)含空间目标的实验星图。

首先进行图像预处理滤掉大部分背景噪声,然后进行连通域处理,分离空间目标和恒星,如图 3-19 所示。预处理后的星图仅包含星点和目标,因此针对所有连通域进行矩形度分析,最大 R 值对应的连通域为条状空间目标的成像,此时 R = 2.3915,检测结果如图 3-19 所示,最后阈值质心对目标像进行定位的结果如表 3-4 所列,目标在像平面上的位置分别为[-1900.25,-1576.25]像素、[-1596.53,1578.53]像素,即在 x、y 方向分别偏差 0.05 个和 0.03 个像元,可以保证观测矢量指向精度。

表 3-4　目标像点在星图上的像素坐标位置

分类	目标像点实际像素坐标		目标像点质心提取像素坐标	
	X/像素	Y/像素	X/像素	Y/像素
光学载荷 1	-1900.3	1576.5	-1900.25	1576.25
光学载荷 2	-1596.9	1578.5	1596.53	1578.53

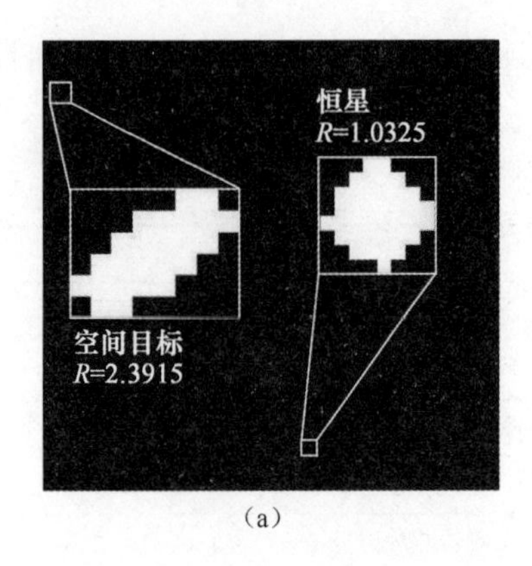

(a)

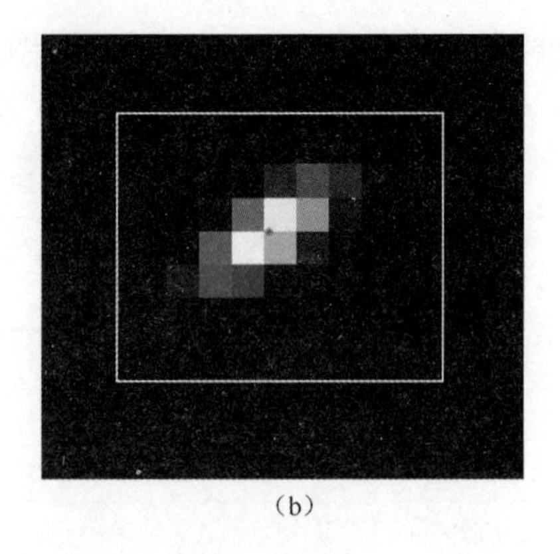
(b)

图 3-19 空间目标条状像检测与提取

(a)空间目标和恒星的矩形度区分;(b)空间目标的质心定位。

结合卫星轨道六根数可知,观测卫星在地心惯性坐标系的位置分别为[-6364.656798,-2736.796984,12.977102]km,[-6351.1311107,-2593.037746,968.695615]km,再通过双矢量交会定位方法计算得到目标位置为[-6514.480264077,2561.898009707,13.6196879564]km;已知目标的实际位置为[-6514.480264,2561.898010,13.619696]km,可以看出,在没有添加误差的情况下,本章提出的定位方法在 x 轴和 y 轴方向的定位误差可达到 10^{-5} 量级,在 z 轴方向的误差为 0.008m,均可满足实际定位需求。由此验证了本章提出的天基双星天文定位方法是有效可行的(图 3-20)。

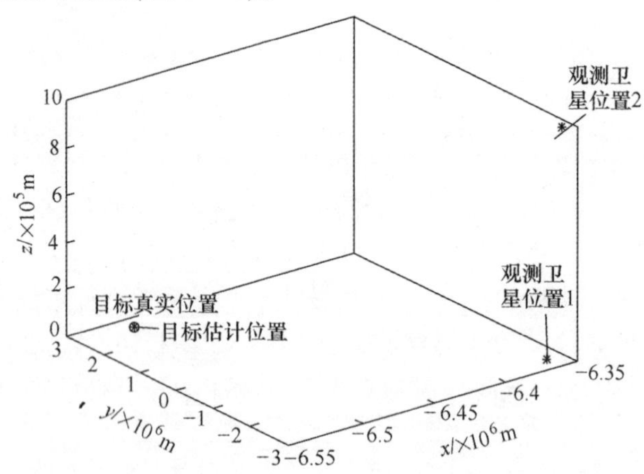

图 3-20 天基空间目标双星交会定位结果示意图

3.4.4.2 定位误差仿真与分析

根据当前卫星定位精度,综合考虑空间目标光学定位的误差,设定了如表 3-5

所列的误差仿真条件。本次误差仿真实验取蒙特卡洛仿真次数为 10000 次，对这 10000 次误差结果进行统计，以 x 轴方向上的定位误差为例，误差分布近似服从零均值的高斯分布，如图 3-21 所示，误差分布的标准差分析结果如表 3-6 所列。可以看到，当定位模型中存在角度误差时（如卫星姿态角度误差），定位精度要低于仅有观测卫星位置误差。同时存在图 3-21 中的 5 种误差时，定位误差分布标准差为 114.62m，证明了该方法具有一定可行性。

表 3-5　蒙特卡洛误差仿真参数设置

误差类型	误差变量	误差分布类型	误差参数
卫星位置误差	三轴位置/m	正态随机误差（均值为 0）	标准差 10
卫星姿态误差	横滚角/(°)	正态随机误差（均值为 0）	标准差 0.001
	俯仰角/(°)		
	偏航角/(°)		
卫星轨道误差	轨道倾角/(°)	正态随机误差（均值为 0）	标准差 0.001
	升交点赤经/(°)		
	近地点辐角/(°)		
相机安装误差	方位角/(°)	正态随机误差（均值为 0）	标准差 0.001
	高低角/(°)		
图像处理误差	x 方向/像素	均匀分布误差	0.33
	y 方向/像素		0.33

表 3-6　定位误差的仿真计算结果

误差类型	定位误差/m
仅有观测卫星位置误差	标准差 10.08
仅有观测卫星姿态误差	标准差 71.62
仅有观测卫星轨道误差	标准差 62.04
仅有相机安装误差	标准差 62.12
仅有图像处理误差	标准差 21.7
上述 5 种误差	标准差 114.62

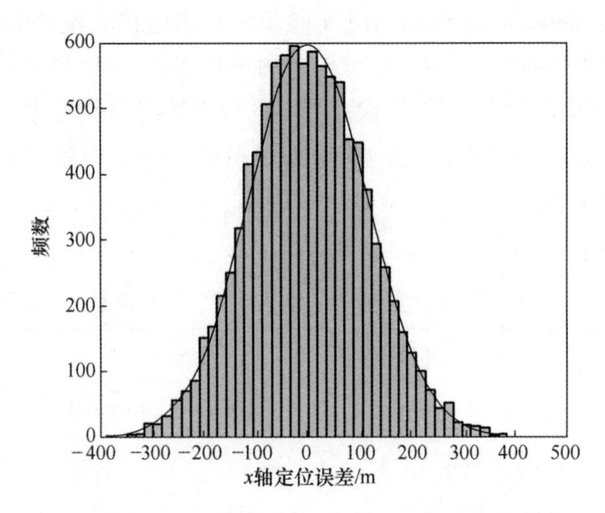

图 3-21 存在 5 种误差时的 x 轴方向定位误差分布

3.5 小结

本章针对空间非合作目标的分布与运动特性,建立了适用于不同探测器成像方式的多种天基光学动态扫描成像模型。在进行天基动态光学成像前,首先依据目标、卫星和相机等载体的特性、功能和性能指标,进行探测成像姿态和轨道最优解析的任务规划设计,然后为实现高信噪比大范围空间非合作目标搜索,设计惯性空间 TDI 长弧段主动扫描成像模式;针对多星接力或组网对全空间分布的空间目标进行快速和广域探测成像存在观测载荷冗余的问题,综合考虑帧间图像重叠率、光学成像系统参数,设计天基单星面阵逐帧环扫成像模式,以实现空间非合作目标的感知与搜索的有机结合;针对单星光学测量只能提供空间目标的角度信息,且观测弧段短影响测量精度的问题,为高精度识别空间非合作目标,建立天基双星跟踪交会成像模式,基于测向交叉定位原理,利用两个卫星对空间目标的观测视线矢量交会,解算出三维位置信息,实现空间非合作目标在惯性空间中位置与速度的确定。

参考文献

[1] XU C, YANG X B, XU T T, et al. Study of space optical dynamic push-broom imaging along the trace of targets[J]. Optik, 2020, 202: 14.

[2] Albert Yu-Lin, Alexandre Novo, Shay Har-Noy, et al. Combining GeoEye-1 satellite remote sensing, UAV aerial imaging, and geophysical surveys in anomaly detection applied to archaeology [J]. IEEE Journal of selected topics in applied earth observations and remote sensing, 2011, 4(4): 870-876.

[3] 盛卫东. 天基光学监视系统目标跟踪技术研究[D]. 长沙:国防科技大学, 2011.

[4] 章仁为. 卫星轨道姿态动力学与控制[M]. 北京:北京航空航天大学出版社, 1998.

[5] BINI Donato, CROSTA Maria T, De Felice Fernando. Orbiting frames and satellite attitudes in relativistic astrometry[J]. Classical and Quantum Gravity, 2003, 20(21): 4695.

[6] 王俊, 王家骐, 卢锷, 等. 图像二维运动时的光学传递函数计算[J]. 光学学报, 2001(5): 581-585.

[7] ANIANO G, DRAINE B T, GORDON K D, et al. Common-resolution convolution kernels for space-and ground-based telescopes[J]. Publications of the Astronomical Society of the Pacific, 2011, 123(908): 1218.

[8] Sri Rama Prasanna Pavani, Michael A, Biteen Julie S, et al. Three-dimensional, single-molecule fluorescence imaging beyond the diffraction limit by using a double-helix point spread function [J]. Proceedings of the National Academy of Sciences, 2009, 106(9): 2995-2999.

[9] HAN J L, YANG X B, XU T T, et al. An end-to-end identification algorithm for smearing star Image[J]. Remote Sensing, 2021, 13(22): 4541.

[10] XU T T, YANG X B, XU C, et al. Study of satellite imaging with pitch motion compensation to increase SNR[J]. Optik, 2019, 192: 10.

[11] XU T T, YANG X B, WANG S E, et al. Imaging velocity fields analysis of space camera for dynamic circular scanning[J]. Ieee Access, 2020, 8: 191574-191585.

[12] 王浩, 郭兰杰, 晋利兵, 等. 星载 TDI 光机扫描相机偏流角建模[J]. 航天返回与遥感, 2019, 40(5): 75-83.

[13] Sara Umme, Akter Morium, Uddin Mohammad Shorif. Image quality assessment through FSIM, SSIM, MSE and PSNR—a comparative study[J]. Journal of Computer and Communications, 2019, 7(3): 8-18.

[14] 徐超, 金光, 杨秀彬, 等. 综合深度卷积神经网络的摆扫影像反演恢复算法[J]. 光学学报, 2019, 39(12): 361-371.

[15] QIU S, ZHOU D M, DU Y. The image stitching algorithm based on aggregated star groups[J]. Signal Image and Video Processing, 2019, 13(2): 227-235.

[16] 熊雪, 王庆. 基于多视场光学相机的三角形星图识别方法[J]. 计算机测量与控制,2014, 22(01):225-228.

[17] 翟优, 曾峦, 熊伟. 基于不变特征描述符实现星点匹配[J]. 光学精密工程, 2012, 20(11): 2531-2539.

[18] DU Y, WEN D H, LIU G Z, et al. A characteristic extraction algorithm based on blocking star images[J]. International Journal of Pattern Recognition and Artificial Intelligence, 2019, 33(9): 1954028.

[19] DING Y, ZHANG Z L, ZHAO X F, et al. Unsupervised self-correlated learning smoothy enhanced locality preserving graph convolution embedding clustering for hyperspectral images[J]. IEEE Transactions on Geoscience and Remote Sensing, 2022, 60: 1-16.

[20] YUAN X L, YUAN X X, CHEN J, et al. Large Aerial Image Tie Point Matching in Real and Difficult Survey Areas via Deep Learning Method[J]. Remote Sensing, 2022, 14(16): 3907.

[21] ZHANG Z L, DING Y, ZHAO X F, et al. Multireceptive field: An adaptive path aggregation graph neural framework for hyperspectral image classification[J]. Expert Systems with Applications, 2023: 119508.

[22] MA J Y, JIANG X Y, FAN A X, et al. Image matching from handcrafted to deep features: A survey[J]. International Journal of Computer Vision, 2021, 129(1): 23-79.

[23] ZHOU J, CUI G Q, HU S D, et al. Graph neural networks: A review of methods and applications[J]. AI Open, 2020, 1: 57-81.

[24] SARLIN P E, DETONE D, MALISIEWICZ T, et al. Super Glue: Learning Feature Matching with Graph Neural Networks[C]. IEEE/CVF Conference on Computer Vision and Pattern Recognition (CVPR), 2020: 4937-4946.

[25] DING Y, ZHAO X F, ZHANG Z L, et al. Multiscale graph sample and aggregate network with context-aware learning for hyperspectral image classification[J]. IEEE Journal of Selected Topics in Applied Earth Observations and Remote Sensing, 2021, 14: 4561-4572.

[26] KIPF T N, WELLING M. Semi-supervised classification with graph convolutional networks[J]. arXiv preprint arXiv:1609.02907, 2016,560:92-106.

第4章 基于图神经网络2π星图配准拼接成像

天基动态光学多模式感知和识别可以针对区域空间或者全域空间进行海量的信息获取，但是超宽域覆盖获取的影像具有数据量多、片间差异大、重叠率高、背景噪声复杂等缺点，为了能够在广域、复杂的背景中快速有效地感知目标并获取位置信息，需要借助已知星空星等信息，有序排列海量空间影像并完整准确拼接全域空间。然而光学载荷在不同的运动状态下会形成不同状态的星图。当其具有相对于惯性系的姿态运动速度时，在曝光时间内的成像通常不是单一的星点，而会产生拖尾一样的运动模糊现象，这种星图会对星图的配准和拼接带来巨大挑战。因此，本章首先通过研究星图在动态下成像条件与运动条件的关系，分析光学载荷成像及姿态确定过程中的运动参数，建立动态星图姿态映射模型和能量退化模型，对比分析成像过程中的主要影响参数，研究动态下星图的具体表现形式，从运动中获取图像上的先验知识，最后针对空间影像信息的星图配准和星空拼接进行讨论与阐述。

4.1 动态星图姿态映射与能量退化模型

4.1.1 动态星图姿态映射模型

星图配准前，需要确定光学载荷对恒星探测的基本原理。本节首先介绍光学载荷在姿态相对静止的条件下恒星到星图上的成像原理，包括姿态确定及恒星映射的过程，以及恒星在图像传感器上成像的能量。无论是在静态还是动态的成像过程中，由于地球距离恒星非常远，在地球尺度内观察恒星，通常认为其发出的平行光是点光源。此外，本节的研究中忽略了地球公转、光行差带来的影响，因为这些因素在动态光学成像条件下相对运动产生的拖尾效应较小，在图像上不会产生可观变化，对于质心定位和定姿精度来说可提升的范围较小。由于本节重点针对动态星图数字图像上形式的分析以及相应的算法进行研究，因此上述简化过程合理可行。

4.1.1.1 坐标系建立

坐标系是成像模型建立的基础,其在光学系统成像过程或进行姿态解算的过程中都至关重要。对于光学系统来说,由于需要输出惯性空间下的姿态,其内部的姿态计算都会统一到相同的惯性坐标系中,光学系统常用的惯性坐标系为天球坐标系。同时由于其通过星点的成像位置逆推自身姿态,在计算过程和成像模型中需要建立确定星点位置的像空间坐标系。为了模型精确,本节不加区分地将相机成像理论中的像空间坐标系统一为光学系统坐标系。坐标系的定义均为右手系,各坐标系具体定义如下。

1. 天球坐标系

在天文学中将宇宙深空想象成巨大的球面,由于视其半径为无穷大,并且忽略了地球公转和光行差,在地球尺度范围内的任意一点都可以作为天球的中心,以此建立起天球坐标系。坐标系以地球自转轴平行的方向确定天轴,天轴与天球相交于天极,以赤道面确立基本平面,主点为春分点 γ,是黄道对赤道的升交点,其不受天体周日运动影响而变化。如图 4-1 所示,P 和 P' 分别为北天极和南天极,$Q\gamma Q'$ 为天赤道面,α 和 δ 为赤经和赤纬。由于其径向方向上没有确系,在坐标系中,赤经 α 由春分点开始按逆时针方向量度,赤纬 δ 由天赤道分别向南北计量。

2. 光学系统坐标系

为了便于进行空间坐标变换、位置参数精确,本书所建立的光学系统坐标系示意如图 4-2 所示。坐标系以光学系统的光心或投影中心的点 O 为坐标原点,以光学系统主光轴 OO'为坐标系 z 轴。坐标系的 x、y 轴平行于成像平面的 x'、y' 轴,主光轴在像平面的坐标为 (x_0, y_0),f 为光学系统的焦距。

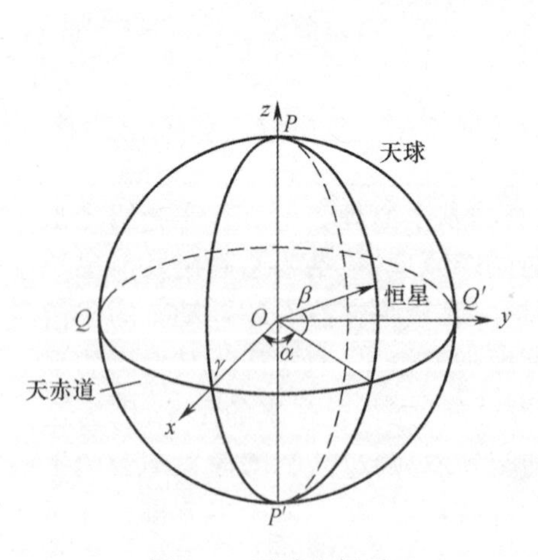

图 4-1 天球坐标系

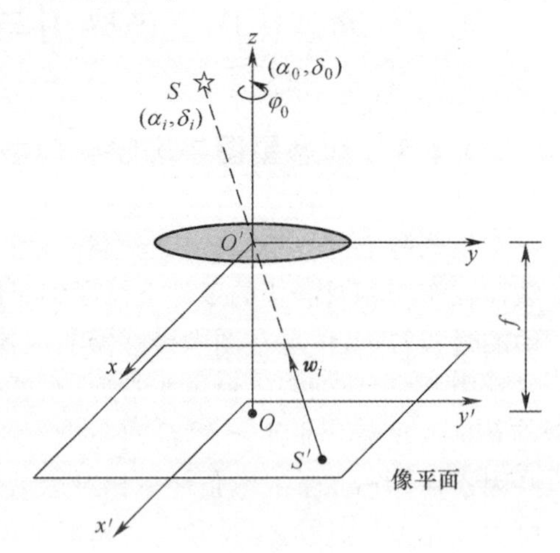

图 4-2 光学成像系统坐标系

4.1.1.2 光学成像姿态模型

由于天球坐标系的特点,光学系统的刚体姿态变换仅需考虑本体旋转。光学系统的核心任务是确定其在惯性系下的姿态,也就是需要计算其在天球坐标系下的姿态角 $(\alpha_0,\delta_0,\varphi_0)$,其中 α_0 为光轴指向的赤经, δ_0 为赤纬, φ_0 为绕自身光轴的横滚角,如图 4-2 所示。根据姿态角也可以依据天球坐标系下恒星的绝对位置确定其在像面上的具体位置坐标。对于姿态的确定过程,恒星平行光经过光学系统成像在图像传感器上,研究者利用小孔成像原理简化光学系统[1]。在光学系统坐标系下,设视场内的某一恒星 S 在像平面的位置坐标为 (x_i,y_i) ,方向矢量 $\boldsymbol{w}_i$ 指向恒星,则方向矢量可以表示为

$$\boldsymbol{w}_i = \frac{1}{\sqrt{(x_i - x_0)^2 + (y_i - y_0)^2 + f^2}}\begin{bmatrix}(x_i - x_0)\\(y_i - y_0)\\-f\end{bmatrix} \tag{4-1}$$

通过恒星的识别,判断出其具体的恒星索引,根据星表可知其在天球坐标系下的赤经、赤纬。若恒星的赤经、赤纬分别为 α_i、δ_i ,其在光学系统坐标系下的观测矢量为 $\boldsymbol{w}_i$, 在天球坐标系下的参考矢量表示为

$$\boldsymbol{v}_i = \begin{bmatrix}\cos\alpha_i\cos\delta_i\\\sin\alpha_i\cos\delta_i\\\sin\delta_i\end{bmatrix} \tag{4-2}$$

那么 $\boldsymbol{w}_i$ 和 $\boldsymbol{v}_i$ 之间有如下关系:

$$\boldsymbol{w}_i = \boldsymbol{R}\boldsymbol{v}_i \tag{4-3}$$

式中: $\boldsymbol{R}$ 为光学系统姿态矩阵,是天球坐标系到光学系统坐标系坐标的旋转矩阵。此时求解光学系统的姿态问题转化为求解矩阵 $\boldsymbol{R}$。 由于四元数的优化不具有奇异性,在进行问题求解时使用四元数的旋转矩阵更有优势。一个四元数的表示为

$$\boldsymbol{Q} = q_\omega + q_x i + q_y j + q_z k \tag{4-4}$$

旋转矩阵为

$$\boldsymbol{R} = \begin{bmatrix}q_w^2 + q_x^2 - q_y^2 - q_z^2 & 2(q_x q_y - q_w q_z) & 2(q_x q_z + q_w q_y)\\2(q_x q_y + q_w q_z) & q_w^2 - q_x^2 + q_y^2 - q_z^2 & 2(q_y q_z - q_w q_x)\\2(q_x q_z - q_w q_y) & 2(q_y q_z + q_w q_x) & q_w^2 - q_x^2 - q_y^2 + q_z^2\end{bmatrix} \tag{4-5}$$

当观测恒星数量多于 2 时,可以通过四元数最优估计的方法进行最优估计,即最小化损失函数

$$L(\boldsymbol{R}) = \frac{1}{2}\sum_{i=1}^{n}\alpha_i \|\boldsymbol{w}_i - \boldsymbol{R}\boldsymbol{v}_i\|^2$$

式中：α_i 为加权系数，满足 $\sum_{i=1}^{n}\alpha_i=1$。

另外，根据旋转矩阵性质，光学系统坐标系到天球坐标系坐标的旋转矩阵为 $\boldsymbol{R}^{\mathrm{T}}$。为了使结果更直观，这里给出旋转矩阵到各姿态角的转换关系。当确立旋转矩阵的欧拉角为 ZYZ 转序时，其与姿态角具有更通俗的物理含义，此时旋转矩阵与姿态角关系式确定为

$$\boldsymbol{R}^{\mathrm{T}}=\begin{bmatrix}\cos\alpha_0 & -\sin\alpha_0 & 0\\ \sin\alpha_0 & \cos\alpha_0 & 0\\ 0 & 0 & 1\end{bmatrix}\cdot\begin{bmatrix}\cos\Delta_0 & 0 & \sin\Delta_0\\ 0 & 1 & 0\\ -\sin\Delta_0 & 0 & \cos\Delta_0\end{bmatrix}\cdot\begin{bmatrix}\cos\Phi_0 & -\sin\Phi_0 & 0\\ \sin\Phi_0 & \cos\Phi_0 & 0\\ 0 & 0 & 1\end{bmatrix}\tag{4-6}$$

式中：$\Delta_0=\pi/2-\delta_0$ 为赤经到旋转角的修正，这是由于赤经的范围为 $[-\pi,\pi]$ 而旋转角方向服从右手螺旋定则；$\Phi_0=\pi/2+\phi_0$ 为像面正方向的修正。

旋转矩阵整理为

$$\boldsymbol{R}=\begin{bmatrix}r_{11} & r_{12} & r_{13}\\ r_{21} & r_{22} & r_{23}\\ r_{31} & r_{32} & r_{33}\end{bmatrix}\tag{4-7}$$

式中

$$\begin{gathered}
r_{11}=-\sin\alpha_0\cos\varphi_0-\cos\alpha_0\sin\delta_0\sin\varphi_0\\
r_{12}=\cos\alpha_0\cos\varphi_0-\sin\alpha_0\sin\delta_0\sin\varphi_0\\
r_{13}=\cos d\sin\varphi_0\\
r_{21}=\sin\alpha_0\sin\varphi_0-\cos\alpha_0\sin\delta_0\cos\varphi_0\\
r_{22}=-\cos\alpha_0\sin\varphi_0-\sin\alpha_0\sin\delta_0\cos\varphi_0\\
r_{23}=\cos\delta_0\cos\varphi_0\\
r_{31}=\cos\alpha_0\cos\delta_0\\
r_{32}=\sin\alpha_0\cos\delta_0\\
r_{33}=\sin\delta_0
\end{gathered}$$

至此实现对姿态角的求解。对于正向的已知光学系统姿态，求解恒星映射在图像传感器位置的过程，是上述姿态求解的逆过程，通过姿态矩阵 $\boldsymbol{R}$ 和恒星矢量 $\boldsymbol{v}_i$，利用公式(4-1)即可求解图像上像点的位置。

4.1.2 星点静止能量

当已知星点在像面上的位置，对于光学系统的静态成像模型，为了准确计算图像上对应像素点的灰度值，我们必须了解图像传感器对星光穿过光学系统后所产

生的光信号的感知性能。以单一星点为例,由于不同的图像传感器有不同的量子效率,需要根据其具体的光谱响应确定光电子密度。设 M_v 为恒星的可视星等,对于 G2 光谱 $M_v=0$ 的恒星,用 $E_{sum}(e^-/(sm^2))$ 代表其单位时间内单位通光口径面积产生的电子数量[2],则每次成像时间内传感器产生的电子数为

$$Q = E_{sum} \times \frac{\pi D^2}{4} \times \tau \times 2.512^{(0-M_v)} \times t \tag{4-8}$$

式中:D 为通光口径;τ 为光学透过率;t 为曝光时间;2.512 为不同星等的恒星之间亮度相差的倍数。

对于分布在图像传感器上各像素的能量,当不考虑光学系统像差的影响时,星点能量可以按二维高斯分布函数近似则像面上的能量分布为

$$I(x,y) = \frac{I_0}{2\pi\sigma_{PSF}^2}\exp\left[-\frac{x-x_i}{2\sigma_{PSF}^2}\right]\exp\left[-\frac{y-y_i}{2\sigma_{PSF}^2}\right] \tag{4-9}$$

式中:I_0 为能量分布函数的峰值,其与星点到传感器上的总能量成比例关系,可由成像时间内产生的电子数确定;σ_{PSF} 为高斯分布函数中的标准差,可用来衡量光学系统点扩散函数半径。

由此可以计算出分布在各个像素范围内的星点能量值,用 X_k,Y_k 代表第 k 个像元位置起止坐标,则像素上的能量为

$$I_k = I_0\iint_{Y_kX_k} \frac{1}{2\pi\sigma_{PSF}^2}\exp\left[-\frac{x-x_i}{2\sigma_{PSF}^2}\right]\exp\left[-\frac{y-y_i}{2\sigma_{PSF}^2}\right]dxdy \tag{4-10}$$

根据式(4-10)可以确定星点能量经过光学系统后分布在像素上的比例关系。对于高斯函数的积分,可以由误差函数 $\mathrm{erf}(x)$ 的函数表给出。

Hancock 等[3]在研究中发现,质心定位偏差与点扩散函数半径和质心计算窗口有关,随着 σ_{PSF} 的增大误差有先减小再增大的趋势。这是因为当能量过于集中时,无法确定其在像元内的确切位置,σ_{PSF} 增大使得可以通过计算精确中心位置,而弥散斑继续增大使得能量被分布到更多像素上而使信号降低,质心位置被噪声干扰。根据这种模型的理论,确定使星点 90%的能量会聚在星点位置中心 3×3 像素中,此时需要点扩散函数半径 $\sigma_{PSF}\approx 0.8$ 像素。

在星点能量映射产生星图过程中常伴随各种噪声,这将在 5.2.1 节中介绍。下面对静态的星点模拟并结合图像对其能量进行分析。对于具体数字图像的像素灰度值,其与图像传感器的增益和偏置高度相关,星图模拟的具体过程及参数将在星图仿真中介绍。在无噪声无偏置的条件下,不同星等产生的星图及灰度值如图 4-3所示,图(a)、(b)、(c)分别对应星等为 6.5.4 的恒星能量,并分别通过热图标注出了各个像素点对应的灰度值。

在恒星能量较低时,其在探测器中的灰度分布仍能够集中在 3×3 像素内,随着星等能量的增加,由于图像传感器存在满阱容量,此时中心像素灰度饱和。当能

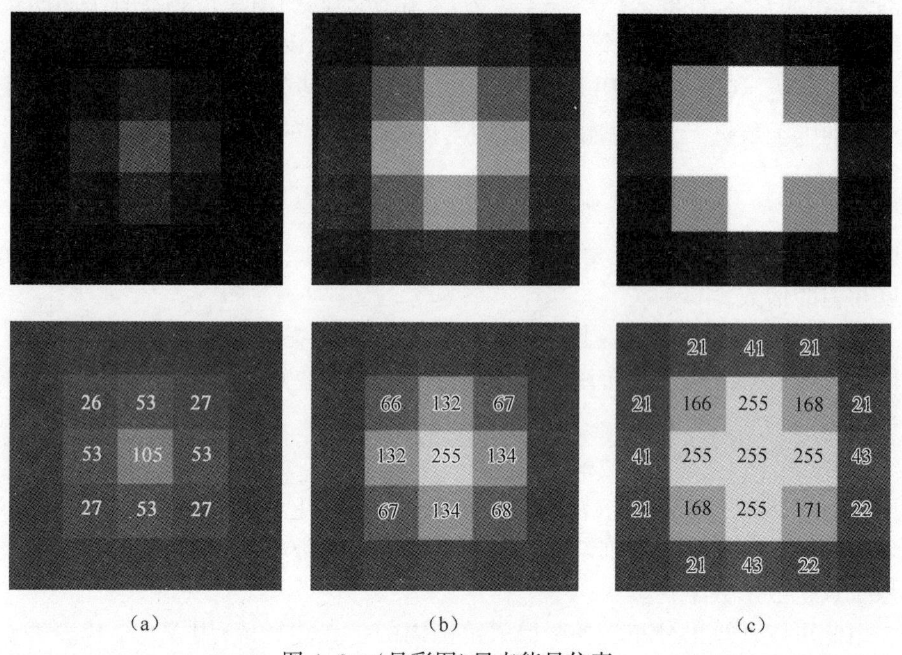

图 4-3 （见彩图）星点能量仿真

(a) $M_v=6$;(b) $M_v=5$;(c) $M_v=4$。

量持续增加,多像素灰度随之呈比例升高,此时会引发更多像素出现饱和现象,且图像边缘的像素灰度值因能量扩散而增大。

4.1.3 动态下的星点成像模型

当光学系统在单次曝光时间内姿态产生变化时,恒星投影在像平面上的位置将发生较大的变化,且围绕不同姿态轴的姿态角的变化将在图像上产生不同影响。其在像平面上的成像由点状光斑变为线形条纹,因此本书将其称为星点拖尾现象。本节将介绍动态条件下星点拖尾的成像模型和原理。

4.1.3.1 姿态运动模型

姿态变化是影响星点成像的关键,为了准确分析光学系统姿态运动的影响,本节首先建立光学系统坐标系下的姿态运动模型。如图 4-4 所示,假设光学系统的姿态变化产生绕其坐标系的三轴角速度 $(\omega_x,\omega_y,\omega_z)$,此时,恒星的观测矢量 $\boldsymbol{\omega}_i$ 发生变化,其映射在像面的位置 (x_i,y_i) 产生变化,由于仍在曝光时间内,其在图像上将产生对应的拖尾现象。

由 4.1.2 节的分析可知,恒星在不同坐标系下的位置矢量通过光学系统的姿

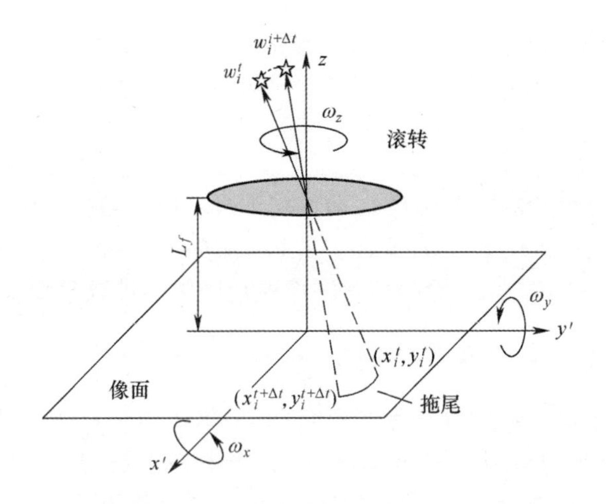

图 4-4　光学系统坐标系下的动态拖尾示意图

态矩阵确定，对于微小时间间隔 Δt 下的位置矢量，其具有如下关系：

$$\boldsymbol{w}_i(t+\Delta t)=\boldsymbol{A}_t^{t+\Delta t}\,\boldsymbol{w}_i(t) \tag{4-11}$$

式中：$\boldsymbol{A}_t^{t+\Delta t}$ 为时间间隔内的旋转矩阵而非姿态矩阵。

根据光学系统动态下刚体运动姿态转换关系[4]，旋转矩阵表达如下：

$$\boldsymbol{A}_t^{t+\Delta t}\approx I-\hat{\boldsymbol{\omega}}\Delta t=\begin{bmatrix}1 & \omega_z(t)\Delta t & -\omega_y(t)\Delta t\\ -\omega_z(t)\Delta t & 1 & \omega_x(t)\Delta t\\ \omega_y(t)\Delta t & -\omega_x(t)\Delta t & 1\end{bmatrix} \tag{4-12}$$

式中：$\hat{\boldsymbol{\omega}}$ 为由三轴角速度构成的反对称矩阵；负号表示位置矢量与光学系统的相对运动方向相反。

结合式(4-12)，可以将星点映射在像面上的位置坐标表示出来：

$$\begin{cases}x_i(t+\Delta t)=\dfrac{x_i(t)+y_i(t)\omega_z\Delta t+f\omega_y(t)\Delta t}{(-x_i(t)\omega_y(t)\Delta t+y_i(t)\omega_x(t)\Delta t)/f+1}\\[2ex] y_i(t+\Delta t)=\dfrac{y_i(t)+x_i(t)\omega_z\Delta t+f\omega_x(t)\Delta t}{(-x_i(t)\omega_y(t)\Delta t+y_i(t)\omega_x(t)\Delta t)/f+1}\end{cases} \tag{4-13}$$

在实际情况中，主光轴在像平面的坐标通常为 $(x_0,y_0)=(0,0)$，因此公式得到简化。

通常情况下，光学系统为了追求更高的精度，光学系统通常选择较长的焦距，由于图像传感器尺寸较小，因此可以认为 $[-x_i(t)\,\omega_y(t)\Delta t+y_i(t)\,\omega_x(t)\Delta t]/f\leqslant$

0.001。此时式(4-13)可以简化为

$$\begin{cases} x_i(t+\Delta t) = x_i(t) + y_i(t)\omega_z\Delta t + f\omega_y(t)\Delta t \\ y_i(t+\Delta t) = y_i(t) + x_i(t)\omega_z\Delta t + f\omega_x(t)\Delta t \end{cases} \tag{4-14}$$

通过积分或迭代可以对星点的运动方程进行求解。当星点所在位置与光轴夹角较小时，$y_i(t)\omega_z(t)+f\omega_y(t)$ 和 $x_i(t)\omega_z(t)+f\omega_x(t)$ 可以理解为在像面上线速度的映射，可以以此在实际应用中简化图像退化函数的计算过程。

4.1.3.2 动态星点的能量退化

当星点在像平面上的位置产生变化时，原本集中的星点能量被分散至不同像元中，形成运动模糊的星图，在图像处理中，此类现象可被视为一种图像的退化表现。本节将根据星点能量的计算公式求解图像上的退化函数。

对于动态情况下的星点能量，当星点位置坐标 $(x_i(t), y_i(t))$ 是随时间变化的函数时，根据式(4-9)可以得到动态条件下像面中的能量为

$$\begin{aligned} g(x,y) &= \int_0^T I(x - x_i(t), y - y_i(t))\,\mathrm{d}t \\ &= \int_0^T \frac{1}{2\pi\sigma_{\mathrm{PSF}}^2}\exp\left[-\frac{(x - x_i(t))^2}{2\sigma_{\mathrm{PSF}}^2}\right]\exp\left[-\frac{(y - y_i(t))^2}{2\sigma_{\mathrm{PSF}}^2}\right]\mathrm{d}t \\ &= f(x,y)\cdot h_m(x,y) \end{aligned} \tag{4-15}$$

式中：$f(x,y)$ 代表未运动退化前的图像能量分布；$h_m(x,y)$ 为运动退化函数。

为便于求解退化函数，通过频域的方法进行分析，首先对 $g(x,y)$ 进行傅里叶变换并改变积分次序：

$$\begin{aligned} G(u,v) &= \int_{-\infty}^{\infty}\int_{-\infty}^{\infty}\left[\int_0^T I(x - x_i(t), y - y_i(t))\,\mathrm{d}t\right]\mathrm{e}^{-\mathrm{j}2\pi(ux+vy)}\,\mathrm{d}x\mathrm{d}y \\ &= F(u,v)\int_0^T \mathrm{e}^{-\mathrm{j}2\pi(ux_i(t)+vy_i(t))}\,\mathrm{d}t = F(u,v)H_m(u,v) \end{aligned} \tag{4-16}$$

由此得到了光学系统运动退化函数的频域表达式为

$$H_m(u,v) = \int_0^T \mathrm{e}^{-\mathrm{j}2\pi[ux_i(t)+vy_i(t)]}\,\mathrm{d}t \tag{4-17}$$

若星点在像面上的投影是沿某一方向的匀速直线运动，则运动函数可以有 $x_c(t) = v_x t, y_c(t) = v_y t$ 的形式，此时退化函数可以写成[5]

$$H_m(u,v)=\frac{\sin[\pi(uv_x+vv_y)T]}{\pi(uv_x+vv_y)}\mathrm{e}^{-\mathrm{j}\pi(uv_x+vv_y)T} \tag{4-18}$$

且 $h_m(x,y)$ 在空域中为与 T 有关的矩形窗函数。

此外,对于动态下星点产生的数字图像,可以通过在像面上的能量积分求得各像元中的能量:

$$I_k=\frac{A}{2.512^{M\mathrm{v}}}\int_{Y_i}\int_{X_i}g(x,y)\mathrm{d}x\mathrm{d}y \tag{4-19}$$

式中:A 为常数,是由积分时间电子数和能量峰值决定的比例系数。

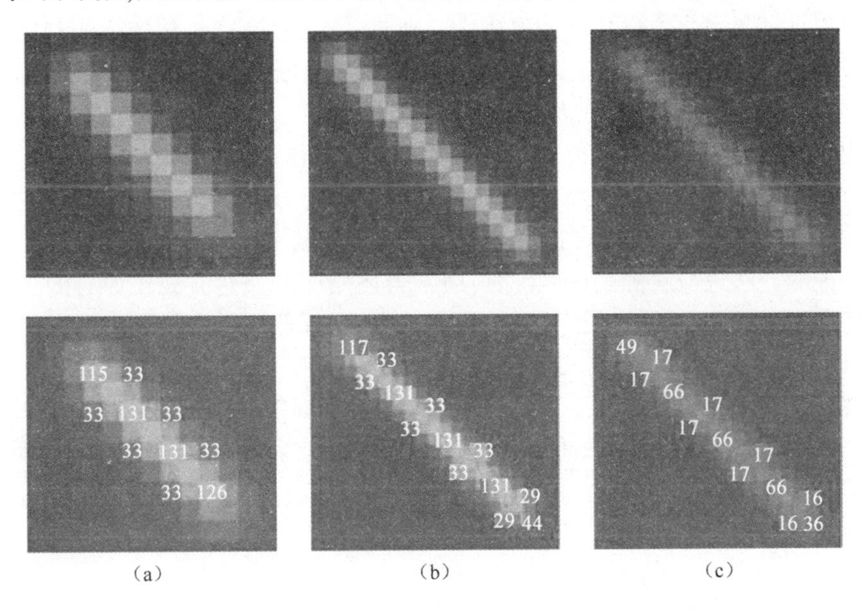

图 4-5 (见彩图)星点运动模糊仿真

(a)$\omega_x=1(°)/\mathrm{s}$,$\omega_y=1(°)/\mathrm{s}$,$T=0.09\mathrm{s}$;(b)$\omega_x=1(°)/\mathrm{s}$,$\omega_y=1(°)/\mathrm{s}$,$T=0.18\mathrm{s}$;(c)$\omega_x=2(°)/\mathrm{s}$,$\omega_y=2(°)/\mathrm{s}$,$T=0.09\mathrm{s}$。

如图 4-5 为星等为 4 的星点在不同运动状态下的仿真,可以看出当速度不变、曝光时间增加时,单像素内星点的能量并未增加,而是增加了拖尾的长度,这不利于提高星点定位精度。当光学系统的姿态角速度提升时,在相同的曝光时间下,星点的能量被分散。星图灰度显著降低从而对星图品质构成负面影响。

为了保证星点检测出来,在连续行方向上,必须存在连续两个像素的星点能量同时大于某一噪声和背景阈值,这样能够剔除单个像素引起的干扰,可以此决定所需的曝光时间。

4.2 基于图注意力网络的星图匹配算法

对于深空图像来说,相比自然图像的角点、拐点等常用的特征点,星点容易获取且具有几何意义,因此可以构造星点特征来进行星图配准[6]。熊雪等[7]提出了一种基于星图自身径向特征的配准方法,该方法通过比较多幅星图的径向特征值拼接成一幅广视角星图;但是该方法对帧间重叠率要求很高,才能保证星图径向特征配准的精度。翟优等[8]在加速鲁棒特征描述符算法的基础上提出创建大邻域描述符用于对提取的星点进行匹配;但是对于局部信息缺失的星图,扩大邻域范围仍不足以保证星点主方向估计的准确性。在表示星点特征时,传统方法利用图像局部纹理信息进行计算,这对于缺乏纹理信息的星图图像不适用,由于图像局部信息基本为背景,并不能很好地表示星点特征。

由于深空星图缺乏纹理信息且不同星点分布规律近似,传统基于局部特征的构造方法不能很好构造星点特征,影响匹配精度[9]。近年来,图神经网络在提取拓扑图数据特征上的表现得到了广泛关注[10-12]。研究者在利用图神经网络,通过图匹配的方法进行自然图像匹配时,通常会使用图的表达方式使原有的局部特征描述嵌入由特征点构建的拓扑图结构信息中,实现低级像素级向高级语义级地转化,详尽地表示出丰富的信息;然后执行图匹配算法,找到像素点之间的对应,进而实现图像匹配[13]。由于星图中分布的星点为不同能量显示的节点,可以等效为图结构中的节点,因此本节将星图之间的配准转换为图匹配问题,通过图神经网络构建稳健的星点特征,可以在一次配准操作中使所有被检测到的星点参与实现全局星点配准。

4.2.1 模型架构

图神经网络利用图结构聚合图中每个图节点的邻居特征信息,进而对节点特征和拓扑图结构进行编码,整个网络共享权重参数[14]。Sarlin 等提出 SuperGlue 网络,将图神经网络应用于图像匹配[15]。该网络用于图像匹配的中间环节,即根据检测出的特征点和特征描述符找到最佳匹配的关键点。该方法将注意力机制引入图神经网络,提出图内自注意力和图间交叉注意力,将特征点位置和视觉描述符组合成新的描述符,接着通过最优匹配层得到图像最佳匹配的关键点。

本节将 SuperGlue 网络的框架应用到星图配准中,通过将星图中的每个星点视作一个图节点,根据星点间的空间拓扑关系将星图转换为图结构数据,这样生成的图结构具备唯一性、区域性和最优性;然后利用局部图注意力聚合邻居节点特征来计算每个星点的特征,这样的特征计算更准确和稳定,可以保证后续的匹配的精度。图神经网络的框架分为消息传递和消息聚合两个部分[16]。各节点初始特征首先经过消息传递函数生成新的特征,然后对邻居节点消息聚合得到最终的节点特征。不同的网络类型主要区别在于消息传递函数的定义部分。由于 GCN[17] 依赖全图结构,在一个图结构上训练好的网络不能直接应用到不同的图结构上。因此本节选择图注意力网络(GAT)[18] 对节点特征进行计算,通过局部图注意力机制对邻居节点加权求和,既能降低矩阵运算代价,又能保证学习参数不受图结构改变的影响。

SuperGlue 算法(Super Glue Modified)网络框架构如图 4-6 所示,分为特征提取与位置编码、拓扑图构建、图节点特征嵌入以及图形匹配四部分。星点特征提取部分使用 SuperPoint[19](该网络提取特征点精度为像素级,特征维度为 256 维,比传统手工特征速度快且稳定)。不同于 SuperGlue 对自然图像进行匹配,本节充分利用星图中星点间的空间拓扑关系,首先将星图构建为拓扑图结构;接着通过图注意力网络 GAT 进行了图内注意力和图间注意力计算,使得图嵌入矢量对节点特征进行充分表达;最后根据一对图的节点特征,由 SuperGlue 网络图匹配部分进行求解,得到最优匹配点对。SGM 算法中的图注意力网络为局部网络,该网络既可以根据星图结构信息计算网络参数又不受特定图结构限制,还能降低计算成本。

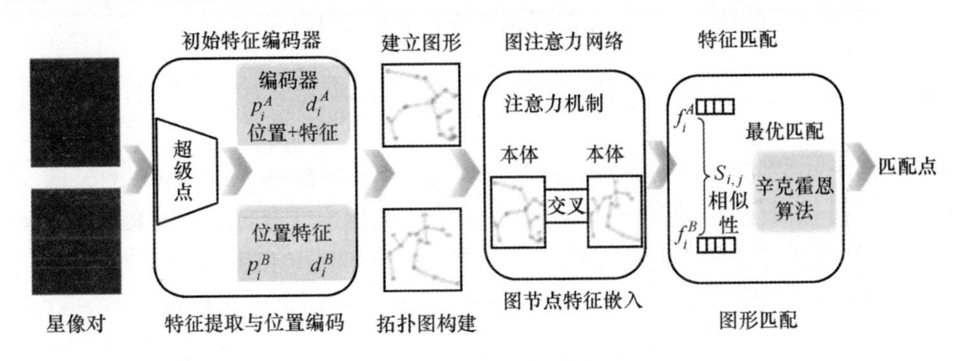

图 4-6　SGM 算法网络架构

4.2.2　拓扑星图数据构建

Viniavskyi 等证明了 SuperGlue 的匹配精度依赖初始特征的提取[20]。为了保证星点质心提取精度,本节首先对含有噪声和条状目标的星图进行预处理,去除星图中存在的背景离散噪声[21];然后通过 Superpoint 得到星点位置坐标 p_i 和每个星点的局部特征描述符 d_i;最后将位置坐标通过多层感知网络编码后与描述符组合得到节点初始特征 ${}^{(0)}h_i$。图 4-7 显示了特征提取过程。${}^{(0)}h_i$ 可以表示为

$$^{(0)}h_i = d_i + \mathrm{MLP}_{\mathrm{enc}}(p_i) \tag{4-20}$$

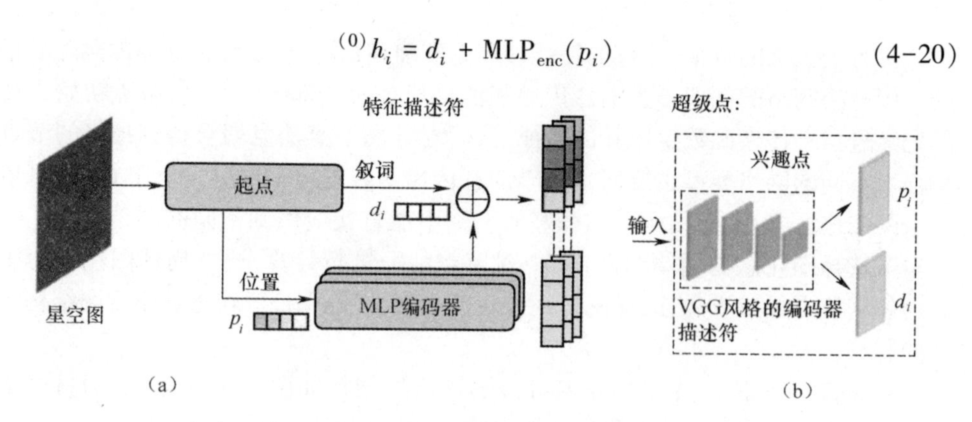

图 4-7 星点初始特征编码过程

(a)特征编码;(b)SuperPoint 结构。

图注意力网络只能直接作用于图结构数据,因此需要根据星点间的空间拓扑关系将检测到的星点集 V_i 构建为拓扑图 $G_{i(\mathrm{cwg})}=(V_i, E_i)$,其中 E_i 为星点之间边的合集。图 4-8 为星点拓扑图构建流程,首先对整个星图上的特征点构建一个无向有权全连通图 $G_{i(\mathrm{cwg})}$,由于星点之间的分布是规律的,因此将星点 $i, j(\forall i \in V_A, \forall j \in V_A)$ 之间的角距 $\theta_{i,j}$ 定义为边的权重[22],其中 V_A 表示在星图对中星图 A 上检测到的星点的集合。$G_{i(\mathrm{cwg})}$ 的邻接矩阵可表示如下:

$$\boldsymbol{A}_{i(\mathrm{cwg})}(i,j) = \theta_{i,j} = \arccos(\boldsymbol{v}_i^A, \boldsymbol{v}_j^A) \tag{4-21}$$

式中:$\boldsymbol{v}_i^A, \boldsymbol{v}_j^A$ 分别为星图对中图 A 的星点 i、j 在相机坐标系下的单位观测矢量。

为了降低图注意力网络的计算代价,本节在数据预处理时选择用 Kruskal 算法对 $G_{i(\mathrm{cwg})}$ 搜索生成最小生成树 $G_{i(mst)}=(V_i, E_{i(mst)})$[23],该图结构即为图注意力网络的输入图结构。最后将初始星点特征 $^{(0)}h_i^A$ 与拓扑星图边信息 $E_{i(mst)}$ 打包,作为图节点特征计算网络的初始图数据 $G_i=\{^{(0)}h_i^A, E_{i(mst)}\}$,星图对中图 B 同理。构建拓扑图数据如表 4-1 所列。

表 4-1 算法 1:构建拓扑图数据

Input: A pair of star images (A, B)
1. feature and positions of star points extraction Eq. 11
2. build undirected full connected weighted graphs G_A from i, j $\forall i \in V_A, \forall j \in V_A$ by Eq. 12
3. generate the MST $G_{A(mst)}, G_{B(mst)}$ of G_A, G_B by Kruskal algorithm
Output: Topology Graph Data of star images $G_A=\{^{(0)}h_i^A, E_{A(mst)}\}, i \in V_A, G_B=\{^{(0)}h_j^B, E_{B(mst)}\}, j \in V_B$

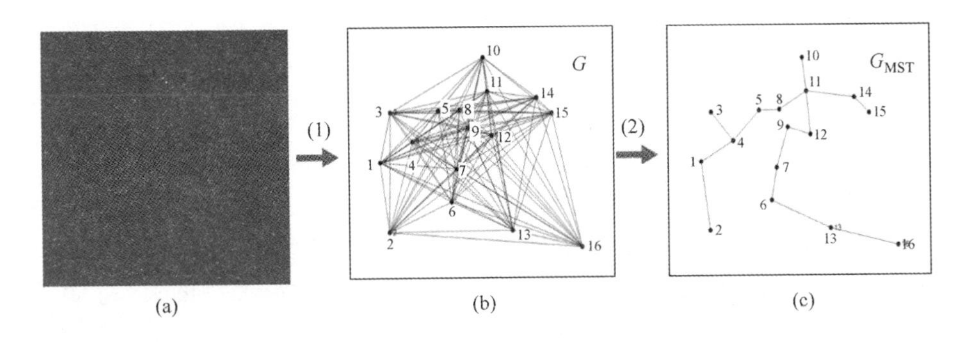

图 4-8　星点拓扑图构建流程
(a)星空映像;(b)全连通赋权图;(c)G 图表的 MST。

4.2.3　基于图注意力网络的复合星点特征计算

在 SGM 网络中,将一对星图作为输入并计算图内星点特征和图间交叉星点特征。在图内特征计算阶段,星点特征是从图内其他星点聚合而来的。在图间交叉特征计算阶段,一个图中的星点特征是通过另一个图中的相似星点特征计算出来的。因此,基于图注意力网络的复合特征计算结合了来自图像对的信息,构建了稳定的星点特征。

式(4-22)为复合节点特征计算流程,式(4-23)描述了复合节点特征计算过程。在一次节点传播过程中,首先将初始节点特征 ${}^{(0)}h_i^A$、${}^{(0)}h_i^B$ 分别通过图注意力网络进行计算得到图内节点特征 ${}^{(0)}h_i^A$、${}^{(0)}h_i^B$;然后,对图内节点特征进行联合计算,得到图间节点特征 $\Delta^{(l)}h_i^A$,$\Delta^{(l)}h_i^B$;最后整合图内节点特征和图间节点特征的复合特征。${}^{(l+1)}h_i^A$、${}^{(l+1)}h_j^B$ 可以分别表示为

$$
{}^{l+1}h_i^A = {}^{(l)}h_i^A + \Delta^{(l)}h_i^A, \quad {}^{l+1}h_j^B = {}^{(l)}h_j^B + \Delta^{(l)}h_j^B \tag{4-22}
$$

式中:${}^{(l)}h_i^A$ 为图内节点经过图注意力网络传播后节点特征的消息,可表示为

$$
\begin{gathered}
{}^{(l)}h_i = \sigma\Big(\sum_{j \in N(i)} \alpha_{ij}{}^{(l)}W^{(l-1)}h_j\Big)\Delta^{(l)}h_i = {}^{(l)}h_i - a_{i\to j}\cdot{}^{(l)}h_j \quad (j \in V_B) \\
\Delta^{(l)}h_j = {}^{(l)}h_j - a_{j\to i}\cdot{}^{(l)}h_i(i \in V_A) \\
\Delta^{(l)}h_i = {}^{(l)}h_i - a_{i\to j}\cdot{}^{(l)}h_j(j \in V_B)
\end{gathered} \tag{4-23}
$$

图中注意力机制既能将图结构嵌入特征向量中,又可以不依赖图结构信息。图注意力网络中使用的注意力机制为局部注意力,即通过当前图节点的邻居节点来计算注意力。为了使注意力系数更容易计算和便于比较,引入 Softmax 函数,对

注意力系数进行正则化表示：

$$\alpha_{ij} = \frac{\exp(\text{LeakyReLU}(\boldsymbol{a}^{\mathrm{T}}[{}^{(l)}\boldsymbol{W}h_i \parallel {}^{(l)}\boldsymbol{W}h_j]))}{\sum_{k \in N(i)} \exp(\text{LeakyReLU}(\boldsymbol{a}^{\mathrm{T}}[{}^{(l)}\boldsymbol{W}h_i \parallel {}^{(l)}\boldsymbol{W}h_k]))} \tag{4-24}$$

式中：${}^{(l)}\boldsymbol{W}$ 为对所有节点共享的权重矩阵。

为了得到相应的输入与输出的转换，需要根据输入的特征至少进行一次线性变换，这个权重矩阵就是输入特征 ${}^{(l-1)}h_i$ 和输出特征 ${}^{(l)}h_i$ 之间的关系。其中，“$\parallel$”表示连接操作，$\boldsymbol{a}$ 用来将拼接后的高维特征映射到一个实数上，对于输出特征则加上了 LeakyReLU 函数。

式(4-22)中的图间节点特征 $\Delta^{(l)}h_i^A$、$\Delta^{(l)}h_j^B$ 可以分别表示为

$$\Delta^{(l)}h_i = {}^{(l)}h_i - a_{i\to j} \cdot {}^{(l)}h_j (j \in V_B), \Delta^{(l)}h_j = {}^{(l)}h_j - a_{j\to i} \cdot {}^{(l)}h_i (i \in V_A) \tag{4-25}$$

其中：$a_{i\to j}$ 和 $a_{j\to i}$ 为交叉注意力系数，是通过计算两个图节点的相似度 $\boldsymbol{s}$（可以是欧几里得相似性或余弦相似性）得到的，本节使用点积相似性进行计算。相似度矩阵和注意力系数可以分别表示为

$$\boldsymbol{s} = -\,|{}^{(l)}h_i - {}^{(l)}h_j|^2 (i \in V_A, j \in V_B) \tag{4-26}$$

$$a_{i\to j} = \frac{\exp(\boldsymbol{s}({}^{(l)}h_i, {}^{(l)}h_j))}{\sum_j \exp(\boldsymbol{s}({}^{(l)}h_i, {}^{(l)}h_j))} \quad a_{j\to i} = \frac{\exp(\boldsymbol{s}({}^{(l)}h_i, {}^{(l)}h_j))}{\sum_i \exp(\boldsymbol{s}({}^{(l)}h_i, {}^{(l)}h_j))} \tag{4-27}$$

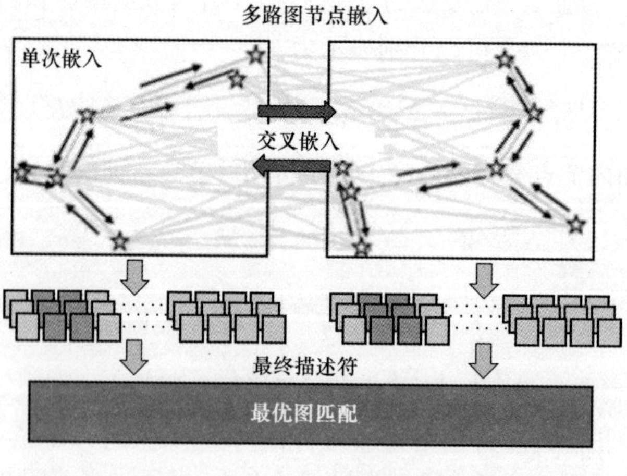

图 4-9　复合星点特征计算示意图

最后经过 L 层网络传播后的节点特征再经过一个线性投影,得到最终的星点描述符 f_i^A、f_j^B,可分别表示为

$$\begin{cases} f_i^A = W \cdot {}^{(L)}h_i^A + b(\forall i \in A) \\ f_j^B = W \cdot {}^{(L)}h_j^B + b(\forall j \in B) \end{cases} \tag{4-28}$$

复合星点特征结构算法如表 4-2 所列。

表 4-2 算法 2:复合星点特征结构算法

Input: l-th layer Graph Data $G_A = \{{}^{(0)}h_i^A, E_{A(mst)}\}, i \in V_A, G_B = \{{}^{(0)}h_j^B, E_{B(mst)}\}, j \in V_B$
1. single graph node embedding $(({l})h_i^A, {}^{(l)}h_j^B), \forall i \in V_A, \forall j \in V_B$ by Eq. 14
2. cross-graph attention$a_{i\to j}$ between two graphs by Eq. 18
3. cross-graph aggregationΔh_i^A, $\Delta h_j{}^B$ by Eq. 16
4. Multiplex Graph Node features ${}^{(l+1)}h_i^A, {}^{(l+1)}h_j^B \quad \forall i \in V_A, \forall j \in V_B$ by Eq. 13
Output: (l+1)-th layer $G_A = \{{}^{(l+1)}h_i^A, E_{A(mst)}\}, i \in V_A$, $G_B = \{{}^{(l+1)}h_j^B, E_{B(mst)}\}, j \in V_B$

4.2.4 星点特征最优匹配

由 4.1 节星点成像模型可知,光学载荷焦平面上的像点为恒星在天球坐标系下的空间三维坐标经过系列坐标变换后的二维投影坐标,因此参与星图匹配的像点坐标必须受到一定的物理限制:①每个待匹配的星点在参考图像上最多有一个与其对应的匹配点;②由于探测器的帧频和曝光时间等成像参数设置,会有一些星点没有与其对应的匹配点。但是成像过程中的干扰会导致不同星图中的星点亮度相同,产生待匹配的星图中多个星点匹配到参考星图的同一个星点上问题。

为解决这个问题,本节引入最优传输理论[24],将原有的图匹配问题从二次赋值规划的 NP-Hard 问题转换为线性指派问题,如图 4-10 所示。根据最优传输理论,对于来自星图 A 的特征点集合 $\mathbf{V}_A = \{V_i\}_{i=1}^M$ 与来自星图 B 的特征点集合 $\mathbf{V}_B = \{V_j\}_{j=1}^N$,存在分配矩阵 $\boldsymbol{P} \in [0,1]^{M\times N}$ 表示每对星点的匹配情况。根据上述两点约束条件,分配矩阵 $\boldsymbol{P}$ 的行列需满足下列条件:

$$\boldsymbol{P}1_N \leqslant 1_M, \quad \boldsymbol{P}^{\mathrm{T}}1_M \leqslant 1_N \tag{4-29}$$

此时,全局最优星点匹配问题可以转化为

$$\boldsymbol{P}^* = \arg \min_{P \in [0,1]^{M\times N}} \sum_{i,j} \boldsymbol{P}_{ij}\boldsymbol{C}_{ij} \tag{4-30}$$

式中：$\boldsymbol{C}_{ij}$ 为计算从 V_i 到 V_j 匹配所需要的代价矩阵。

设计最优匹配网络的目的就是从两个局部特征集合求解星点最优匹配矩阵 $\boldsymbol{P}^*$ 。

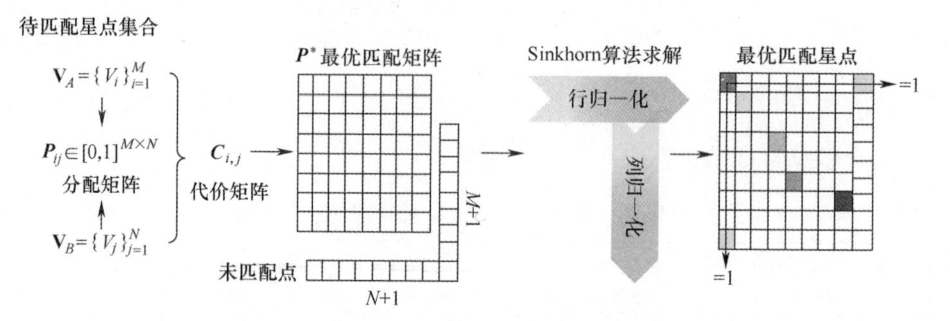

图 4-10　星点最优匹配网络计算流程示意图

对于一般的图匹配问题，代价矩阵 $\boldsymbol{C}_{ij}$ 可以通过计算匹配得分表示成 $S \in \mathbb{R}^{M\times N}$，此时的 $\boldsymbol{P}^*$ 可以通过最大化总体得分 $\max\sum\limits_{i,j}\boldsymbol{S}_{ij}\boldsymbol{P}_{ij}$ 求解得到。由于在星点匹配中依次计算 $M\times N$ 个星点的潜在匹配得分是不可取的，因此，本节利用 4.2.3 节图注意力网络得到的复合星点特征 f_i^A、f_i^B，通过计算二者的相似度来表示得分矩阵：

$$\boldsymbol{S}_{i,j} = < f_i^A, f_i^B >, \forall (i,j) \in A \times B \tag{4-31}$$

式中：<,>表示向量内积，该得分矩阵表述星点描述符的相似度。

当 $\boldsymbol{S}_{i,j}$ 最大时，即来自不同星图的星点相互匹配。图像 A 上的星点可以被分配到图像 B 上某个星点或者是未匹配点，因此为了过滤错误的匹配点，将得分矩阵行列分别扩充一个通道以存放没有匹配上的星点，对于图像 A 而言补充通道有 N 个匹配，对于图像 B 而言补充通道有 M 个匹配，如图 4-10 所示，此时将得分矩阵 $\overline{\boldsymbol{S}}$ 表示如下：

$$\overline{\boldsymbol{S}}_{i,N+1} = \overline{\boldsymbol{S}}_{M+1,j} = \overline{\boldsymbol{S}}_{M+1,N+1} \in \boldsymbol{R}^{(M+1)\times(N+1)} \tag{4-32}$$

同时，现分配矩阵 $\overline{\boldsymbol{P}}$ 的行列需满足下列条件：

$$\overline{\boldsymbol{P}}_{N+1}^{1} = [1_M^{\mathrm{T}}\ N]^{\mathrm{T}}, \quad \overline{\boldsymbol{P}}^{\mathrm{T}}1_{M+1} = [1_N^{\mathrm{T}}\ M]^{\mathrm{T}} \tag{4-33}$$

最后使用在求解最优传输问题中广泛使用的 Sinkhorn 算法[25]，通过引入熵正则化项分别对矩阵行列进行归一化求解 $\max\sum\limits_{i,j}\overline{\boldsymbol{S}}_{ij}\overline{\boldsymbol{P}}_{ij}$，得到最优匹配星点对。

4.3 基于图神经网络的广域星图配准成像仿真分析

天基光学动态探测成像技术研究属于航天技术领域,随着航天技术领域的迅速发展,动态探测成像技术因高效的探测能力脱颖而出。为保证动态成像模式的成像性能,需对探测成像系统进行各项技术指标的测试,最准确的方法应是在真实的应用环境中进行试验[24]。但由于航天任务实验属于高复杂度、高精度以及高投入成本与高风险的工程任务,在探测任务发射之前,在地面上进行高保真的科学实验和数学物理仿真是必不可少的阶段[25]。在地面仿真实验中发现问题并对探测成像系统进行改进是重要环节,因此搭建高保真的地面仿真实验系统对保证天基光学动态探测成像的实际应用意义重大[26]。

4.3.1 全天球空间目标高保真显示及跟踪系统需求分析

4.3.1.1 全天球空间目标高保真显示及跟踪系统需求

空间目标模拟装置是一种用于测试空间目标光学监视系统功能的装置,通常与被测光学载荷和主计算机一起组成闭环测试系统,能够实时模拟星空场景和空间目标。它的工作原理是根据仿真计算机给出的星体姿态角和轨道位置,通过坐标变换计算出光学载荷光轴的方向,模拟生成视场内的星图场景和空间目标。

由于待观测的空间目标可能位于在轨光学监视卫星的任何方位,即全天球 4π 立体角的方位上,因此需要构建出一种可以模拟显示 4π 全天球空间目标的仿真系统,对在轨光学监视卫星从发现空间目标到持续跟踪的全过程进行仿真实验。此外,由于高动态目标(如卫星、飞船、空间碎片)在视场中的运动速度极快,会很快离开观测视场,因此需要卫星平台主动进行姿态调整,完成对空间目标的观察测量与跟踪瞄准。综合以上需求,在空间目标光学监视技术研究中,需要一种大视场、高精度、高动态的全天球空间目标显示及跟踪观测模拟装置。

目前,空间目标模拟器主要通过准直系统将显示器件投影至光学载荷入瞳来模拟空间目标,由于受到准直光学系统视场角的限制,最大视场角只有 40°,因此难以模拟高速运动的空间目标。此外,现有空间目标模拟器的模拟精度受到显示器件的分辨率限制,难以实现对空间目标的高精度模拟。准直光学系统也会引入畸变、场曲等光学像差,进一步降低了空间目标的模拟精度。近年来,国内外的研究工作主要集中在提高模拟器视场角和空间目标模拟精度等方面,空间目标模拟器仅见于光学系统的研究中,缺乏专门针对 4π 全天球空间目标的模拟装置和实验环境,无法为空间目标光学监视技术的研究进行有效指导。

4.3.1.2 全天球空间目标高保真显示及跟踪系统设计

为解决传统动态空间目标模拟器的视场不足、精度较低、动态性能差等问题,根据背景演示需求和探测能力要求,设计 4π 全天球空间目标显示及跟踪观测模拟装置。

1) 背景显示需求与探测要求

(1) 4π 全天球星空场景和空间动态目标显示需要全天球空间目标显示器;

(2) 星体姿态角和轨道位置需要高性能服务器以及联合姿轨仿真软件;

(3) 物像关系成像链路模型解析光学载荷光轴的方向,模拟生成视场内的星图场景和空间目标,进而得到实时模拟的星空场景和空间目标;

(4) 信息传输链路和存储系统,用于进行信息交互和海量影像的存储。

2) 4π 全天球空间目标显示及跟踪观测系统组成

4π 全天球空间目标显示及跟踪观测系统包括全天球空间目标显示器、待测试光学载荷、图像处理计算机、动力学仿真计算机、三轴气浮高精度旋转台、星空模拟计算机、视频信号处理器和网络控制交换机。

(1) 全天球空间目标显示器。全天球空间目标显示器由 5 种不同尺寸规格的 LED 面板拼接成一个完整球面。其中,每块 LED 面板对应球面上跨度为 20°经度与 20°纬度的区域。全天球可以先按照 20°经度,划分为 18 个球面;然后再以 20°纬度,将每个经度范围内的球面区域划分为 8 个区域。由于全天球具有对称性,因此南北半球的 LED 面板可以互换。

图 4-11、图 4-12 中,①~⑤表示组成全天球空间目标显示器的 5 种规格的 LED 显示面板。①~④分别构成全天球空间目标显示器上不同纬度的显示区域,⑤构成全天球空间目标显示器上南北两极点的显示区域。其中:①为 LED 显示面板对应 0°~20°N 和 0°~20°S 的球面显示区域;②为 LED 显示面板对应 20°~40°N 和 20°~40°S 的球面显示区域;③为 LED 显示面板对应 40°~60°N 和 40°~60°S 的球面显示区域;④为 LED 显示面板对应 60°~80°N 和 60°~80°S 的球面显示区域;①~④对应的经度范围为 20°,18 组显示面板首尾相接构成一个完整的 360°圆周;⑤为 LED 显示面板对应 80°~90°N 和 80°~90°S 的球面显示区域;全天球空间目标显示装置共使用规格为①、②、③、④4 个区域的 LED 显示面板各 36 块、区域⑤的 LED 面板 2 块,共计 146 块。

(2) 全待测光学载荷固定在三轴气浮高精度旋转台上,通过所述全天球空间目标显示器生成星空场景和空间动态目标,所述待测光学载荷对所述全天球空间目标显示器生成的星空场景和空间动态目标进行成像后传送至图像处理计算机。

(3) 图像处理计算机对接收的图像采用空间动态目标的识别与跟踪算法,提

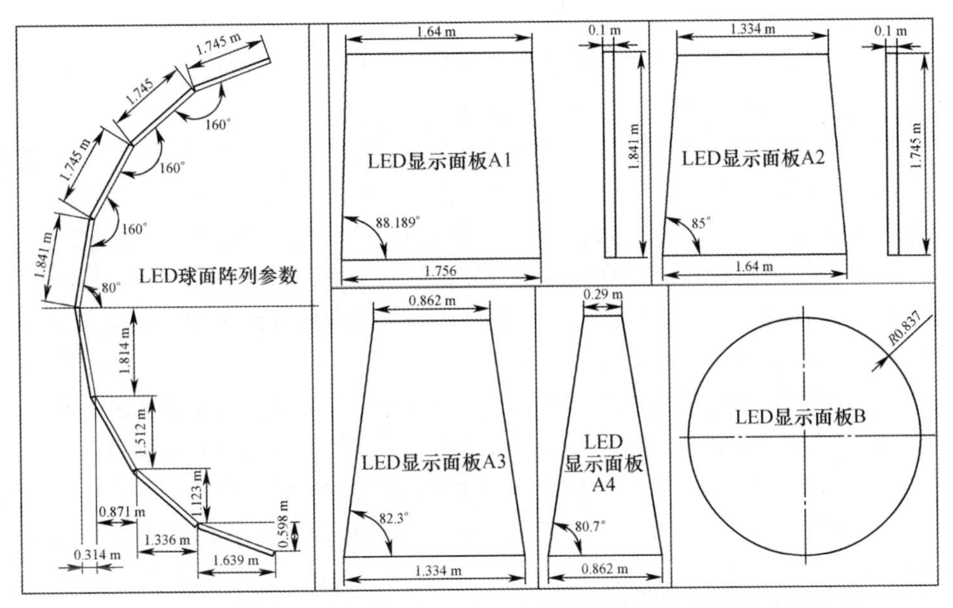

图 4-11　4π 全天球空间目标显示及跟踪观测模拟装置的结构示意图

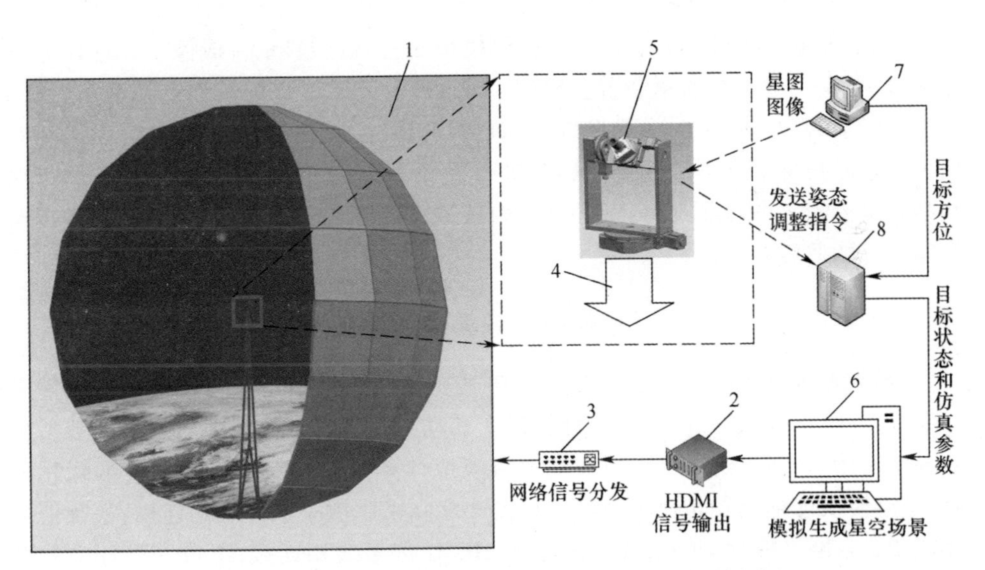

1—全天球空间目标显示器；2—视频信号处理器；3—网络控制交换机；
4—三轴气浮高精度旋转台；5—待测试光学载荷；6—星空模拟计算机；
7—图像处理计算机；8—动力学仿真计算机。

图 4-12　4π 全天球空间目标显示及跟踪观测模拟装置的示意图

取出空间动态目标的运动参数，通过计算分析获得空间动态目标的方位信息，并传送至动力学仿真计算机。

（4）动力学仿真计算机根据空间动态目标相对角度变化量，采取相应的控制策略，并且将控制指令传送至三轴气浮高精度旋转台和星空模拟计算机。

（5）三轴气浮高精度旋转台接收到控制指令后，通过控制三轴气浮高精度旋转台改变待测光学载荷的姿态角，使所述待测光学载荷始终对准全天球空间目标显示器上的空间运动目标，完成待测光学载荷对空间动态目标的跟踪观测。

（6）星空模拟计算机接收所述动力学仿真计算机传送的卫星位置、速度和姿态信息，然后根据预定的参数，模拟生成待测光学载荷所视区域的空间动态目标和实时星空场景并传送至视频信号处理器。

（7）视频信号处理器对接收的空间动态目标和实时星空场景图像进行融合处理，生成全天球视频影像，并将所述全天球视频影像传送至网络控制交换机。

（8）网络控制交换机将所述全天球视频影像进行分解后传送至全天球空间目标显示器的每个 LED 显示面板，每个 LED 显示面板按相同的刷新率同步进行场景刷新。

4.3.2 4π 全天球空间目标显示及跟踪系统

4π 全天球空间目标显示及跟踪观测模拟装置，按照显示—成像—处理任务流程细分，在全天球目标显示装置上模拟生成 4π 全天球星空场景和空间动态目标，模拟光学监视卫星在轨时主动发现空间目标并跟踪观测的过程。星载光学载荷对全天球空间目标显示器上的星空场景进行成像，通过图像处理对空间目标进行探测与角度测量，并根据空间目标的运动轨迹调整待测光学载荷的运动姿态，实现对空间目标的监视和跟踪。

4.3.2.1 全天球空间目标高保真显示及跟踪系统接口

4π 全天球空间目标显示及跟踪系统，首先需要跟踪信息流将各个功能组件进行串联，在模拟装置中，图像处理计算机 7 和动力学仿真计算机 8 之间采用数据传输线相连接；动力学仿真计算机 8 和星空模拟计算机 6 之间采用数据传输线相连接；星空模拟计算机 6 与视频信号处理器 2 之间采用视频信号线相连接；视频信号处理器 2 与网络控制交换机 3 之间采用 HDMI 信号线相连接；组成完整球面的球面显示器的单个 LED 控制单元与网络控制交换机 3 之间使用 CAT6 网线相连接；图像处理计算机和待测试光学载荷之间使用视频信号收发器、PCI 图像采集卡相连接；动力学仿真计算机与三轴气浮高精度旋转台之间使用无线收发机相连接，用于姿态调整指令的接收。

4.3.2.2 全天球空间目标高保真显示及跟踪数据流程

4π 全天球空间目标显示及跟踪系统硬件互联以后，按照演示—成像—处理进行数据流梳理。

如图 4-13 所示，通过动力学仿真计算机 8 发送姿态调整指令给三轴气浮高精度旋转台。

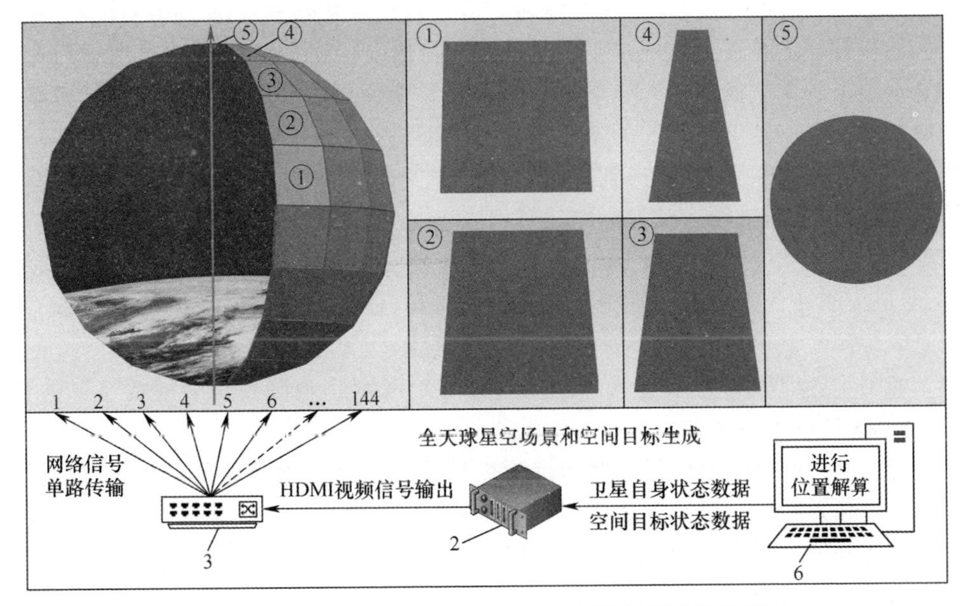

图 4-13 全天球空间目标显示及星空场景模拟数据流程图

待测光学载荷固定在三轴气浮高精度旋转台上，根据相应姿态调整指令改变姿态，模拟在轨卫星飞行时的姿态调整过程。

待测光学载荷将模拟的动态光学目标成像在相机的焦平面上，通过感光元件接收后，将视频信号传输给图像处理计算机。

图像处理计算机用于处理待测光学载荷采集的图像，通过对空间动态目标进行识别与跟踪，提取出空间动态目标的运动参数，通过计算分析得出目标的准确方位，发送给动力学仿真计算机。

星空模拟计算机负责接收动力学仿真计算机传递的卫星位置、速度和姿态信息，以及空间动态目标的位置与速度信息，模拟产生卫星搭载的待测光学载荷所视区域的星空场景。

视频信号处理器对星空模拟计算机输出的视频信号进行拼接融合处理，形成整幅全天球星空场景与空间动态目标影像，将 HDMI 信号传输给网络控制交换机。

网络交换机将整幅全天球空间目标和星空场景画面分解，通过 CAT6 网线分别传送给每个 LED 显示控制单元,并且按照系统的特定刷新率同步进行场景刷新。

4.3.2.3 全天球空间目标高保真显示及跟踪工作原理

在进行仿真实验之前,需要通过针孔模型标定算法来确定待测试光学载荷的内部参数和畸变系数。测试时,将待测试光学载荷固定在三轴气浮高精度旋转台上,并打开气浮轴承以模拟卫星在轨时的微重力和微摩擦力状态。运行仿真系统,全天球目标显示装置上生成星空场景和空间目标。待测光学载荷对全天球空间目标显示器上的星空场景进行成像,并通过无线传输方式发送给图像处理计算机。图像处理计算机基于实验前的畸变系数对画面进行校正,采用运动目标识别算法对空间目标进行探测,计算得到空间目标的方位信息。然后将信息发送给动力学仿真计算机,根据空间运动目标的相对角度变化量,采取相应的控制策略,将姿态调整指令通过无线收发机发送给三轴气浮高精度旋转台。转台接收到控制指令后,通过控制转台机构改变待测光学载荷姿态角,使之始终对准空间运动目标,从而完成待测光学载荷对空间动态目标的跟踪观测。

如图 4-14 所示为 4π 全天球空间目标显示及跟踪观测模拟装置的工作流程图,具体包括以下内容。

通过全天球空间目标显示器为待测光学载荷提供星图场景和空间动态目标,之后由星载光学载荷对全天球目标显示器进行成像。

图像处理计算机对画面进行畸变校正,对空间目标进行探测,获取空间目标的方位信息。

动力学仿真计算机根据空间目标相对角度变化量,将方位信息发送给三轴气浮高精度旋转台和星空模拟计算机。

星空模拟计算机负责接收动力学仿真计算机传递的卫星位置、速度和姿态信息,然后根据预设参数,模拟生成空间动态目标和实时星空场景。

视频信号处理器对目标和场景画面进行融合处理,生成全天球视频影像。

网络控制交换机将整幅全天球画面进行分解,传送给每个 LED 显示面板的控制单元。

三轴气浮高精度旋转台接收到姿态调整指令,控制转台机构改变待测光学载荷姿态角,始终对准空间运动目标。

网络交换机将整幅全天球空间目标和星空场景画面分解,通过 CAT6 网线分别传送给每个 LED 显示控制单元,并且按照系统设定的帧率同步进行场景刷新。

星空模拟计算机与视频信号处理器连接,接收监视卫星数据和空间目标数据。

视频信号处理器根据接收的场景驱动数据,进行场景相应运动体的位置运算,包括卫星在轨位置的计算(基于监视卫星数据)、空间目标位置的计算(基于空间

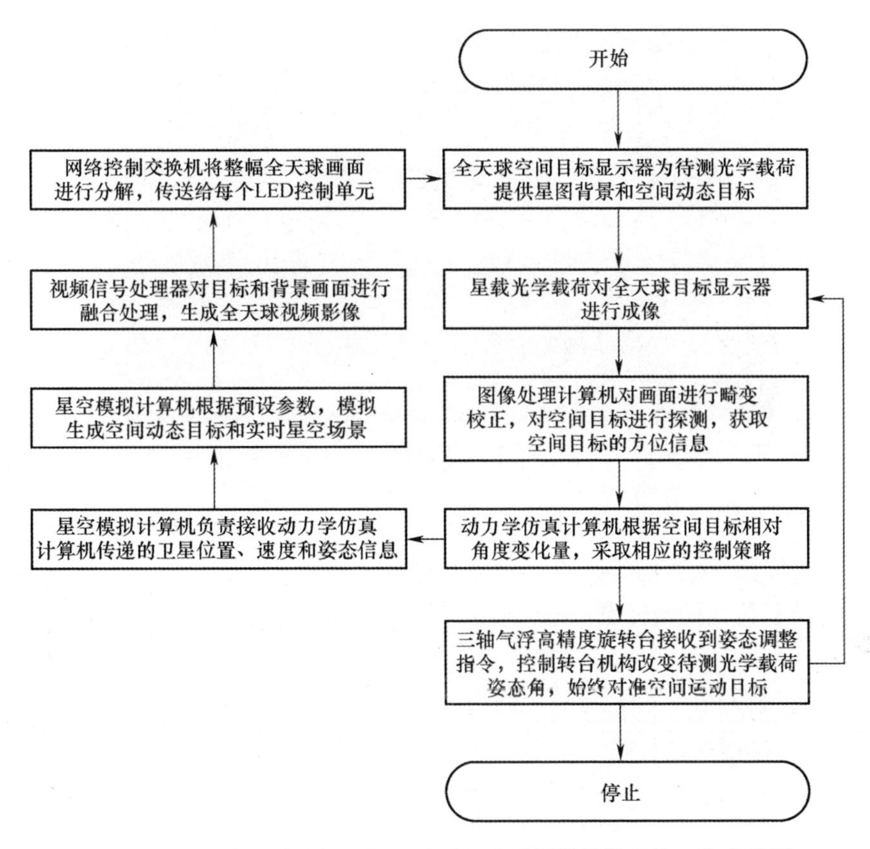

图 4-14　4π 全天球空间目标显示及跟踪观测模拟装置的工作流程图

目标数据)、日月位置的计算(基于监视卫星的时间戳);视频信号处理器处理完深空模拟计算机发送的数据后,通过 HDMI 视频接口输出给网络控制交换机。图 4-15为视频信号处理器生成的星空场景及空间动态目标模拟图。

图 4-16 所示为仿真系统中待测光学载荷坐标系、全天球空间目标显示器坐标系、目标方向及其屏幕投影位置的关系。确定空间目标质心坐标在光学载荷坐标系内的方向后,就可以通过视景变换求得空间动态目标在显示屏幕上的准确位置。由于在光学载荷坐标系 $O_c - xyz$ 中, x 轴为光学载荷视线中心方向,而按照视景坐标的定义,屏幕坐标的 S_x 轴是水平向右的。由于视景定义时可以直接采用和硬件设备物理尺度相同的尺度,因此光学载荷坐标和屏幕坐标之间只存在旋转变换关系,而没有尺度差异。由图 4-16 可知,屏幕坐标面和光学载荷视场坐标的 yz 面是平行的,光学载荷到屏幕的距离为 d ,光学载荷坐标内的矢量 $\boldsymbol{r}_s$ 的延长线和屏幕坐标的交点就是该直线上 $x = d$ 的点。屏幕坐标和光学载荷视场坐标的对应关系为

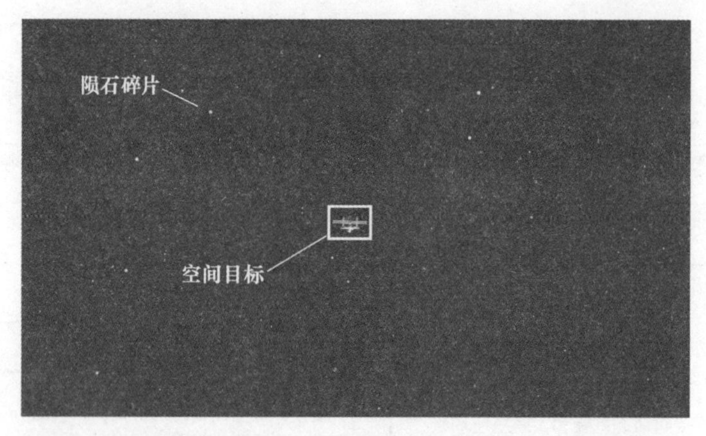

图 4-15　视频信号处理器生成的星空场景及空间动态目标模拟图

$$S_x = -y, S_y = z \tag{4-34}$$

式中：S_x 为屏幕坐标的 x 轴；S_y 为屏幕坐标的 y 轴。

设光学载荷视场坐标系内的矢量 $\boldsymbol{r}_s$ 可表示为

$$\boldsymbol{r}_s = [m \quad n \quad l]^{\mathrm{T}} \tag{4-35}$$

式中：m、n、l 为 $\boldsymbol{r}_s$ 在三轴坐标系中的投影长度。

则由该矢量引出的直线方程为

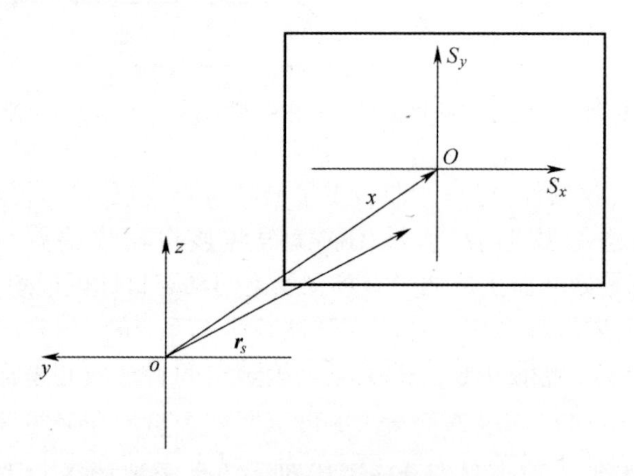

图 4-16　视景变换投影关系示意图

$$\frac{x}{m} = \frac{y}{n} = \frac{z}{l} \tag{4-36}$$

该直线和屏幕的交点坐标为

$$x = d, y = \frac{d}{m} \cdot n, z = \frac{d}{l} \cdot n \tag{4-37}$$

则相对于光学载荷视轴方向为单位矢量 $\boldsymbol{r}_s$ 的目标点在屏幕上的投影坐标为

$$S_x = -\frac{d}{m} \cdot n, \quad S_y = \frac{d}{l} \cdot nA \tag{4-38}$$

计算出目标点的屏幕坐标后，就可以根据屏幕的物理尺寸判断目标点投影是否在屏幕内，并在相应位置绘制目标点。

全天球目标显示装置上模拟生成 4π 全天球星空场景和空间动态目标，模拟光学监视卫星在轨时主动发现空间目标并跟踪观测的过程。星载光学载荷对全天球空间目标显示器上的星空场景进行成像，通过图像处理对空间目标进行探测与角度测量，并根据空间目标的运动轨迹调整待测光学载荷的运动姿态，实现对空间目标的监视和跟踪，最后，通过计算机处理，具体分析评估待测试光学载荷的目标跟踪算法的性能，为空间光学目标感知与识别技术的研究提供地面半物理验证系统。

4.3.3 空间目标环扫成像仿真分析

为了验证本书所提出 MSG 方法的性能，本节首先介绍用于星图匹配实验的仿真星图数据集生成方法；接下来详细阐述了所提算法与对比算法的性能比较，并对实验结果进行了分析，展示了拼接后的星图。

4.3.3.1 仿真星图数据集生成

由于星图数据通常难以大量获得，在对光学相机内部算法进行研究时，常用的研究手段是采用星图模拟的方式产生数据集[27]。为了深入探究光学相机在各类动态条件下的工作算法，构建并模拟各类运动状态的星图尤为重要。本节构建的星图测试数据集是为了提高星点之间的拓扑位置学习能力，训练数据集是为了客观评估星图配准网络的性能，所有数据集均是在运动状态下的恒星成像模型指导下生成的。在不同视场下的星图生成均采用相同的光学系统，星图仿真参数设置如表 4-3 所列，焦距、视场以及探测器的相关参数，将不同视场下的恒星投影到图像平面上。

曝光时间和光学相机的运动速度是星图拖尾的主要原因，存在拖尾的星图会影响星点的质心精度，星图配准的精度。尽管有很多研究工作可以通过图像恢复算法将拖尾星图复原为星点，但是本节的目标是在光学系统与恒星之间不存在相对运动的情况下，将来自多个视场的星图配准拼接后输出大视场星图。因此本节生成仿真星图的曝光时间和运动角速度分别设置为 50ms 和 1(°)/s。结合视场设置，可以保证仿真星点能量分布在 5×5 个像元左右，满足静态星点要求。通过改变相机光轴在相机本体坐标系下的赤经和赤纬来生成不同视角下的星图。在训练

表 4-3 星图仿真参数设置

参数	数值	单位
相机探测星等阈值	6	Mv
视场	12×12	(°)
焦距	22	mm
图像分辨率	1024×1024	像素
像元尺寸	0. 012×0. 012	Mm
曝光时间	50	ms
点扩散函数半径	3	Pixel
赤经	-180~180	(°)
赤纬	-180~180	(°)
相机旋转角速度	1	(°)/s

数据集中,赤经和赤纬分别设置为从-180°到 180°变化。为了得到训练数据集中更加丰富的场景,仿真星图角度间隔设置为 0. 01°,因此有(180+180)/0. 01+1=36001(张)星图在训练数据集中。对于测试数据集,分别设置赤经和赤纬间隔为 1°,并在模拟图像中加入了高斯噪声作为背景噪声。

4. 3. 3. 2 星图匹配拼接实验

本章所提出的算法为自监督训练方法,对模拟的星图执行随机单应性变换以生成一对星图作为 MSG 网络的输入,而不是通过对输入的星图进行手动标记来定义星图中的真实匹配关系。变换图像则是通过随机平移、旋转和缩放操作在输入图像中生成的。由于变换的随机性,训练和测试过程中会变换的图像不会重复,从而增加了对不同场景的适应性。MSG 网络构建在 Pytorch 框架上,网络模型在 NVIDIA(Tesla P40@ 24G)GPU 上进行训练。

在算法训练阶段,为了生成真实的对应星点关系,首先分别在输入图像和变换图像上使用预训练的 SuperPoint(SP)模型检测关键点,特征描述符共 256 维。在星点特征计算阶段,将复合节点特征计算的网络层数设置为 5,每层设置 4 个注意力头,这对于星点的特征提取来说是足够用的。在星点匹配阶段,将 Sinkhorn 迭代设置次数设置为 100,匹配阈值设置为 0. 2,这与 SuperGlue(SG)中的设置相同,以保证对比实验的有效性。在训练过程中,使用 Adam 优化器进行优化,学习率设置为 10^{-4}。实验结果为在每张 1024×1024 图像的平均星图匹配时间为 101ms,9. 91 FPS;在存储方面,MSG 模型的大小为 55. 4MB,这确保了在轨有足够的计算资源用于我们的算法。

在算法评估阶段,将一组多视角星图作为输入,对所提出的 MSG 模型预测两个相邻星图之间的对应关系。为了用预测得到的对应关系来评估 MSG 模型的匹配性能，选择匹配精度（MP）和匹配分数（MS）作为评估矩阵，匹配评估矩阵可以分别表示为

$$\mathrm{MP} = \frac{\text{正确匹配}}{\text{预测匹配}} \tag{4-39}$$

$$\mathrm{MS} = \frac{\text{正确匹配}}{\text{总星点数}} \tag{4-40}$$

当一对匹配点之间的对极距离小于阈值 5×10^{-4} 时被认定为一对正确匹配点。为了确保在输入图像上检测到的关键点是正确的星点，在检测的同时使用质心方法检测星点。如果对应星点的对极误差小于匹配阈值，则选择关键点作为匹配星点。同样，如果对应星点的对极误差小于匹配阈值，则匹配点被认为是真实的对应星点。MP 和 MS 根据正确匹配星点的数量来评估所提算法的性能，经常用在图像配准评价中。

因为本节所提的 MSG 网络的目的是根据来自两个不同星图的特征描述符计算最佳对应关系，且 MSG 工作在图像匹配流程的中间，处在特征描述部分之后和拼接部分之前。因此，结合 SIFT 和 SP 局部特征方法，对提出的 MSG 算法进行测试，并采用最近邻算法（NN）作为传统匹配方法与深度学习方法进行比较。本节将 MSG 与如下所述的不同算法进行比较。

（1）SIFT+NN 算法：这种组合是经典的图像匹配方法，SIFT 通过计算局部方向的一致性来提取关键点，通过计算关键点周围图像区域的梯度直方图得到局部特征。

（2）SIFT+MSG 算法：这种组合用于测试深度学习方法相对于传统方法的性能。

（3）SP+SG 算法：这是 SG 原论文中最好的组合，因为 SP 模型检测到可重复的和稳定的关键点与特征，可以实现有效匹配。

星图匹配结果如表 4-4 所列。显然，特征提取 SIFT 与传统匹配器 NN 方法的结合在星图上效果很差。相反，具有 SP 的 MSG 方法明显优于 SIFT，MP 从 0.92 降到 0.61。它显示了基于 GNN 的深度学习方法对于纹理特征较少的星图相较于传统方法的优势。具体来说，带 SP 的 MSG 方法比带 SP 的 SG 方法性能更好，MP 从 0.89 增加到 0.92，证明星点之间的拓扑位置关系有助于提高匹配精度。图 4-17 显示了 SP+SG 算法和 SP+MSG 算法的星图匹配结果的比较。

MSG 网络是通过计算基于 SuperPoint 网络检测到的关键点的拓扑图来构建稳定的星点特征。因此，恒星在焦平面上的能量分布对 SuperPoint 网络的检测非常重要，决定了星点间的匹配精度。本节对不同星等下的匹配精度进行了仿真计算，对恒星的星等加入了标准差为 0~1.5Mv 的高斯随机噪声。图 4-18 显示了星等对

所提方法匹配精度的影响。随着星等噪声的增加,MSG 与 SP 结合的方法匹配精度从 0.92 下降到 0.87。相应地,与 SG 和 SP 相结合的方法相比,MSG 方法对星等噪声的鲁棒性更强。

表 4-4 本章所提算法与其他算法的星图匹配结果

算法	匹配精度	匹配分数
SIFT+NN	0.6174	0.1018
SIFT + MSG	0.8193	0.1365
SP + SG	0.8964	0.1894
SP + MSG(我们的)	0.9288	0.2073

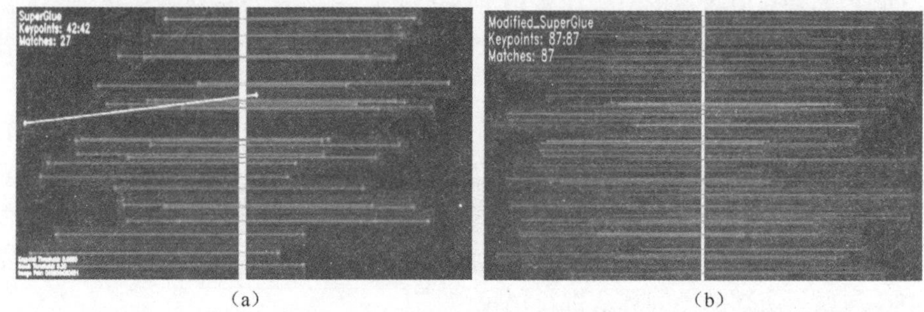

(a) (b)

图 4-17 星图匹配结果可视化

(a) SP+SG 方法;(b) SP+MSG 方法。

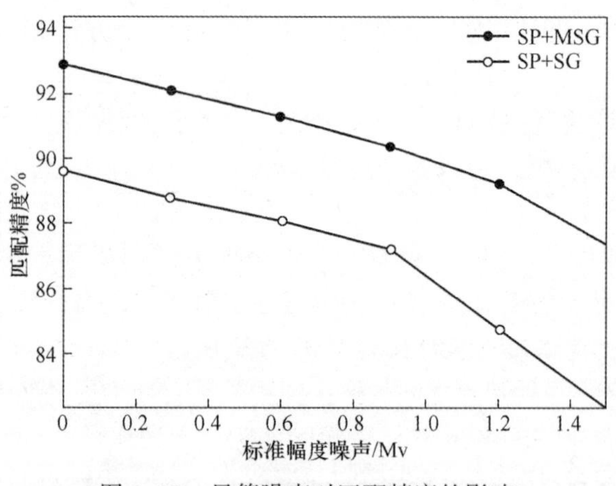

图 4-18 星等噪声对匹配精度的影响

由上述分析可知,本书所提的 MSG 网络处于图像匹配框架的中间位置,这主要依赖先前特征处理模型中获得的局部特征描述符。正如我们之前提到的,星图比自然图像具有更少的纹理和灰度信息。SIFT 算法依赖局部图像信息来确定检测点的方位并实现匹配，直接导致纹理信息较弱的星图之间的点匹配效果不佳。而星点是按照拓扑位置关系规则分布的，因此几何信息比纹理信息更稳定有效。MSG 方法由于使用图神经网络将星点的拓扑结构嵌入局部特征描述符中来建立稳定的特征，因此匹配精度基本满足星图拼接的要求。

按照成像时间有序串联帧间图像，根据帧间一定的重叠率要求，完成帧间星图配准后，我们最后将一系列多视角星图的相邻两帧依次进行拼接，模拟相机的纬度范围（视角变换范围）为 45°~75°，拼接后的星图如图 4-19 所示。

图 4-19　序列星图拼接示意图

综上所述，本章提出的一种基于图卷积神经网络的星图配准方法，通过利用星点间的拓扑结构关系构建了稳健的星点特征，对星图中所有检测到的星点进行全局匹配拼接，输出大视场无失真拼接星图。仿真结果表明：当相机旋转角速度设置为 1(°)/s 时，可满足图像拼接的需求。本章提出的改进 SuperGlue 方法配准精度可达 0.92，相对于原方法 0.89 的匹配精度有明显提升，同时本章所提方法对星等噪声有较强的鲁棒性，可满足星图拼接需求。

4.4　小结

本章针对多星接力或组网时对全空间分布目标进行快速和广域探测成像存在观测载荷冗余的问题，提出了一种通过单相机进行扫描拼接成像的方法。基于天基光学探测全链路成像模型，综合考虑帧间图像重叠率、光学成像系统参数，设计了环扫拼接成像参数。然后基于获得的系列星图，提出了一种基于图注意力网络的星图匹配方法。该方法利用星点之间的拓扑结构关系，构建稳健的星点特征，可以在一次配准操作中使所有检测到的星点参与配准实现全局星点配准，保证了配准精度。通过单星环扫拼接成像，使相机旋转扫描成像实现了成像范围的大幅延展，输出大视场不失真的拼接星图，解决了光学相机成像视场受限、成像范围不足的问题。

参考文献

[1] LI Y Y, WEI X G, LI J, et al. Error correction of rolling shutter effect for star sensor based on angular distance invariance using single frame star image[J]. IEEE Transactions on Instrumentation and Measurement, 2022, 71: 1-13.

[2] 邢飞，尤政，孙婷，等. APS CMOS 光学相机系统原理及实现方法[M]. 北京：国防工业出版社，2017.

[3] HANCOCK B R, STIRBL R C, CUNNINGHAM T J, et al. Cmos active pixel sensor specific performance effects on star tracker/imager position accuracy[C] //Functional Integration of Opto-Electro-Mechanical Devices and Systems: volume 4284. SPIE, 2001: 43-53.

[4] SUN T, XING F, YOU Z, et al. Smearing model and restoration of star image under conditions of variable angular velocity and long exposure time[J]. Optics Express, 2014, 22(5): 6009-6024.

[5] 王秋云，王轶群. 基于 Lucy-Richardson 算法的运动模糊图像复原研究[J]. 自动化与仪器仪表，2013(2): 13-14.

[6] QIU S, ZHOU D M, DU Y. The image stitching algorithm based on aggregated star groups[J]. Signal Image and Video Processing, 2019, 13(2): 227-235.

[7] 熊雪，王庆. 基于多视场光学相机的三角形星图识别方法[J]. 计算机测量与控制，2014, 22(1): 225-228.

[8] 翟优，曾峦，熊伟. 基于不变特征描述符实现星点匹配[J]. 光学精密工程，2012, 20(11): 2531-2539.

[9] DU Y, WEN D S, LIU G Z, et al. A characteristic extraction algorithm based on blocking star images[J]. International Journal of Pattern Recognition and Artificial Intelligence, 2019, 33(9): 1954028.

[10] DING Y, ZHANG Z Z, ZHAO X F, et al. Unsupervised self-correlated learning smoothy enhanced locality preserving graph convolution embedding clustering for hyperspectral images[J]. IEEE Transactions on Geoscience and Remote Sensing, 2022, 60: 1-16.

[11] YUAN X Z, YUAN X X, CHEN J, et al. Large aerial image tie point matching in real and difficult survey areas via deep learning method[J]. Remote Sensing, 2022, 14(16): 3907.

[12] ZHANG Z L, DING Y, ZHAO X F, et al. Multireceptive field: An adaptive path aggregation graph neural framework for hyperspectral image classification[J]. Expert Systems with Applications, 2023: 119508.

[13] MA J Y, JING X Y, FAN A X, et al. Image matching from handcrafted to deep features: A survey[J]. International Journal of Computer Vision, 2021, 129(1): 23-79.

[14] ZHOU J, CUI G Q, HU S D, et al. Graph neural networks: A review of methods and applications

[J]. AI Open,2020,1:57-81.

[15] SARLIN P E,DETONE D,MALISIEWICZ T,et al. SuperGlue:learning feature matching with graph neural networks[C]. IEEE/CVF Conference on Computer Vision and Pattern Recognition (CVPR),2020:4937-4946.

[16] DING Y,ZHAO X F,ZHANG Z L,et al. Multiscale graph sample and aggregate network with context-aware learning for hyperspectral image classification[J]. IEEE Journal of Selected Topics in Applied Earth Observations and Remote Sensing,2021,14:4561-4572.

[17] KIPF THOMAS N,WELLING M. Semi-supervised classification with graph convolutional networks[J]. arXiv Preprint arXiv:1609.02907,2016.

[18] VELIČKOVIĆ P,CUCURULL G,CASANOVA A,et al. Graph attention networks[J]. arXiv Preprint arXiv:1710.10903,2017.

[19] DE TONE D,MALISIEWICZ T,RABINOVICH A. Superpoint:Self-supervised interest point detection and description[C]. Proceedings of the IEEE conference on computer vision and pattern recognition workshops,2018:224-236.

[20] VINIAVSKYI O,DOBKO M,MISHKIN D,et al. OpenGlue:Open source graph neural net based pipeline for image matching[J]. arXiv Preprint arXiv:2204.08870,2022.

[21] WU M,CHANG L,YANG X B,et al. Infrared small target detection by modified density peaks searching and local Gray Difference[C]. Photonics,2022,9(5):311.

[22] YOU Z Y,LI J Z,ZHANG H C,et al. An accurate star identification approach based on spectral graph matching for attitude measurement of spacecraft[J]. Complex & Intelligent Systems,2022,8(2):1639-1652.

[23] CHAKRABORTY M,CHOWDHURY S,CHAKRABORTY J,et al. Algorithms for generating all possible spanning trees of a simple undirected connected graph:An extensive review[J]. Complex & Intelligent Systems,2019,5(3):265-281.

[24] 张永骞. 空间双波段复合探测系统半物理仿真测试关键技术研究[D]. 上海:上海中国科学院大学(中国科学院上海技术物理研究所),2017.

[25] 王亚敏. 敏捷卫星灵巧多模式成像设计与研究[D]. 长春:中国科学院长春光学精密机械与物理研究所,2017.

[26] 岳程斐,魏承,曹喜滨,等. 一种面向空间在轨操控的虚拟视景仿真系统:CN114218702B[P]. 2022-09-16.

[27] WANG Y,NIU Z,SONG L. A simulation algorithm of the space-based optical star map with any length of exposure time[C]//2021 International Conference of Optical Imaging and Measurement (ICOIM). IEEE,2021b:72-76.

第5章 面向动态星图的星点匹配和端到端识别技术

天基光学在动态条件下成像时,恒星和目标均会产生拖尾现象,其星点能量对应的灰度值明显下降的同时形状也会发生变化,拖尾的星点会更易受噪声影响而发生质心的偏移、星点的断裂或消失。这些问题将严重影响星点提取算法的精度,从而导致后续的恒星识别算法失败和姿态定位精度下降。为了获得较为准确的星点信息,需要在一定强度的背景噪声中检测微弱的星点信号,基于此需求,本章主要围绕星图在动态下的退化、动态退化对星点提取的影响、星点提取对星图识别的干扰进行分析,通过改进星点提取及识别中的图像处理算法的研究,提升动态下星点提取的准确性和精度以及星图识别的鲁棒性。

5.1 动态星图背景噪声分析与处理

5.1.1 高动态下星图获取和识别原理

高动态天基光学相机对天球背景中的星点进行成像,通过控制不同的曝光时间可以获得不同亮度的星图,获取星图数据后将其交给信号处理电路进行一系列的预处理以及星点提取,预处理一般包括图像或信号去噪、星点划分以及星点细分定位等。最后,获得星点在图像中的位置后,便可对提取出的恒星和目标进行识别,识别过程中需要星表、导航星库以及识别算法,根据识别算法剔除星图中的恒星,最后精选出未知目标,如图5-1所示。整个过程中,核心功能都是对所观测到的恒星进行识别,而星图识别的前提是消除背景噪声。基于此,下面针对动态星图噪声起源进行动态星图仿真,并针对成像噪声与动态模糊特性进行空间影像及星点等相关信息的噪声消除分析。

为了确定星图图像中的成像噪声,本节以CMOS传感器为例,分析原始图像噪声的形成。对于典型CMOS传感器,系统噪声可分为随机噪声、模式噪声两类。随机噪声有本底噪声、散粒噪声、暗电流噪声[14],其特点是在时间空间上具有随机

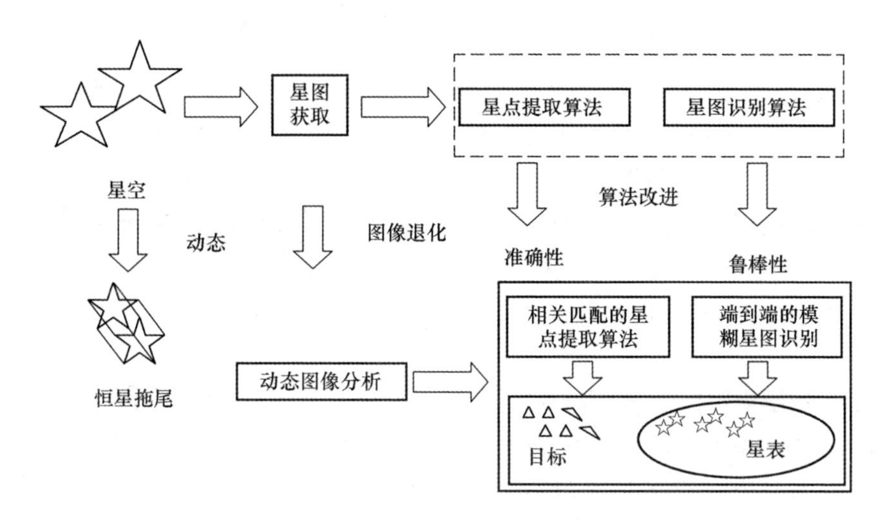

图 5-1 光学相机工作原理

分布的特性。模式噪声不同于随机噪声，其分布具有一定规律，对于光学相机产生的星图来说，模式噪声主要包括像素固定模式噪声、非均匀性噪声，这些噪声与积分时间信号电平无关，在空间分布上具有一定的规律。其中，像素固定模式噪声属于加性噪声，非均匀性噪声属于乘性噪声。虽然其噪声的均方根较大，但是由于都具有固定模式，因此在进行成像过程中都可以得到补偿以减小对图像的干扰。

下面重点介绍随机噪声，其随机性在星图产生的过程中影响较大，是影响光学相机算法动态性能的关键，由于随机噪声是按概率随机分布的，通常用噪声的方差衡量噪声的大小。在随机噪声中，CMOS 传感器的本底噪声包括热噪声、复位噪声、读出噪声、放大器噪声等。从噪声均方根数值上看，起主要作用的是热噪声和复位噪声的叠加；从噪声的统计特性来看，本底噪声主要是平稳高斯白噪声，即幅度的概率分布是高斯函数且与时间无关。白噪声是指噪声在所有时间频率上能量密度相同，因此很难通过频率特性去除。

散粒噪声是一种平稳随机白噪声，其与入射光子数和暗电流电子数随机变化有关。由于光子电子本身是离散的，其具有量子的效应使得从发射到接收过程中是存在概率的，导致 CMOS 上的电子数存在波动。由于各光子之间的概率是独立的，因此可以认为在给定时间内入射光子数服从泊松分布 Poisson(λ)，这种泊松噪声称为散粒噪声。泊松分布的概率函数表示如下：

$$P(X=k)=\frac{\lambda_k}{k!}e^{-\lambda},(k=0,1,\cdots) \tag{5-1}$$

式中：λ 为概率分布的期望和方差，具有平均入射的光子数量的物理意义。当 λ =

20 时，泊松分布接近正态分布；当 $\lambda > 50$ 时，可以认为泊松分布呈正态分布。

由式(5-1)及能量分布分析可知，在光学系统参数确定后，曝光期间像素上光子平均数量与曝光时间成正比，即散粒噪声服从 $N_{\text{shot}} \sim P_{\text{oisson}}(kt)$，$k$ 为换算电子数的比例系数。由泊松分布的性质可知散粒噪声的标准差与时间的平方根成正比。当星等降低光强增大，单位时间内到达 CMOS 的光电子数目增加，也就是泊松噪声会随着像素灰度值的提高而增大。暗电流是指在无外界光照下，感光元件由于热激励产生的电流，与温度密切相关。由于暗电流电子同样具有离散性的特点，探测器的暗电流也会引起散粒噪声，并且由于这是光子电子的固有特性，散粒噪声很难消除。

通常使用信噪比(SNR)来衡量各种噪声的相对大小，在计算图像探测器信噪比时，只考虑时域上的随机噪声，对于空间分布的模式噪声可以通过预先测量进行补偿，对于复位噪声和放大器噪声可以采用相关双采样技术。对于动态下的星图来说，当光信号较弱时，无法忽略读出噪声和暗电流噪声。而光子散粒噪声不能降低和补偿，这是信噪比的主要限制。信噪比可表示为

$$\text{SNR} = \frac{s}{\sigma_r} = \frac{s}{\sqrt{\sigma_{\text{shot}}^2 + \sigma_{\text{dark}}^2 + \sigma_{\text{read}}^2 + \sigma_{\text{other}}^2}} \tag{5-2}$$

式中：s 为信号电子数；σ_r 为随机噪声；σ_{shot} 为散射粒子噪声，$\sigma_{\text{shot}} = \sqrt{s}$；$\sigma_{\text{dark}}$ 为暗电流噪声，$\sigma_{\text{dark}} = \sqrt{n_{\text{dark}}}$，$n_{\text{dark}}$ 为暗电流电子数，取决于暗电流密度和积分时间；σ_{read} 为读出噪声；σ_{other} 为其他随机噪声。

针对动态下的星点信噪比，星点在惯性空间运动时的特点为当卫星姿态发生变化时，星点在像面上的投影位置变化，单一星点的能量值被分散至多个像素位置上[15]。假设星点投影在像面上的线速度为 v，探测器像元大小为 a，并且本章不考虑像元形状和填充率。假设速度在单个像元上为匀速，则像元内的积分时间为 $t = a/|v|$，更精确地说这一过程相当于像元在光斑上滑动，考虑 91%能量，由误差函数表得知光斑长度为 2σ。可知单像元接受能量的时间与速度相关，积分时间为 $\min(t,T)$。也就是说，在动态条件下，单纯增加曝光时间不会对像素灰度值产生影响。如前所述，散粒噪声和入射光子数量相关，暗电流噪声和积分时间的平方根相关。当曝光时间增加时，对于单像元来说，速度不变像元内积分时间不变，光子数不变不会增加有效信号电子数，故散粒噪声不变。而暗电流噪声的积分时间增加，由式(5-2)可知信噪比会下降。另外，延长曝光时间会对星点恢复和质心定位产生影响，增加了核函数的长度使得恢复时间增加，且星点更容易出现在图像边缘而变得不完整，针对这一问题，星点恢复和定位将在 5.1.2 节进行阐述。

5.1.2 动态星图仿真

5.1.2.1 数字星图仿真

本节将根据动态成像模型以及 5.1.1 节高动态下星图获取和识别原理的噪声模型,通过对星图的仿真模拟生成数字图像,说明光学相机不同姿态运动状态下产生的星图效果。由 4.1 节可知,恒星为点光源,其经过光学系统的点扩展函数近似二维高斯分布,根据式(4-9)光学系统的离焦程度和标准差 σ_{PSF} 不同,从而导致星点所占像素大小不同。对于不含其他光源的原始图像,可以将入射光子到数字值的过程建模为

$$I = [K_a(I_i + N_{\text{shot}} + N_1) + N_2 + N_q]K_d + D \tag{5-3}$$

式中:i 为像素上的灰度值;I_i 为星点的入射光子数;N_{shot}为信号相关的光子散粒噪声和暗电流散粒噪声;N_1、N_2 为在模拟增益和数字增益之前产生的其他噪声的总和;N_q 为将模拟信号转换为数字值时对应的量化噪声;K_a、K_d、D 分别为模拟增益、数字增益和偏置。

表 5-1 数字星图仿真参数

项目名称	参数数值	单位	项目名称	参数数值	单位
图像大小	1024×1024	像素	量化位数	8	位(bit)
像元尺寸	0.012×0.012	毫米(mm)	视场大小	12×12	度(°)
曝光时间	92	毫秒(ms)	焦距	58.5	毫米(mm)
增益	0.12	ADU	通光口径	0.04	米(m)
偏置	10	—	透过率	0.75	—

由于不同的图像传感器中的噪声各不相同,除随机噪声外的其他信号相关噪声源的影响非常有限,小于 3%[1],在本节的数字仿真中,只考虑主要的随机噪声并忽略量化噪声。基于 5.2.1 节的分析,对于数字图像可以采用高斯噪声和泊松噪声模拟随机噪声。由此式(5-3)将简化为

$$I = KI_i + N_p + N_n + D \tag{5-4}$$

式中:K 为总增益;N_p 为泊松噪声数字值;N_n 为高斯噪声数字值。

至此完成了数字星图的建模,在本节的星图仿真中,结合理论模型和实际光学相机的成像参数,确定需要的图像传感器和光学系统仿真参数,如表 5-1 所列。

在动态条件下仿真时,为了便于计算机计算,将星点的能量分布视为在任意小的曝光时间间隔内都与静态点扩散函数相同,采用叠加的方式近似式(4-19)中能量的时间积分,星图运动模糊的分解如图 5-2 所示。星点运动后留下一条轨迹,

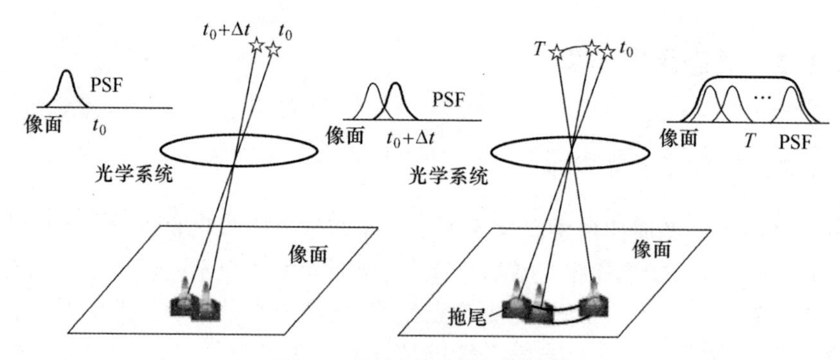

图 5-2　星图运动模糊的分解

在不同的位置积累并形成星条。由于每个像元对应的角度大致为 0.01°，为了适应最快 10(°)/s 的角速度，选取时间间隔 $dt=0.001s$，可在角速度 10(°)/s 时满足分解条件。以此确定的动态星图仿真流程如算法 1。其中，高斯噪声的标准差对应灰度值为 8，并且由于光学相机成像过程中还存在背景阈值或可能受到杂散光的影响，本节在对星图进行仿真时还加入了均值为 20 的背景亮度。最后将图像进行上下翻转，可以将星图对应为所见星空。

图 5-3 所示为在静止条件下恒星成像的模拟仿真星图，为了准确表示星点的映射关系，在图中标出了光学相机坐标系示意。其中对应的光学相机姿态角选择为 $(\alpha_0,\delta_0,\phi_0)=(15°,60°,0°)$，成像系统的可敏感星等最大 $M_v=6$，以此在星表(tycho-2)中选择亮星进行成像，共有 20 颗恒星出现在图片中，最亮恒星 $M_v=2.168$。

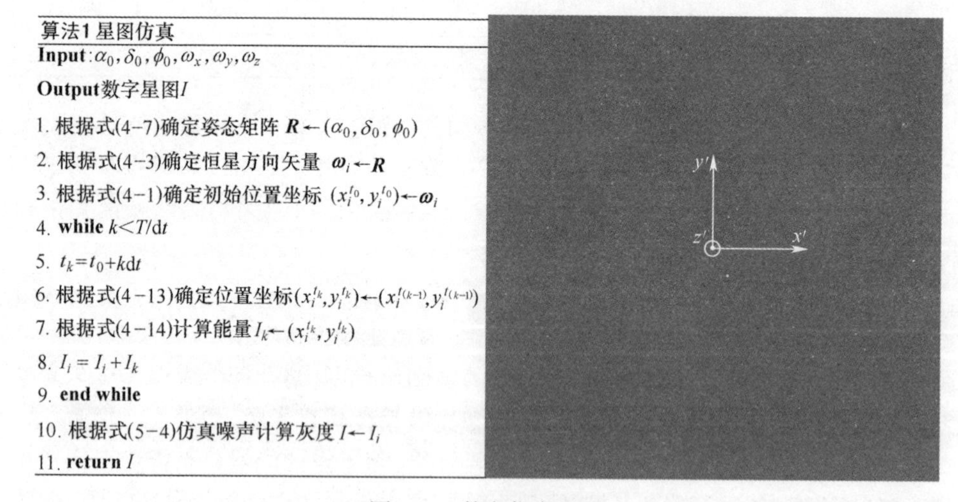

算法1 星图仿真

Input: $\alpha_0,\delta_0,\phi_0,\omega_x,\omega_y,\omega_z$

Output数字星图I

1. 根据式(4-7)确定姿态矩阵 $\boldsymbol{R}\leftarrow(\alpha_0,\delta_0,\phi_0)$
2. 根据式(4-3)确定恒星方向矢量 $\boldsymbol{\omega}_i\leftarrow\boldsymbol{R}$
3. 根据式(4-1)确定初始位置坐标 $(x_i^{t_0},y_i^{t_0})\leftarrow\boldsymbol{\omega}_i$
4. **while** $k<T/dt$
5. $t_k=t_0+kdt$
6. 根据式(4-13)确定位置坐标$(x_i^{t_k},y_i^{t_k})\leftarrow(x_i^{t(k-1)},y_i^{t(k-1)})$
7. 根据式(4-14)计算能量$I_k\leftarrow(x_i^{t_k},y_i^{t_k})$
8. $I_i=I_i+I_k$
9. **end while**
10. 根据式(5-4)仿真噪声计算灰度 $I\leftarrow I_i$
11. **return** I

图 5-3　数字仿真星图

5.1.2.2 动态星图仿真

为了分析在动态条件下星点的拖尾情况，本节对动态星图进行分析。如图 5-4所示为光学相机起始姿态角为(15°,60°,0°)，在不同姿态角速度下的仿真。为了得出较普遍的结果，仿真设定在曝光时间内角速度保持不变，没有考虑带有加速度的振动带来的影响。仿真的星图已经经过翻转，与对恒星的真实成像相同。每幅图中分别在靠近坐标原点和图像边缘处选择了三个区域，并标注了拖尾后的恒星，通过子图的方式将其放大显示，其中位于图中心附近的区域包含了两颗恒星，在拖尾时产生了交叠。

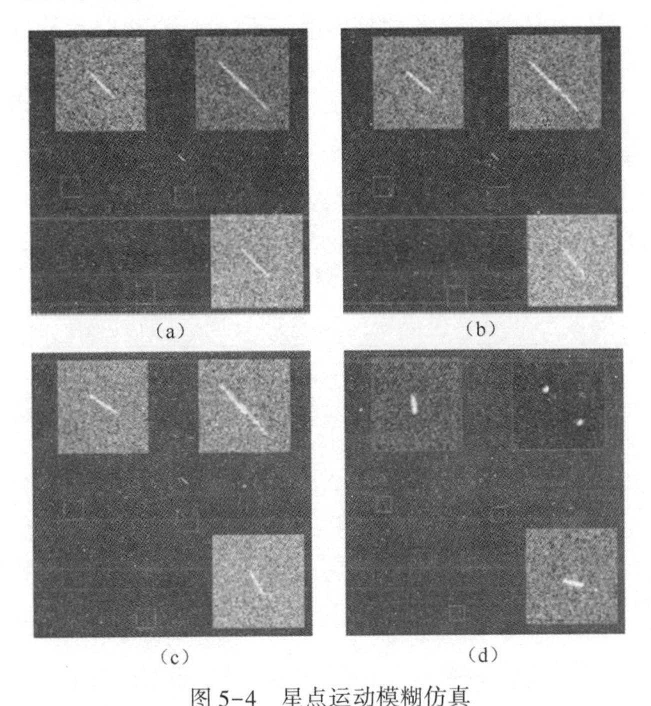

(a)　　(b)

(c)　　(d)

图 5-4　星点运动模糊仿真

(a)$\omega_x=3(°)/s,\omega_y=3(°)/s,\omega_z=0(°)/s$;(b)$\omega_x=3(°)/s,\omega_y=3(°)/s,\omega_z=7(°)/s$;
(c)$\omega_x=3(°)/s,\omega_y=3(°)/s,\omega_z=15(°)/s$;(d)$\omega_x=0(°)/s,\omega_y=0(°)/s,\omega_z=15(°)/s$。

为了更加清晰地显示，所放大的子图经过了图片灰度值的拉伸，因此背景亮度和噪声的显示也被放大。由图 5-4 可知，在较短的曝光时间内，星图中恒星的拖尾均近似为直线。光学相机在平行于像平面方向上的角速度 ω_x、ω_y，对直线长度影响较大，在较小的角速度下就会产生较大的拖尾长度，而光轴方向上的角速度 ω_z 对拖尾形状影响较小。如图 5-4(b)和(c)所示，在 $\omega_z=7(°)/s$ 时图像上的拖尾在整体上依然具有一致性，仅在靠近图像边缘的位置产生了角度的少许变化，而此时光学相机的合角速度已经超过 $\omega_z = 10(°)/s$，当 z 轴角速度分量与合速度夹角降到 15(°)/s 时，拖尾角度的差异变得明显，但拖尾长度和形状均无明显变化，整体呈现出环绕的趋势，而中心远离坐标原点。在图 5-4 (d)中，x、y 轴不存在角速度分量，此时各星点的拖尾角度差异较大，在中心的星点几乎没有拖尾，而越靠近边缘拖尾越长。然而此时的角速度已经高达 15(°)/s，最大拖尾长度短于图 5-4 (a)中的拖尾，说明在 x、y 轴上的角速度对拖尾长度影响更大。实际上若 x、y 轴存在较大加速度，在星图拖尾形状上的改变相较于 z 轴角速度具有更大作用。

在通常情况下，光学相机由于安装角的存在，只在 z 轴上存在角速度分量的情况较少，并且由于本章重点研究 10(°)/s 角速度下的算法。对于星图上拖尾差异本章不作细致区分，并认为其在图片整体上趋于一致，这也是后续进行星图退化的模糊核快速估计的基础。

5.1.3 星图预处理

如 5.1.2 节所述含有目标的星图在形成过程中存在多种噪声，在对图像上的星点信息提取之前需要进行星图的预处理，即图像的去噪处理，以达到更精确地进行星体目标连通域分割和后续星点质心位置信息提取的目的。

5.1.3.1 线性滤波空间

由于光学相机对实时性要求较高，图像频域滤波进行去噪的方法需要专用的计算单元提升速度，并且中值滤波器或直方图均衡化等非线性滤波器可能会导致星点质心位置出现不可预测的偏差，因此，一般采用二维线性空间滤波器方法对星图去噪，这类方法易于实现且能并行处理以增强实时性。对于原始图像 g，使用 $m \times n$ 滤波器滤波后的图像可以表示为

$$g_f(x,y) = \sum_{s=-a}^{a} \sum_{t=-b}^{b} w(s,t)g(x+s,y+t) = g(x,y) * w(-x,-y) \quad (5-5)$$

式中：$m = 2a + 1$；$n = 2b + 1$；$\omega(x,y)$ 为滤波器系数。

为了减少计算量，星图中常见的空间滤波去噪处理采用 3×3 或 5×5 的低通滤波模板，如用于实现图像的平滑的均值滤波器和高斯滤波器。当滤波模板中心对称时，可以通过卷积运算表示在全图像上的运算，此时滤波后的图像为

$$\boldsymbol{G}_f = \boldsymbol{G} * \boldsymbol{W} \quad (5-6)$$

式中：$\boldsymbol{W}$ 为二维线性空间滤波器的滤波模板。

若星点在图像上的能量为 $\boldsymbol{I}_s$，噪声 $\boldsymbol{N}$ 为加性噪声模型，则原图以及对其进行滤波之后的图像分别为

$$\boldsymbol{G} = \boldsymbol{I}_s + \boldsymbol{N} \quad (5-7)$$

$$G_f = I_s * W + N * W \tag{5-8}$$

从信号的功率谱考虑,假设 $w(t)$ 和 $s(t)$ 分别是滤波器和信号的功率谱密度,根据分析图像传感器的主要噪声 $\boldsymbol{N}$ 可以建模为零均值平稳高斯过程,则 $\boldsymbol{N}$ 对应的滤波输出仍然是零均值平稳高斯过程,在任意时刻噪声经过滤波后的功率都是 $N_0/2 \times E_W$,其中 N_0 是噪声的单边功率谱密度,E_W 是滤波器的能量。此时信噪比可以表示为

$$\mathrm{SNR} = \frac{[w(t) * s(t)]^2}{\frac{N_0}{2}E_W} = \frac{2E_s}{N_0}\left[\frac{w(t)}{\sqrt{E_W}} * \frac{s(t)}{\sqrt{E_s}}\right]^2 \tag{5-9}$$

式中:$\sqrt{E_s}$ 代表信号的能量,此时无论 $w(t)$ 多大,$w(t)/\sqrt{E_W}$ 的能量始终是1,说明信噪比与滤波器的能量无关,$w(t)$ 前的系数不影响信噪比,其形状更为重要。式(5-9)后一部分为相关的运算,滤波器与信号的形状完全一致时称为匹配滤波器,此时信噪比最大。

对于星点提取中常用的空间滤波器,首先给出 3×3 的均值滤波模板:

$$\boldsymbol{W}_m = k\begin{bmatrix}1 & 1 & 1\\ 1 & 1 & 1\\ 1 & 1 & 1\end{bmatrix} \tag{5-10}$$

式中:k 为调整灰度值的比例因子,$k = 1/9$ 时图像亮度保持不变。

均值滤波的去噪方法是对模板像素内能量的平均,结合噪声是加性噪声的特点,当能量分布在模板内的 n^2 像素,系数 $k=1$ 时有效信号的能量增加到原来的 n^2 倍,叠加后的噪声的均方根增加到原来的 n 倍,也就是说信噪比提高到原来的 n 倍。虽然在理论上信噪比得到了提升,然而当星图在动态条件下产生时,星点的能量被进一步分散,在图像灰度上的变化趋势变得平滑。此时采用均值滤波会使峰值所占比例降低、加重星点边缘的平滑而淹没在被平均的噪声或背景亮度中,使得质心定位精度下降。另外,当图像出现坏像素或受到电磁干扰等产生椒盐噪声时,也会对滤波结果产生较大影响。

为了解决上述问题,通常采用对像素加权的方式进行滤波[16],通过对模板内的数值给予不同的权重来表明一些像素更加重要。当模板内的权值分布与二维高斯分布一致时其是高斯滤波模板。当滤波模板的形态是根据星点信号的能量分布确定时,研究者称之为能量相关滤波[2]。在对光学相机光学系统设计之后,便可确定点扩散函数半径,以便大致得出星点能量分布情况,由此确定高斯滤波模板的标准差。假设能量分布在 3×3 的像素范围内并且能量中心在像素中心,可以将能量的分布表示为

$$\boldsymbol{I}_S = \begin{bmatrix} I_1 & I_2 & I_1 \\ I_2 & I_3 & I_2 \\ I_1 & I_2 & I_1 \end{bmatrix} \tag{5-11}$$

式中：I_1、I_2、I_3 为星点在各像元上能量积分。

由此可以看出，能量分布与 I_0 成正比，即 $I_1 = w_1 I_0$，$I_2 = w_2 I_0$，$I_3 = w_3 I_0$，比例系数 w_1、w_2、w_3 由定积分部分决定。因此可以确定能量相关滤波的二维线性滤波模板为

$$\boldsymbol{W}_g = \begin{bmatrix} w_1 & w_2 & w_1 \\ w_2 & w_3 & w_2 \\ w_1 & w_2 & w_1 \end{bmatrix} \tag{5-12}$$

则滤波后在星点主点位置上的能量值和噪声的方差分别为

$$I_{s0} = [4(w_1^2 + w_2^2) + w_3^2)]\, I_0 \tag{5-13}$$

$$\sigma_{s0} = \sqrt{4(w_1^2 + w_2^2) + w_3^2}\, \sigma_{\text{noise}} \tag{5-14}$$

式中：σ_{noise} 为原图像的噪声方差。

由此可以得出滤波后的图像在星点位置的信噪比提高 k 倍：

$$k = \frac{\sqrt{4(w_1^2 + w_2^2) + w_3^2}}{w_3} \tag{5-15}$$

根据上述过程的原理分析可以知道，能量相关滤波的方法能够对能量进行集中，在对信号具有增强效果的同时抑制噪声，使得星点提取时质心精度提高。

5.1.3.2 动态下匹配滤波

由 5.1.2.1 节数字星图仿真可知，当光学相机在动态条件下工作时，星点的能量分布不再近似是二维的高斯分布，而会随着姿态变化产生拖尾。由于能量按照不同的运动速度在像面上被分散，此时静态下与星点能量相关的空间滤波适用性将下降。因此，针对动态下产生的星图，本节在匹配滤波的基础上对能量相关滤波的方法做出适应性改进。

根据匹配滤波的思想，为了使滤波后的图像信噪比最大，需要滤波模板的形状与星点拖尾的形状相同，并通过确定星点的能量分布来确定滤波模板的系数。首先应知道拖尾的长度以确定滤波模板的大小，由式(5-15)可知，恒星映射在图像传感器上的速度近似为

$$\begin{cases} v_x(t) = y_i(t)\omega_z(t) + f\omega_y(t) \\ v_y(t) = -[x_i(t)\omega_z(t) + f\omega_x(t)] \end{cases} \tag{5-16}$$

式中：$v_x(t)$、$v_y(t)$ 分别为在 t 时刻，星点在光学相机坐标系 x 轴和 y 轴方向上的速

度；$x_i(t)$、$y_i(t)$ 为星点的映射坐标。

由于姿态角速度在 x 轴和 y 轴上无分量的情况较少，且曝光时间 T 较短，通常情况下 ω_x 和 ω_y 对图像的影响更大，可以忽略 ω_z 在图片不同位置上产生的差异。根据分析，星点的积分时间内在星图上的拖尾可近似为一条直线，该直线的角度为 $\theta=\arctan(v_y(t)/v_x(t))$，$\theta\in[-90°,90°]$，长度为时间的积分 $L_x=\int_T v_x(t)\mathrm{d}t$，$L_y=\int_T v_y(t)\mathrm{d}t$，相机焦距通常情况下远大于探测器的大小，短时间内星点的位置变化较小，实际计算时可以将式(5-16)前一项视为常数，以此通过探测器像元大小来估算滤波模板的大小。

为了获取滤波模板的具体形状，需要对星点的运动轨迹进行计算。根据式(5-15)，通过递推计算可求得不同起始位置处的星点运动方程 $x_i(t)$、$y_i(t)$，由此可以根据式(5-11)的积分方式确定滤波模板系数。并且根据分析，恒星作为点光源在星图上的形状，与光学系统的点扩散函数具有相同的形式：

$$h(x,y)=h_{\mathrm{PSF}}(x-x_i(t),y-y_i(t)) \tag{5-17}$$

由于匹配滤波模板系数呈比例变化不影响信噪比，也可直接按照能量分布比例近似取值，匹配滤波的示意图如图 5-5 所示。值得注意的是，如果按式(5-17)通过 $h(x,y)$ 进行滤波，虽然会对星点的信噪比有较大的提升，但是由于其形状会将星点信号拉长，不利于星点的恢复。我们注意到式(5-17)后半部分为相关系数，因此本章将在 5.2 节基于相关匹配的动态星点提取算法中从相关系数的角度出发度量星点位置。

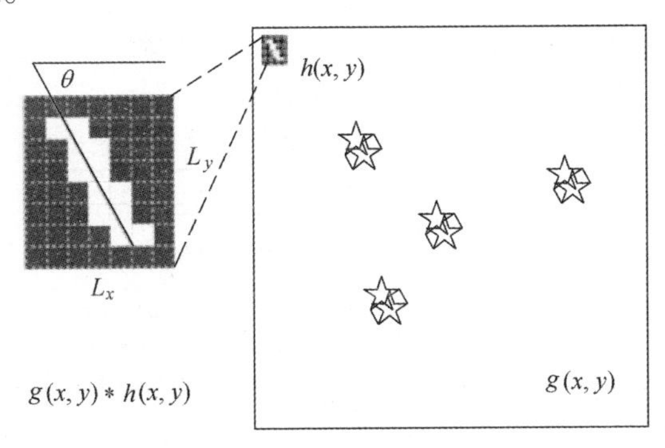

图 5-5　匹配滤波的示意图

5.1.4　模糊星图星点处理

预处理后得到的星图仍然存在运动模糊现象，因此为了进一步提高星点的能量以及星点质心定位精度，通常采用图像恢复方法处理模糊星图，图像恢复方法主要包括线性恢复方法和非线性恢复算法[17]。

5.1.4.1 线性恢复方法

对图像退化后过程进行傅里叶变换后,空间域的卷积运算转换为频域的相乘,则图像退化在频域上可以表示为

$$G(u,v) = H(u,v)F(u,v) + N(u,v) \tag{5-18}$$

式中:$H(u,v)$ 为系统的传递函数,由此可以推导出

$$F(u,v) = \frac{G(u,v) - N(u,v)}{H(u,v)} \tag{5-19}$$

式(5-19)为逆滤波的基本原理。然而,通常情况下噪声是随机的,其傅里叶变换 $N(u,v)$ 无法准确得知,因此逆滤波更一般的形式是对原图像进行估计,即

$$\hat{F}(u,v) = \frac{G(u,v)}{H(u,v)} = F(u,v) + \frac{N(u,v)}{H(u,v)} \tag{5-20}$$

对式(5-20)进行傅里叶逆变换可以得到 $\hat{f}(x,y)$,以此建立的图像复原模型如图 5-6 所示,其中逆滤波器为 $1/H(u,v)$,理论上可以通过这种去卷积的方式,对退化前图像进行估计。这种方法称为逆滤波法,是一种无约束滤波。由式(5-20)后半部分可以看出,当噪声可以忽略时,逆滤波可以进行较好的恢复,但是在星图中噪声通常为高斯白噪声,其频谱在各个谱段上均有分布而无法忽略,当 $H(u,v)$ 较小时会放大噪声并可能产生奇异性。

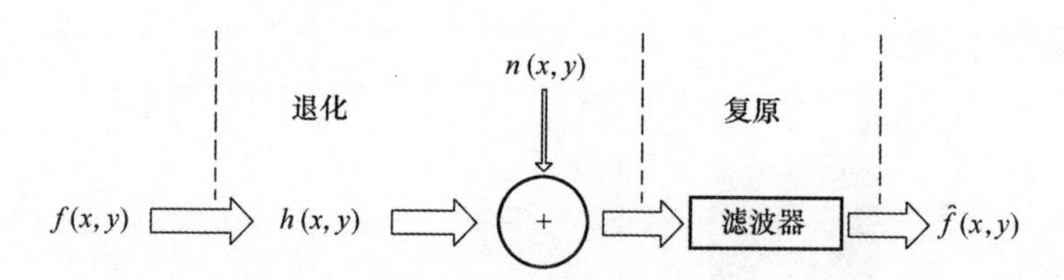

图 5-6　图像复原模型

逆滤波器没有考虑到噪声的消除,维纳滤波可以部分解决这一问题。维纳滤波器通过考虑退化函数和噪声的统计特性,使原图的估计 $\hat{f}(x,y)$ 最接近未退化图像,最小化统计误差。其常用 L2 范数约束图像梯度服从高斯分布,由于使用的是凸函数进行约束,因此求解速度较快。维纳滤波是一种有约束滤波恢复方法,所估计出的图像有如下表示:

$$\hat{F}(u,v) = H_w(u,v)G(u,v) = \left\{\frac{1}{H(u,v)} \frac{|H(u,v)|^2}{|H(u,v)|^2 + S_n(u,v)/S_f(u,v)}\right\} G(u,v) \tag{5-21}$$

式中：$H_w(u,v)$ 为维纳滤波器；$|H(u,v)|^2 = H^*(u,v)H(u,v)$，$H^*(u,v)$ 是 $H(u,v)$ 的复共轭；$S_n(u,v) = |N(u,v)|^2$ 表示噪声的功率谱；$S_f(u,v) = |F(u,v)|^2$ 表示未退化图像的功率谱。

可以看出，当噪声功率谱为零时，维纳滤波器退化为逆滤波器。由于星图中的噪声被建模为白噪声，此时可以将噪声功率谱视为常数，便于图像的恢复。此外，维纳滤波没有奇异性，即使 $H(u,v)$ 为零，由于噪声功率谱的存在，保证了 $H(u,v)$ 不为零。然而在实际应用中，信号和噪声的功率谱较难获得，需要通过工程经验对信噪比加以估计。另外，维纳滤波虽然解决了奇异性问题，但在图像恢复的过程中易产生振铃效应，这对星点信息的提取影响较大。

5.1.4.2 非线性恢复算法

为了解决振铃问题，LR（lucy-richardson）算法[18]是一种最佳的选择，这是一种在时域上进行操作的非线性恢复算法。与线性恢复方法相比，LR 算法基于贝叶斯理论，在抑制噪声放大和保留图像边缘信息方面更具优势。由于其采用泊松统计描述模型，处理星图噪声具有较大优势。在 LR 算法中，假定像素的灰度是衡量该点事件发生频率的度量，在发生退化的过程中各个像素之间相互独立，在已知原图像 f 发生概率的情况下，用泊松统计模型描述退化图像 g 的条件概率：

$$p(g \mid f) = \prod_{(x,y)} \frac{[h(x,y) * f(x,y)]^{g(x,y)} \mathrm{e}^{-[h(x,y) * f(x,y)]}}{g(x,y)!} \tag{5-22}$$

式中：h 为退化函数。

通过模糊图像对原始图像进行估计，根据最大似然估计通过迭代进行求解得出

$$\hat{f}_{k+1}(x,y) = \left[\frac{g(x,y)}{h(x,y) * \hat{f}_k(x,y)} * h^{\mathrm{T}}(x,y)\right]\hat{f}_k(x,y) \tag{5-23}$$

式中：k 为指迭代次数。

由式(5-23)可知，LR 算法需要已知退化函数 $h(x,y)$ 进行迭代运算，随着迭代次数的增加，估计的图像会逐渐接近原始图像。但是，算法未给出最佳迭代次数，迭代的停止条件一般要根据迭代效果进行判断。并且 LR 滤波器是非线性方法，计算复杂使其在实际应用时会消耗大量计算资源。因此，对于星上资源受限的场景应用较为困难。

图 5-7 所示为使用 LR 算法对含有非均匀背景的星图进行恢复的结果，使用三维图的方式对两处不同背景亮度的恒星进行了放大。如图 5 7(a)和(b)所示，当星图背景亮度较大且不均匀时，即使不存在噪声或噪声很小，直接进行 LR 算法的恢复依然会在图像边缘或星点附近出现振铃效应，且背景亮度越大振铃越明显。这种现象会随着迭代次数的增加而加强，从而产生假星点。这是因为背景的亮度

参与了图像的运动退化恢复过程,恢复出了不存在的逆运动。当星图中存在噪声时,噪声会将这种影响进一步放大,使背景亮度较高处的星点淹没在被算法恢复的噪声中。因此,本章在使用 LR 恢复算法时,首先使用形态学操作将深空背景亮度去除,再进行进一步恢复。

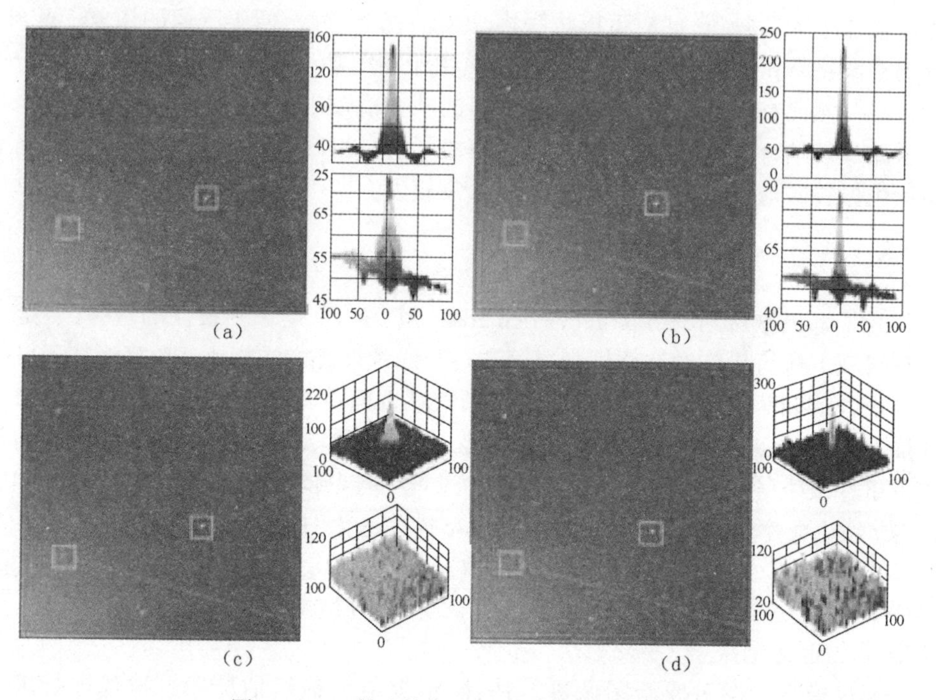

图 5-7 LR 算法恢复非均匀背景星图示意图
(a) 无噪声星图迭代 5 次;(b) 无噪声星图迭代 10 次;(c) 有噪声星图迭代 5 次;(d) 有噪声星图迭代 10 次。

5.2 基于相关匹配的动态星点提取算法

经过预处理和模糊星图星点处理之后,含有目标的星图在星点能量以及星点质心具有较高的清晰度。为了准确获得星点的位置矢量,还需要对星图进行图像分割以对星点有初步的提取,并计算星点的精确位置坐标。

5.2.1 星点初步提取

星点初步提取需要对星点和背景进行分离,常常采用对图像进行阈值分割的方法进行。在进行星图的分割时首先需要对背景阈值进行确定,最常用的方法是采用全局阈值或局部阈值的计算方法。全局阈值法是指用一个固定的背景阈值(DN)分离前景星点和背景。为了剔除探测器坏点等单个像素引起的干扰,在连续行方向上,对有效星点信号的检测必须存在连续两个像素点,并且能量同时大于某一噪声和背景阈值。由于星图上的星点较为稀疏,星点相对于整个图像的亮度影响较小,在进行 DN 值计算时,主要依据是噪声的均值 M_{noise} 和均方根值 σ_{noise} ,这里将背景亮度视为噪声的均值,与前面的零均值噪声建模并不冲突。对于 $N \times N$ 大小的图像来说,全局阈值的计算过程如下:

$$M_{\text{noise}} = \frac{\sum_{i,j}^{N} I_{i,j}}{\sum_{i,j}^{N} 1}, \quad \sigma_{\text{noise}} = \sqrt{\frac{\sum_{i,j}^{N} (I_{i,j} - M_{\text{noise}})^2}{\sum_{i,j}^{N} 1}} \tag{5-24}$$

式中:$I_{i,j}$ 为各像素上的灰度值。

在光学相机的实际应用中,背景阈值通常选取 $\text{DN} = M_{\text{noise}} + (2 \sim 5)\sigma_{\text{noise}}$ 考虑到星图的稀疏特性和上述计算的复杂度,可以采用多窗口采样的方法进行计算。在星图中的随机位置截取窗口计算灰度均值,在均值上加 5 倍噪声的标准差作为全局阈值[3]。

然而,当光学相机成像条件较为复杂的时候,背景阈值在整个图像上可能并不处处相同,杂散光和背景非均匀性都会造成这一现象。这种背景的变化使得全局阈值并不适用,特别是在动态条件下更会将较暗的星点直接滤除[4]。提出自适应局部阈值分割方法可以有效解决这种非均匀问题,然而计算时间较长,不适用于动态下的算法。形态学滤波也可以很好地解决这个问题。在数学形态学操作中,对于灰度图像的开启操作可按如下计算

$$f \circ b = (f \ominus \mathrm{b}) \oplus \mathrm{b} \tag{5-25}$$

式中:f 为输入图像;b 为形态学操作中的结构元素。对灰度的腐蚀和膨胀的具体定义如下:

$$f \ominus b(s,t) = \min_{\substack{(s+x,t+y) \in D_f \\ (x,y) \in D_b}} \{f(s+x,t+y) - b(x,y)\} \tag{5-26}$$

$$f \oplus b(s,t) = \max_{\substack{(s-x,t-y) \in D_f \\ (x,y) \in D_b}} \{f(s-x,t-y) + b(x,y)\} \tag{5-27}$$

式中:D_f、D_b 分别为 f 和 b 的定义域;$f \ominus b$ 表示通过结构元素对图像进行灰度腐蚀;$f \oplus b$ 表示进行灰度膨胀。

对于以上两种运算的几何解释,可以将图像 $f(x,y)$ 看作三维函数,函数值 $f(x,y)$ 为三维表面的高度。如图 5-8 所示,取二维截面进行说明。若结构元素在图像上为平面,也就是在定义域内值都相同,则膨胀是找出区域内的最大值作为该点的值,腐蚀是区域内的最小值。此时开操作消除了尺寸较小的亮细节,星点等在

图像上所占像素较少的信号很容易被滤除,因此通过形态学的开操作可以保留背景阈值,并且计算简单速度较快,仅需结构元素的选择大于星点的区域,由前面所述星点分布大致在 3×3 像素内,则结构元素的半径需要大于 3 像素。

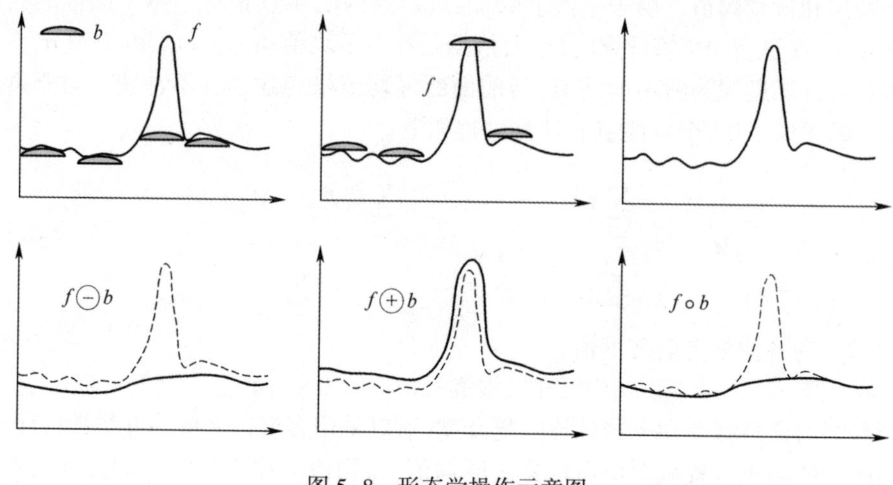

图 5-8　形态学操作示意图

5.2.2　基于相关系数的星点粗提取

根据 5.1.2 节动态星图仿真进行分析,由于空间滤波本身就是一种相关计算,本节提出一种通过归一化互相关系数的计算进行模板匹配的方法,确定星图上星点的大致位置,通过类似提高信噪比的方式,发现星图噪声中较暗的恒星。当光学相机的外部运动参数已知,星点在图像上的成像被基本确定时,前述的匹配滤波也可看作一种图像的匹配。在图像匹配中模板和原图的相似性通常由 L_2 范数度量,但是当图像的能量随位置变化较大时,模板特征与真正匹配区域的相关性可能小于与亮点的相关性,从而导致匹配失败[5]。因此,本章使用归一化相关系数进行模板与图像的相似性度量,可以统一全幅图片的相似性,其公式如下:

$$\gamma(a,b)=\frac{\sum_{x,y}[f(x,y)-\bar{f}_{a,b}][h(x-a,y-b)-\bar{h}]}{\left\{\sum_{x,y}[f(x,y)-\bar{f}_{a,b}]^2\sum_{x,y}[h(x-a,y-b)-\bar{h}]^2\right\}^{0.5}} \tag{5-28}$$

式中:$\bar{f}_{a,b}$ 为模板区域内的 $f(x,y)$ 的均值;$-\bar{h}$ 为模板的均值,以此实现相关系数的零归一化,相关系数越高代表原图区域与模板越相似,进行计算时可以依据相关的性质使用快速卷积的方法进行加速。

如前所述,动态下的星图拖尾整体上具有一致性,因此使用单一的模板匹配就可以基本找出图像上恒星的所在位置。通过使用归一化相关系数,判断原星图与模板的相似程度,将高于一定阈值的相关区域视为恒星模板所在区域,选择区域内相关系数最大点视为模板中心位置。根据 5.1.3.2 节确定的点扩散函数,即模糊核来确定模板形状以及窗口大小,以此实现星点的粗提取。

此外,根据不同运动下的质心误差补偿[6],可以通过模糊核得到确切的质心位置,由于本章依据星图拖尾为直线的先验假设,因此默认窗口中心即星点运动曝光中心时刻位置,对于确切的星点位置还需使用质心定位算法。

5.2.3 星点质心定位

将星图上的星点与背景分割开后,下面则需对星点的确切位置进行计算。在对图像进行阈值分割生成二值图像后,首先需要将不同星点目标区分开,对图像进行连通域确定,也就是图像连通域的标记。经过连通域处理后,相同的星点位置处将具有相同的标签。通常情况下由于噪声无法完全消除,为了减小噪声的干扰,仅保留高于一定像素阈值数的目标。

对星点位置信息的提取需要用到质心定位算法。具体是在星图上对选定区域内的像素进行中心的判断,通常采用基于灰度计算的定位方法,包括质心法、平方权重法和高斯分布拟合结等。其中,质心法计算简单且具有一定的定位精度,平方权重法对灰度具有集中作用但易被噪声干扰,高斯分布拟合法精度较高但计算复杂。本文采用带阈值质心法,可以消除背景阈值的不均匀性带来的质心偏差,阈值的选取使用背景局部阈值,相比质心法具有更高精度。质心位置 (x_0, y_0) 计算式如下:

$$x_0 = \frac{\sum_{x=1}^{M}\sum_{y=1}^{N}(I(x,y) - \mathrm{DN})x}{\sum_{x=1}^{M}\sum_{y=1}^{N}(I(x,y) - \mathrm{DN})}, \quad y_0 = \frac{\sum_{x=1}^{M}\sum_{y=1}^{N}(I(x,y) - \mathrm{DN})y}{\sum_{x=1}^{M}\sum_{y=1}^{N}(I(x,y) - \mathrm{DN})} \tag{5-29}$$

式中:DN 为背景阈值; (M,N) 为星点的位置区域。

5.2.4 仿真实验分析

为了验证本章所提出算法对动态下星图的星点提取效果和位置精度,本节将对不同算法在不同种数据集上分别进行仿真测试。仿真实验是在处理器为 Intel Core i7-3770@ 3.40GHz 的计算机上进行的,通过 Matlab 进行算法的实现。

5.2.4.1 算法和实验的设计

基于相关系数匹配的质心算法流程如图 5-9 所示。当光学相机在动态下产生一张模糊星图时,星图首先经过线性空间滤波中的高斯滤波进行去噪,以提升图片的信噪比。同时质心算法需要对模糊退化进行估计,得出模糊核在图片上的具体表现形式。使用归一化互相关系数将去噪后的星图与模糊核进行匹配,在提高信噪比的同时,对星点质心进行粗定位,根据模糊核的参数确定星点范围的窗口大小。最后在去噪后的星图基础上,根据所确定的窗口计算背景阈值和星点质心位置,其中为了消除背景非均匀性,背景阈值使用形态学滤波进行操作,如式(5-44)和式(5-45)。在相关匹配算法中,模糊核的获取是算法流程的关键,对光学相机模退化的估计已经有较多的研究。本章采用两种模糊核的估计方法。

方法 A 根据高斯滤波去噪后的星图进行直接截取。

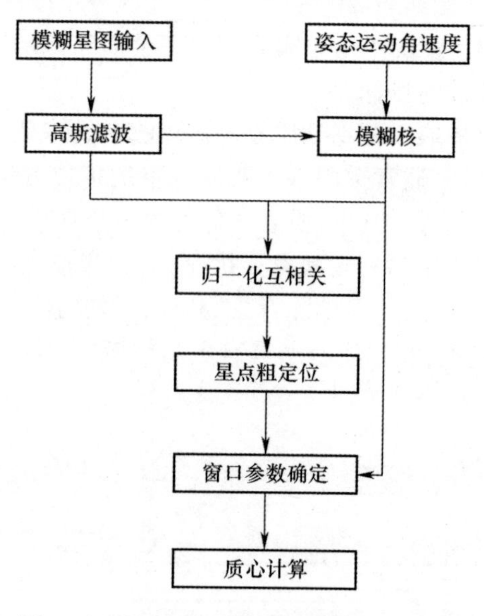

图 5-9　基于相关系数匹配的质心定位流程

星点作为理想的点光源,其在图像上的形式即经过光学系统的点扩散函数和运动退化函数的形式,数学上表现为对系统函数的脉冲响应,因此星点的图像将显性地包含退化函数。按照 5.3.2 节星图识别算法的评价的分析,本章将在一张星图上不同种类的退化视为表现一致。因此方法 A 在信噪比提升后的星图中选择一颗较亮星点,对其进行截取能够保证获得较为完整的星点,而受到噪声影响最小。

方法 B 通过外部陀螺仪等姿态设备辅助获取角速度信息,以此计算模糊核。

同样,由于视星图上不同星点的退化函数形式一致,因此在已知角速度的情况下,可以对星图的模糊核进行统一的计算,即根据公式和点扩散函数进行计算。

另外,考虑到星图恢复算法在质心精度上的优越性,本章设计了通过相关匹配确定窗口范围的 LR 算法流程,即在相关匹配流程的基础上,在对星点质心计算之前,通过加入 LR 算法进行星点能量的恢复,再进行星点质心的计算,以此提高定位精度。同时,由于减小了被恢复区域的大小,减少了 LR 算法的迭代时间提高运行速度。为了对提出相关匹配算法和相关匹配与 LR 结合的算法流程进行验证,测试算法的有效性,这里选取不同算法进行仿真实验比较,选取的算法如下。

直接算法:在模糊星图的基础上,只完成星图的高斯滤波去噪,并对去噪后的星图进行图像开操作确定背景阈值,最后进行星点的质心定位。

匹配滤波算法:在直接提取算法的基础上,通过确定的模糊核函数进行匹配滤波提高信噪比,再依次进行背景和星点质心的计算。

维纳滤波算法:首先对模糊星图进行高斯滤波和形态学滤波,在去除噪声和非均匀背景后,使用维纳滤波算法对模糊星图进行恢复,再依次进行星点的初提取和星点质心定位。

LR 恢复算法:对模糊星图去除噪声和非均匀背景后,使用 LR 算法对星图退化进行恢复,再依次进行星点的初提取和星点质心定位。

实验中星图数据的基本参数与表 5-1 相同,通过仿真得到不同动态条件下的模拟星图。为了对算法在不同星图下的性能进行测试,模糊星图的数据集分为两类,每类包含 3 组数据。

第一类数据集:随机选取光学相机姿态角,光学相机的角速度大小随机,速度模不超过 10(°)/s ,方向随机映射在三个轴上,仿真生成方向和运动状态都随机的 200 张星图。

第二类数据集:仿真生成姿态角为 $(\alpha_0,\delta_0)=(15°,60°)\varphi_0=1° \sim 360°$ 服从均值分布的随机角度,光学相机 x 轴、y 轴合角速度为 1(°)/s~10(°)/s,随机映射在两轴上的 1000 张星图,每种合角速度各 100 张,同时在 z 轴加上速度模不超过 10(°)/s 的随机角速度。

每类数据集各三组,数据Ⅰ为不包含噪声和非均匀背景的模糊星图数据,在数据Ⅱ中添加了灰度标准差为 8 的高斯噪声和泊松噪声,数据Ⅲ在数据Ⅱ的基础上增加了平均背景亮度为 20cd/m^2 的非均匀背景。

对不同算法在不同种类数据集上进行测试,根据测试选择最佳实验参数,其中归一化相关系数的阈值设为 0.05,维纳滤波的噪声信号的功率谱比值为 0.05,LR 算法迭代次数为 10 次。在全部算法中,为了更完整地保留星点信心,开操作的结构元素选择为 9 像素的矩形,并且由于这种结构元素不能完全提取背景阈值,在进行星点初提取时使用了去除非均匀背景后的全局阈值计算方法。

5.2.4.2 测试结果比较

首先对不同星点提取算法在第一类数据集上进行测试,测试结果见表5-2、表5-3和表5-4,在表中用加粗的方式标注出了各个项中最优的两个算法的结果。在结果中,使用平均发现率和平均正确率来衡量算法对恒星的提取的准确性,并用各类误差衡量提取精度。平均发现率定义为:算法寻找到的正确恒星数目,与星图中真实存在的恒星数目比值的平均。真实存在的恒星数目是指,在曝光中间时刻,星点映射位置位于图像传感器像面内的数目,且恒星亮度高于光学相机可敏感星等。正确恒星数目是指,与真实存在恒星中间时刻位置误差小于10像素的恒星数目。平均正确率定义为:算法寻找到的正确恒星数目与算法寻找到的恒星总数目比值的平均,可以用来衡量算法提取的真星比例。误差定义为星点提取位置与曝光中间时刻的星点真实位置之间的偏差,单位为像素。最小误差为算法对每幅星图恒星提取与真实位置误差的最小值,并对全部星图取平均。最大误差为误差的最大值并对全部星图取平均。平均绝对误差(MAE)为算法发现的正确星数目与真实位置的误差,对全部正确星数的平均。均方根误差(RMSE)用来衡量误差的离散程度,MAE和RMSE的公式分别如下:

$$\mathrm{MAE}=\frac{\sum_{i=1}^{N}\left|X_i-\hat{X}_i\right|}{N},\quad \mathrm{RMSE}=\sqrt{\frac{\sum_{i=1}^{N}(X_i-\hat{X}_i)^2}{N}} \tag{5-30}$$

式中:$\hat{X}_i$为观测值;X_i为真实值;N为正确星数目。

表5-2 星图数据Ⅰ算法测试结果

算法	核方法	平均发现率/%	平均正确率/%	最小误差	最大误差	MAE	RMSE
直接算法	—	12.26	92.49	0.7321	**1.2506**	0.8213	1.4439
匹配滤波算法	A	36.45	96.65	0.4377	1.7688	0.7269	1.3021
	B	28.09	97.36	**0.2179**	**1.2956**	**0.4816**	**1.1701**
维纳滤波算法	A	24.76	89.85	0.4025	1.4812	0.7563	1.2214
	B	24.21	90.82	0.8591	1.8306	1.1630	1.4878
LR恢复算法	A	50.76	**98.38**	0.2949	1.9316	**0.7145**	**1.1043**
	B	57.55	**98.56**	0.6690	2.5333	1.1787	1.4587
相关匹配算法	A	85.15	92.69	0.3139	6.2266	1.8932	2.8740
	B	83.26	91.49	0.3406	6.4180	1.9442	2.9684

续表

算法	核方法	平均发现率/%	平均正确率/%	最小误差	最大误差	MAE	RMSE
LR 匹配算法	A	**88.21**	95.79	0.2707	5.8725	1.6005	2.5318
	B	**87.20**	95.22	**0.1663**	5.7708	1.5401	2.5647

表 5-3　星图数据Ⅱ算法测试结果

算法	核方法	平均发现率/%	平均正确率/%	最小误差	最大误差	MAE	RMSE
直接算法	—	10.81	65.70	0.9842	**1.7897**	1.2412	2.0336
匹配滤波算法	A	36.90	85.30	0.5760	3.0795	**1.2288**	**1.8240**
	B	25.97	**89.52**	**0.4260**	**1.9883**	**0.8762**	**1.4649**
维纳滤波算法	A	34.84	84.85	0.5411	3.4236	1.4301	2.1466
	B	32.89	89.48	0.8147	3.3783	1.6949	2.2737
LR 恢复算法	A	34.07	46.30	0.5527	3.6763	1.5460	2.4087
	B	35.67	61.21	0.7249	3.6054	1.6741	2.2695
相关匹配算法	A	56.78	88.55	0.6235	5.9836	2.3160	3.0856
	B	**58.81**	83.43	0.6243	6.1927	2.4114	3.2073
LR 匹配算法	A	57.89	**90.26**	0.5147	5.7127	2.0366	2.9199
	B	**59.80**	84.82	**0.4395**	5.8499	2.0499	2.9417

表 5-4　星图数据Ⅲ算法测试结果

算法	核方法	平均发现率/%	平均正确率/%	最小误差	最大误差	MAE	RMSE
直接算法	—	10.80	64.69	1.0447	**1.8924**	1.2955	2.1608
匹配滤波算法	A	36.78	84.99	0.5572	3.1630	**1.2642**	**1.8748**
	B	26.15	**89.69**	0.4635	**2.0943**	**0.8841**	**1.5704**
维纳滤波算法	A	36.99	82.35	0.5937	3.7173	1.5431	2.2834
	B	34.96	87.01	0.8164	3.7583	1.7452	2.3215
LR 恢复算法	A	34.94	46.39	0.5858	3.9288	1.5176	2.3532
	B	36.13	61.82	0.7491	3.8629	1.7559	2.3661
相关匹配算法	A	56.42	89.08	0.5823	6.0907	2.3440	3.1606
	B	**58.01**	83.66	0.5698	6.0215	2.3703	3.1588

续表

算法	核方法	平均 发现率/%	平均 正确率/%	最小误差	最大误差	MAE	RMSE
LR 匹配算法	A	57.02	**89.96**	**0.4431**	5.6443	2.0253	2.9192
	B	**59.21**	85.32	**0.3712**	5.8254	2.0419	2.9771

算法运行时间结果如表5-5所列,但不包括模糊核生成时间。结果显示出LR算法在各类数据集上耗时均比较长,而基于相关系数的算法时间大为缩短。对于模糊核的生成,方法A平均用时10.1ms,方法B平均用时366.4ms,这是因为方法B在计算星点位置时采用了迭代计算的方式,本章只比较两种模糊核对各星点提取算法的准确率和精度的影响。

表5-5　算法运行时间结果

单位:s

数据	直接算法	匹配滤波算法	维纳滤波算法	LR 恢复算法	相关匹配算法	匹配 LR 算法
Ⅰ	0.2549	0.3166	0.2094	1.1338	0.6685	0.7880
Ⅱ	0.3352	0.3179	0.2457	1.1307	0.6277	0.6738
Ⅲ	0.2497	0.3270	0.2563	1.1454	0.6270	0.6788

下面对星点提取算法在第二类数据集上进行测试,用来量化角速度对算法误差的影响,结果如图5-10、图5-11和图5-12所示。其中图5-10(a)表示发现率和正确率随角速度变化的结果,图5-10(b)表示角速度对平均绝对误差和均方根误差的影响。所测试的算法为本章提出的相关匹配算法和匹配LR算法,用于进行比较的算法为LR算法,因其各项性能在总体上表现良好,具有较好的星点发现率和较高的星点提取精度。

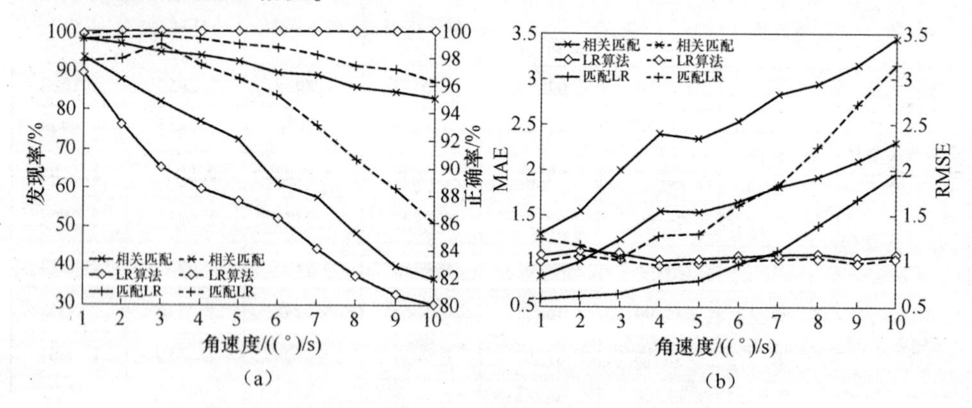

图5-10　数据Ⅰ的算法测试结果随角速度变化曲线

(a) 发现率与正确率;(b) 平均绝对误差与均方根误差。

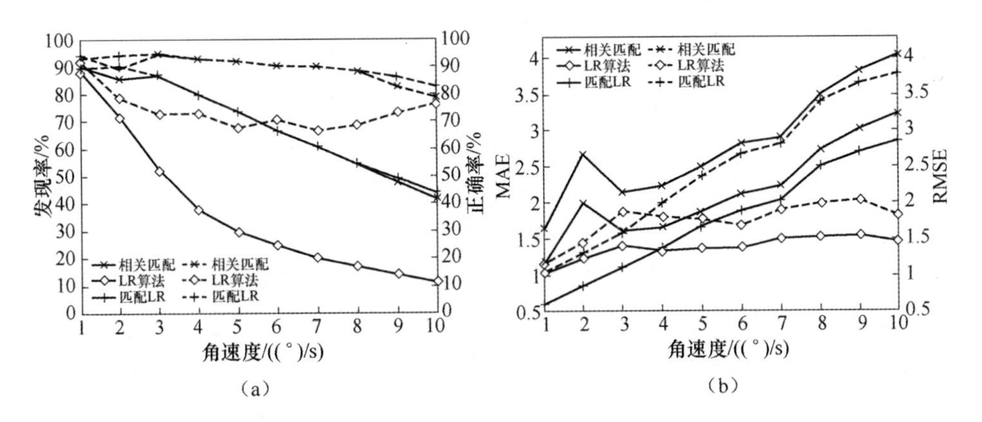

图 5-11 数据Ⅱ的算法测试结果随角速度变化曲线

(a) 发现率与正确率;(b) 平均绝对误差与均方根误差。

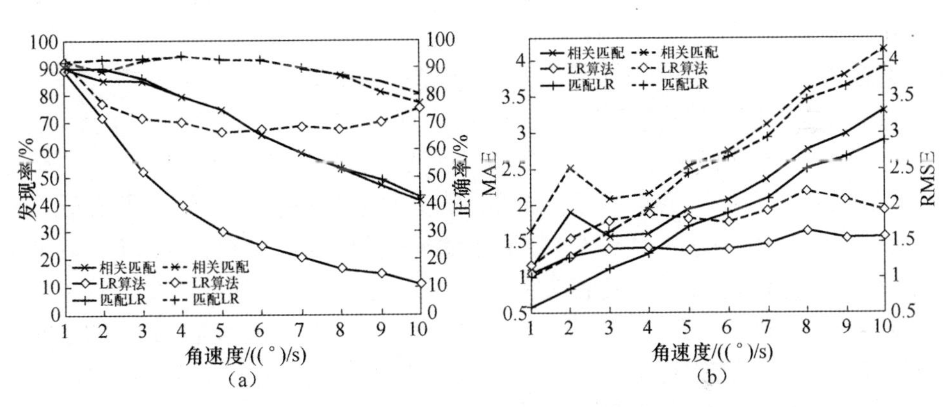

图 5-12 数据Ⅲ的算法测试结果随角速度变化曲线

(a) 发现率与正确率;(b) 平均绝对误差与均方根误差。

5.2.4.3 仿真结果分析

如表 5-2 所列,对于动态星点提取算法准确性的比较,可以发现,当随机的模糊星图不包含噪声和背景亮度干扰时,匹配 LR 算法具有最高的平均发现率,均可达到 88%左右,其次是相关匹配算法,说明基于相关系数的方法对能量较弱的星点也能很好地发现,而 LR 恢复算法对模糊星图中的星点发现能力略有降低,为 54%左右,其他算法的平均发现率更低,说明算法无法有效发现星点位置,图中可用于识别的星数将严重减少。对于平均正确率,全部算法对于无噪声的星点提取均可达到 90%以上,LR 算法具有最高的性能,可达到 98%以上,说明经过星图运动退化的恢复,算法提取出的星点基本正确,干扰星较少。而如表 5-3 和表5-4所列，当模糊星图存在噪声以及非均匀背景影响时，各类算法的发现率及正确率都明显下降，而基于相关系数的方法仍然具备较好的性能，平均发现率均可达到57%以上，并且平均正确率保持在83%以上，说明虽然算法对能量较弱恒星的发现能力降低，但仍然能够保证较少的假星干扰。而LR恢复算法受噪声影响严重，无法有效发现恒星并会产生较多的干扰。其他算法虽能保证一定的正确率，但平均发现率较低，会导致可供识别恒星数目较低，对后续的星图识别算法造成影响。

对于星点提取算法的精度，当星图不包含噪声干扰时，匹配滤波算法具有相对较好的性能，在各类误差中均有较好的表现。平均最小误差最好的算法为匹配LR算法，可达0.1663像素，平均最大误差最好的算法为直接算法，可达1.2506像素。而LR算法具有最小的均方根误差，为1.1043像素，说明算法对星点位置提取具有较高的精度。当星图存在噪声以及非均匀背景影响时，匹配滤波算法性能总体相对较好，匹配LR算法依然具有最好的最小误差，直接算法具有最好的最大误差。而对于MAE和RMSE，精度最高的算法为匹配滤波算法，RMSE可达1.4649像素和1.5704像素。LR恢复算法受到噪声影响精度下降，而相关匹配算法精度受噪声影响较小，可以维持在3像素左右，但精度有待提升。

对于角速度对算法性能的影响，如图5-10所示，当星图不包含噪声干扰时，LR算法对星点的发现率随速度增加而迅速降低，从90%降至30%，而相关匹配算法可以维持在80%以上。在正确率方面，LR算法能够一直维持在99%左右，具有极高的正确率，而相关匹配算法正确率随速度增加而降低，但仍能保持在82%以上。其中匹配LR算法发现率及正确率均比相关匹配算法高，说明使用LR结合的算法对相关匹配算法的准确率进行了有效的改进。在提取精度方面，LR算法的提取精度随速度变化稍有波动，但精度能维持在1像素左右。相关匹配算法星点提取误差随角速度增加而增大，其中匹配LR算法精度相对较高。

当星图中存在噪声和背景等干扰时，如图5-11和图5-12所示，LR算法的准确率受到影响，在平均正确率的表现不如相关匹配算法，说明此时提取出较多的假星。而算法正确率随速度增加有所提升，这是因为恒星的发现率大幅下降，能量较弱的星点无法被检测出，准确率得以上升，但总体依然低于相关匹配算法。在星点提取精度方面，LR算法的星点误差随速度增大略有提升，但总体来说具有最高精度。匹配LR算法在角速度较低时精度可高于LR算法，但相关匹配算法随速度提升精度下降较快，误差总体保持在4像素范围内，这是由于算法对能量较弱星点的位置提取会产生较大误差，影响整体的提取精度。

星图预处理后星点信息提取过程中，发现在星点信噪比严重降低并产生拖尾的情况下，去噪算法效果不佳、星点恢复速度较慢并易被噪声干扰、星点提取定位精度下降严重。为了解决上述问题，本章首先根据匹配滤波原理，提出动态星图的匹配滤波去噪，提高星点提取精度。其次根据动态下星图的先验知识，提出一种基于图像匹配的星点粗提取方法。根据归一化互相关原理,将动态退化的星图与模糊核进行匹配,实现在噪声和非均匀背景干扰下较准确地提取星点。仿真实验表明,匹配滤波算法在星点提取精度上具有较大优势,相关匹配算法在星点提取准确率上有较大的提升,适用于发现能量较低的恒星。同时相较于星图恢复方法,相关匹配算法在运行时间上更短,更适用于动态星点提取。

5.3 基于注意力机制的动态星图识别算法

5.3.1 端到端的星图识别网络

为了对模糊拖尾的星图进行更准确更快的识别,在本节中提出了一种从拖尾星图到主星索引的端对端识别算法。这种基于神经网络的星图识别算法将识别过程作为图像分类过程,该算法的主要思想与模式识别类算法相同。然而,在识别之前,该算法不需要对图像中的恒星进行预处理,也就是无须执行星图去噪、阈值分割或星点能量恢复等流程,而是直接对需要进行识别的主星输出星点索引,因此这是一种端到端的星图识别算法。

5.3.1.1 识别的网络架构

在进行识别时,端到端的星图识别算法首先需要在视场中心附近选择一颗主星,神经网络通过计算以主星为中心的图像特征,将它们与保存在网络参数中的模式进行匹配输出。在构建主星的模式库时,需要对神经网络进行训练。训练数据将主星索引序号作为图像的类别,将同一主星不同运动状态的星图作为输入。网络通过对各个星点相对位置学习的方式,自主形成主星的模式并将特征记录在网络参数中。神经网络学习的整体流程如图 5-13 所示,除了数据的输入外,还包括特征提取、特征编码和分类,以此构成了完整的神经网络模型架构。

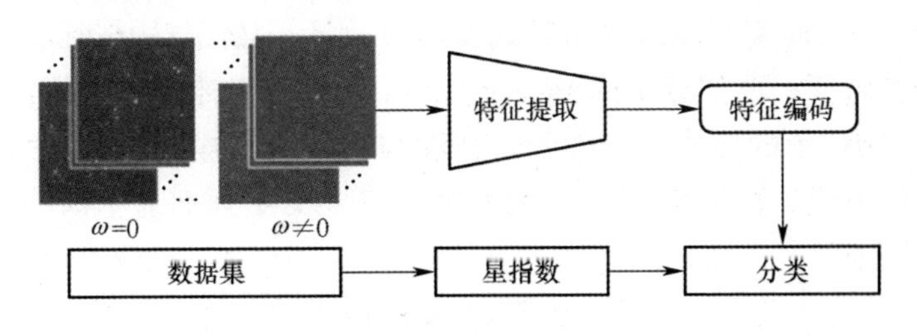

图 5-13　端到端识别的网络架构

在网络结构的设计过程中,主要围绕着主星与临星相对位置不变的原则进行设计,以 Transformer 中的自注意力机制为基础,使网络在学习的过程中更加关注星点相对位置的信息,将其编码为对应的恒星索引进行识别。并且考虑到学习对象是不同状态下的星图,需要对其中大量的冗余信息进行过滤,提取出有效的识别特征,以此在编码前加入特征提取的部分,使网络的训练更加容易。网络中各个功能的具体实现如图 5-14 所示,下面将按照所实现的功能对神经网络模型依次介绍。

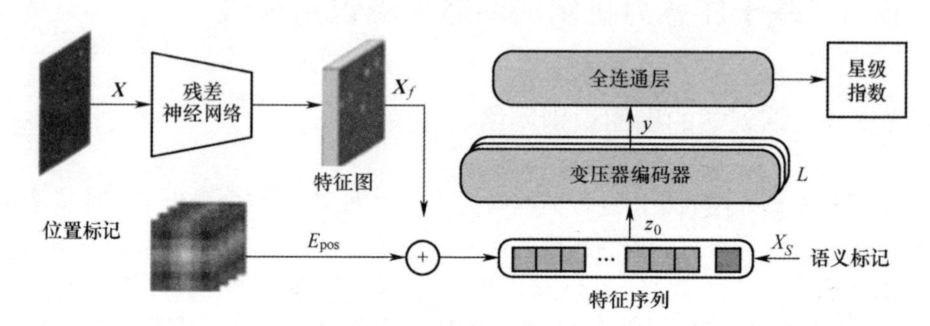

图 5-14 网格中各个功能的具体实现

5.3.1.2 特征提取

特征提取网络由卷积神经网络组成。如前所述,在执行图像识别的任务时,通常使用卷积神经网络作为特征提取层[19]。通过其定义的卷积运算对输入进行响应,可以提取位于不同位置的相似特征,增加特征的维数,以此解决网络对图像特征不敏感的问题。权值共享的特性使得卷积神经网络更倾向于提取局部特征。虽然卷积神经网络能够通过增加网络层数学习全局特征,但会增加参数总量。本节提出的网络仅通过卷积神经网络提取局部特征,全局特征由后续位置编码提供,使网络更加高效。

在网络特征提取的部分中,选择残差神经网络 (Resnet)的基本块作为组成网络的基本结构[7],使其更高效并同时减少参数数量。如图 5-15 所示为所使用的基本块结构和特征提取部分中的 Resnet。Resnet 是卷积神经网络的重要改进,其使用图 5-15 中所示的方式将产生的特征图与输入进行连接,通过学习特征与输入之间残差的方式进行训练,使其对特征的感受能力更强而易于训练。对于这种计算将其记为

$$y = F(x) + S(x) \tag{5-31}$$

式中:$F(x)$ 为生成特征图的过程,在本章中由两层 Conv3 和激活函数 relu 组成,$\mathrm{relu}(x) = \max(0,X)$;$S(x)$ 为短连接的过程,用来保证特征图前后维度满足计算

要求,本章使用单层 Conv1。在同一基本块中的卷积生成相同通道数的特征图,通过块后的数字标出。

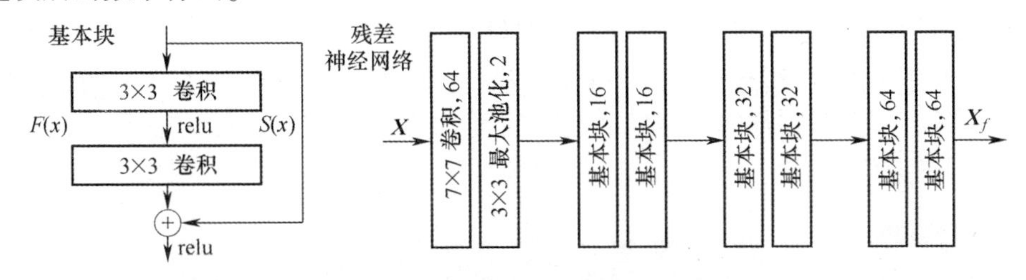

图 5-15 特征提取网络的基本结构

在特征提取部分的 Resnet 模型中,输入首先经过 Conv7 生成感受野相对较大的特征,使用最大池化层对特征图进行下采样以减小特征图尺寸。然后通过级联的卷积层基本块逐渐增加特征维度,记输入的星图 X 通过特征提取生成特征图 $x_f \in \mathbf{R}^{D\times H\times W}$,其中 D 为特征维度,H、W 为特征图尺寸。通过实验测试获得合适的尺寸参数,选择包括由 12 个卷积层组成的 6 个块,完成局部运动特征的提取。其中,Resnet 中的下采样由步长为 2 的 maxpool 和第 1、第 3、第 5 的基本块中前一层 Conv3 进行,同时包括块中的短连接,一共经过 4 次下采样,即特征图尺寸降低 1/16由此一个特征图可以对应输入的 16×16 块特征。特征提取的最后一层产生 64 维特征图,它为后续编码提供了足够深的特征序列。

5.3.1.3 特征处理

对于星图这种图片细节纹理相对稀疏、恒星相对运动较为一致的情况,由于采用卷积神经网络所产生的特征会更注重图片上局部的特征形式,要产生对恒星有区分度的模型需要增加卷积核的大小或网络的深度,在不断增加特征维数的同时进行像素的下采样来增大感受野,以保证相距较远的图像特征之间产生联系,也就是图像全局特征的学习需要像 VGG16 这样的深度学习模型。但是,这种处理使图像的识别不具有旋转不变性,并且以提高复杂度、消耗存储空间为代价。此外,提取到的部分全局特征会出现在星图的视场边缘,当主星距离视场中心较远时,偏移后的特征未出现在图像中,使恒星识别的准确率下降。在恒星较少时全局特征会出现在背景亮度产生的干扰上,学习到的非星点特征不符合识别要求。

因此在设计网络结构时,本章采用特征编码的形式对提取到的特征进行处理,以引进和主星相对距离有关的位置特征,增加全局特性并降低参数数量。特征处理可以使模型具有更强的表达能力,这也是适应 Transformer 编码器计算架构所必需的。

如图 5-16 所示为特征提取后的特征处理过程,该过程包括将映射展平到序列、嵌入位置标记和语义标记,该处理使恒星的局部特征编码为全局特征变得更容易。首先为了具有全局的特点,将被降采样后特征图进行分块以对应输入的不同区域,将分块的特征图线性映射展平为有限长度的序列,通过学习每个块中是否具有星点产生的特征,构成了由块位置决定的特征向量,因此包含了特定的位置特征。具体过程是将特征图的最后两个维度展平,得到长度为 N 的特征序列 x_f^N,$N = H \times W$,维度保持不变。

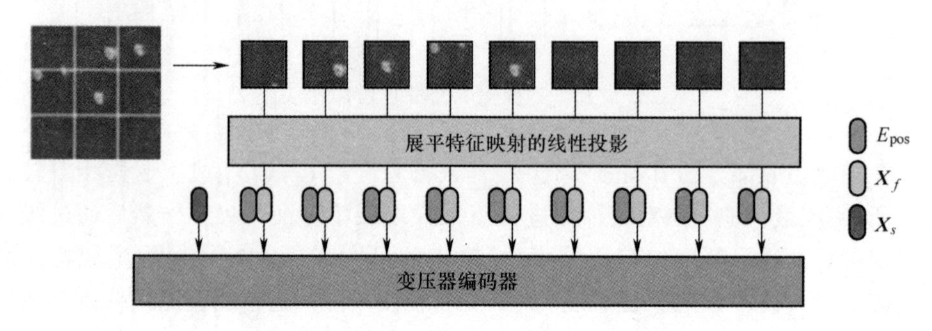

图 5-16 (见彩图)特征处理过程示意图

为了使模型更倾向于使用恒星块的相对位置,将注意力机制用于特征编码,引入了一种类似视觉 Transformer(ViT)的位置编码方法[8],其将图片上的相对位置如同句子中的词一样建立联系,得到词之间的前后关系特征。

与其处理方法不同的是,在本章提出的处理过程中,位置编码使用可学习的参数而不是人工编码,被展平的序列通过嵌入位置标记来学习恒星之间的特征。此外,还引入了恒星图像的语义概念增强特征表达。就像星座具有独一无二的信息,语义让恒星之间组成的信息有更好的表达。因此在特征序列的过程中,同样嵌入了一个可学习的语义标记,在网络最后进行识别时可以使用经过编码后的语义标记输出恒星索引,而省去解码的过程。标记嵌入的过程可以表示为

$$z_0 = [x_s, x_f^N + E_{\text{pos}}] \quad (z_0 \in \mathbf{R}^{D \times (N+1)}) \tag{5-32}$$

式中:E_{pos} 是可学习的位置标记,叠加到展平的特征图 x_f^N 上; x_s 为语义标记,嵌入位置编码后的特征序列中。至此完成对特征的处理,生成的新特征序列 z_0 将被输入编码器中。

5.3.1.4 特征编码和识别

特征编码使用了具有多头自注意力(MSA)的 Transformer 编码器(图 5-17)。MSA 是一种基于注意力机制的运算方式,其通过独特的矩阵计算方式,将元素的多个位置联系起来以计算序列的表达[9]。MSA 的基本结构是自注意力 SA,计算方法如下:

$$\mathrm{MSA}(z)=\boldsymbol{W}_{\mathrm{msa}}[SA_1(z),SA_2(z),\cdots,SA_k(z)],(\boldsymbol{W}_{\mathrm{msa}}\in\mathbf{R}^{D\times kD})\tag{5-33}$$

式中：$\boldsymbol{W}_{\mathrm{msa}}$ 为参数矩阵；K 为头数，代表自注意力的计算维度。在模型中，SA 是实现恒星之间的位置联系的关键。其计算过程如下：

$$\mathrm{SA}(z)=\boldsymbol{V}\mathrm{softmax}(\boldsymbol{K}^{\mathrm{T}}\boldsymbol{Q})\tag{5-34}$$

式中：softmax 为激活函数；$\boldsymbol{Q}$、$\boldsymbol{K}$、$\boldsymbol{V}\in R^{D\times(N+1)}$ 为得以实现自注意的三个不同矩阵。

根据 Transformer 的理论，$\boldsymbol{Q}$ 和 $\boldsymbol{K}$ 用于匹配特征序列中每个元素与其他元素之间的相似程度，并结合所有元素的 $\boldsymbol{V}$ 来考虑整个序列，以实现对全局特征的关注。他们均由输入的序列产生，具体计算如下：

$$[\boldsymbol{Q},\boldsymbol{K},\boldsymbol{V}]=\boldsymbol{W}_{qkv}z,(\boldsymbol{W}_{qkv}\in\mathbf{R}^{3D\times D})\tag{5-35}$$

式中：$\boldsymbol{W}_{qkv}$ 为可学习的参数矩阵。

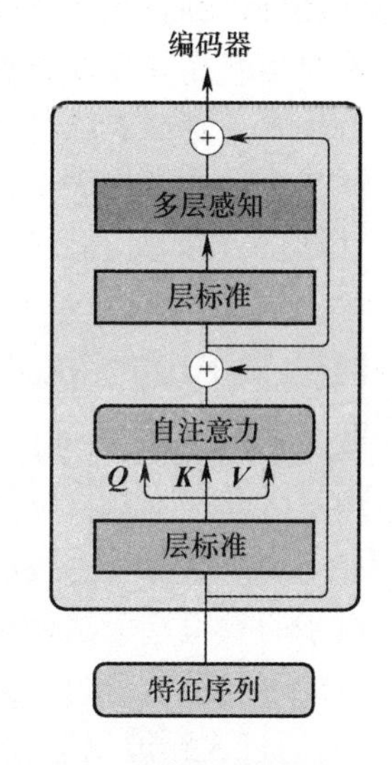

图 5-17 单层的 Transformer 编码器的结构示意图

图 5-17 所示为单层的 Transformer 编码器。除了上述注意力的计算，编码器中还应用了多层感知机和层标准化（layer norm），它们用于实现序列编码以减少表达的冗余。编码器具体计算如下：其中

$$\begin{cases}z_l'=\mathrm{MSA}(\mathrm{LayerNorm}(z_{l-1}))+z_{l-1}, & (l=1,2,\cdots,L)\\ z_l=\mathrm{MLP}(\mathrm{LayerNorm}(z_l'))+z_l', & (l=1,2,\cdots,L)\end{cases}\tag{5-36}$$

式中：l 表示编码器的深度。

在编码器的最后一层，输出 y 取自被编码的语义标记 z_l^0，表示如下：

$$y=LN(z_l^0)\tag{5-37}$$

由于 z_l^0 是一个可学习的向量，当其被用于分类时能够具有不同的语义信息。z_l^0 与序列中的其他特征一起编码，因此它也具有被编码的恒星相对位置信息。最后使用全连接层在语义和星点索引之间创建连接，输出用于分类的向量。

5.3.2 星图识别算法的评价

为了验证星图识别算法的有效性，需要对其在动态下的性能进行测试，并采用两种代表性的星图识别算法作为比较。本章在星图识别算法中所使用的星表为第谷星表（Tycho-2）。

5.3.2.1 传统星图识别算法

常用的星图识别算法依据识别原理分为两类，分别是基于角距进行识别和构

建模式进行识别。基于角距的方法首先需要根据星表可探测星等范围内的恒星，通过各恒星的赤经赤纬计算计算任意两颗恒星之间的角距，以此建立所有星对角距的查找表。查找表就是将可观测到的导航星，按照各星角距余弦值进行排列，所建立的排序后的查找表。根据5.1节的定义，星对角距余弦值由恒星之间的方向矢量计算，公式如下：

$$\cos\theta_{ij} = \boldsymbol{v}_i \cdot \boldsymbol{v}_j = \boldsymbol{v}_{xi}\boldsymbol{v}_{xj} + \boldsymbol{v}_{yi}\boldsymbol{v}_{yj} + \boldsymbol{v}_{zi}\boldsymbol{v}_{zj} \tag{5-38}$$

同样，对于光学相机中成像观测星的测量矢量 $\hat{\boldsymbol{\omega}}_i$ 和 $\hat{\boldsymbol{w}}_j$，计算两颗导航星之间的角距余弦值 $\cos\hat{\theta}_{ij} = \hat{\boldsymbol{\omega}}_i \cdot \hat{\boldsymbol{\omega}}_j$，根据查找表进行搜索。由于观测通常存在误差，在进行搜索时会设定允许误差 $\boldsymbol{\varepsilon}$，通过式确定观测星对应的范围：

$$\cos\hat{\theta}_{ij} - \boldsymbol{\varepsilon} < \cos\hat{\theta}_{ij} < \cos\hat{\theta}_{ij} + \boldsymbol{\varepsilon} \tag{5-39}$$

由于两颗恒星无法做到唯一匹配，通常需要选择多颗观测星进行识别，根据星对数目的不同通常分为三角形算法、金字塔算法和多边形算法等。以三角形算法为例，其通过3颗恒星组成的三对角距作为识别基础，经过三次观测角距范围的匹配，确定被识别恒星的序号。与其他星图识别算法相比，三角形算法复杂度低，但是其特征维数比较低，在测量误差较大时，算法的识别准率低。

模式识别类算法与角距匹配完全不同，其将星图识别视为对图片的识别，通过对星图构建独一无二的模式，与模式库匹配识别，最具代表性的是基于栅格坐标匹配的星图识别算法。如图5-18所示，基于栅格的星图识别首先在视场中心附近选择一颗待识别恒星作为主星，平移所有星点将主星移至图片中心位置，作为光轴指向该恒星时的星图。同时选择与其距离最近的恒星，对所有星点作旋转变换将主星与临星连线作为水平轴，并将图片划分为栅格。对有星点落入栅格的位置记为1、其他位置记为0，以此确定主星的特征向量。在识别时，通过同样方法建立的栅格数据库进行特征向量的匹配，实现主星的模式识别。

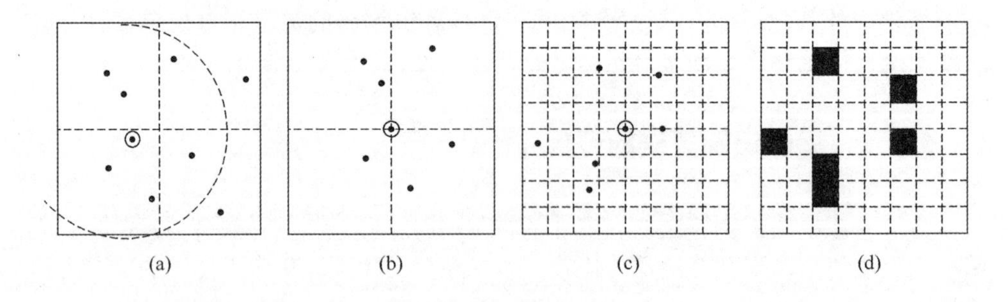

图5-18 栅格算法流程示意图

(a)选择主星；(b)移到视场中心；(c)划分栅格；(d)确定特征向量。

5.3.2.2 对噪声的鲁棒性

动态星图识别算法的有效性,不仅包括算法对不同速度的识别率进行测试,还应包括算法在不同噪声影响下的抗干扰能力测试,可以分为对位置噪声和星等噪声的鲁棒性评价。

星图中位置噪声是指,星点在图片中与真实映射在像平面位置的偏差。位置噪声主要是星点信息提取过程中,受能量和噪声影响而产生的定位误差。此外,在恒星成像的过程中,星光可能会受到不同的外界干扰,淹没在杂光中或光线发生偏折,抑或是传感器不同的填充率和填充形状,都会对星点的位置坐标产生影响。为了考察星图识别算法对位置误差的鲁棒性,测试过程中会在模拟星图中加入较大的位置噪声。所添加的位置噪声一般是指在星点位置原有位置坐标上,加上均值为 0、标准差 0~5 像素变化的服从高斯分布的噪声,对应于第 3 章中星点提取过程中产生的位置误差。

星等噪声是指星点映射在星图中的亮度偏差,主要由于动态条件下,星图中的星点亮度发生闪烁或持续变化。此外,传感器对恒星亮度响应程度不同,抑或是恒星光谱、图像噪声和响应非均匀性等诸多因素都会造成星等的变化。在星图识别算法中,一些算法需要星点亮度信息进行辅助识别,如三角形算法会使用星等进行恒星的筛选。因此,有必要在星图中增加星等噪声,用来评估在亮度信息发 生变化时的鲁棒性。在测试中会在模拟星图中对恒星的星等加上均值为 0、M_{v} 标准差为0~1 的服从高斯分布的噪声,体现在星图中像素灰度值发生变化。

5.3.3 仿真实验分析

本章所提出算法的神经网络基于 Pytorch 框架构建,网络模型在 NVIDIA Tesla K80@ 24G GPU 上进行训练。模型包含多个主干网络,本章从头开始训练整个模型不使用任何预训练的权重,而是使用[10] 的方法初始化网络参数。网络的特征编码器参数 $k=6$,分别关注 6 种不同程度的全局信息,并将编码器深度设置为 8。训练的策略首先不考虑鲁棒性,将静态星点的星图输入网络中,并同时输入没有假星和缺失星干扰的动态下星图。在这种预训练基础上,将完整的数据集进行输入以增加模型的鲁棒性。在训练过程中,图像首先被重新调整至 256×256 像素,并对图片进行归一化处理,归一化参数为均值 0.1、标准差 0.1。训练时的批大小设置为 160,使用 Adam 优化器进行优化[11],学习率 10^{-5},损失函数使用交叉熵,训练经过 2 天时间能够收敛。

5.3.3.1 训练集和测试集的获取

本章所提出的算法需要对恒星模式进行学习,在动态条件下的星图数据库中进行训练。然而由于真实数据难以获得,因此通过星图的仿真来生成训练数据。所提出的算法侧重于在不同角速度下的模糊星图,需要根据光学相机的动态参数完成数据集,基于光学相机的光学系统和探测器的仿真参数与5.1节总体相同,只将点扩散函数标准差设置为6,这些参数可以保证视场内的星数满足唯一模式的识别要求。由于主星并不总是出现在视场的中心,并且构建的训练数据库是基于12°的视场,因此光学相机的视场至少应为12°。在光学相机工作过程中,如果实际视场大于训练数据集,就能容易地选择主星进行识别。

训练集的构建原则是使神经网络模型具有更强的泛化能力,即提高算法的旋转不变性和聚类能力,测试集的构建原则是客观地评估神经网络的性能。旋转不变性是指当光学相机的横滚角 ϕ_0 发生变化时,主星依然能够被唯一识别。聚类是指算法对同一主星的不同角速度下的模糊星图能够进行聚类,以免拖尾长度和形状等特征影响识别。在数据集中,首先将高于可敏感星等的导航星从星表中筛选出来,并排除双星影响,筛选出导航星总数为4331颗。将每颗恒星的索引号 i 作为其对应的类别。在一张星图中将要识别的星确定为主星,同一视场内的其他星为邻星,导航星和主星通过各自的临星以同样的方法构建模式库,记录天坐标系中每颗导航星 i 的赤经和赤纬 (α_i,δ_i) 以生成星图。

在构建数据集的过程中,将光学相机的光轴设置在每颗导航星的中心位置,使图像与主星相对应。为了增强旋转不变性,将 ϕ_0 设置为不同的角度,以30°为间隔,对同一主星生成12个不同横滚角的星图。再分别以 (α_i,δ_i) 为起始位置生成不同运动状态的拖尾星图像。由于星条的长度不是识别的主要特征,因此在构造训练集时使用较大的速度区间来防止过拟合,这里的过拟合是指训练集覆盖了测试集使得测试结果无效。因此 ω_x 和 ω_y 的合角速度分别选择2(°)/s、4(°)/s、6(°)/s、8(°)/s的方向为8组、每组45°间隔,代表图片上8个运动模糊的方向。角速度 ω_z 选择0°和 ±6(°)/s,从而约束三轴角速度的合速度小于10°。这样生成的数据集包括12种横滚角、4种两轴合速度和8个拖尾方向,以及3种横滚角速度,每组恒星组合可以扩展为 $12\times(1+4\times8\times3)=1164$(张)图片。同时为了使网络对真实场景和噪声具有更强的鲁棒性,在每张星图上随机添加一至两个假星和缺失星。

本章构建两类测试集来测试算法的有效性,对应两种不同的运动情况。构建方法是随机选取2000颗不同主星的所在方向,以及随机的板滚角,在主星位置生成不同角速度的拖尾图像。在第一类测试集中, ω_z 为0(°)/s, ω_x 和 ω_y 的方向是任意的,这意味着合角速度平行于图像传感器的平面,使运动对拖尾产生的影响最大。在第二类测试集中,三个角速度模值完全相等且方向任意,以测试三轴姿态旋转的情况。最后为了测试算法的鲁棒性,在测试数据集的星点处加入不同等级的位置噪声和星等噪声。如前文所述,这两种噪声代表了星光在图像上的测量误差,位置噪声和星等噪声都用高斯随机噪声进行模拟。

5.3.3.2 端到端算法的性能比较

为了测试算法在动态条件下的性能,选取了两种具有代表性的算法,即基于角距匹配的三角形算法[12]和基于模式识别的栅格算法,通过比较算法的性能进行评价。这两种算法的星点提取过程采用相同的直接算法,而本章基于神经网络的算法不需要该过程。实验测试是在 3.4GHz 服务器上进行的,算法由 Python 语言实现,神经网络模型部署在中央处理器(CPU)上运行。在部署好模型之后,所提算法对每张星图的平均识别时间为 56.5ms。与两种传统算法相比,虽然本章算法在识别时间上有所增加,但由于第 3 章知 LR 算法 10 次 迭代恢复时间通常大于 1s,本章算法端对端的特性减免了传统算法中星点的提取与恢复时间,故在保证识别率的同时显著减少了算法整体运算时间。在存储方面,端到端模型的大小为 47.1MB,明显小于 VGG16 模型的 537.5MB。在仿真实验中,所有算法对应的视场均为 12°,一次成功的识别是指主星索引的正确输出,而不包括对视场内相邻恒星的识别,测试结果如图 5-19 和图 5-20 所示。

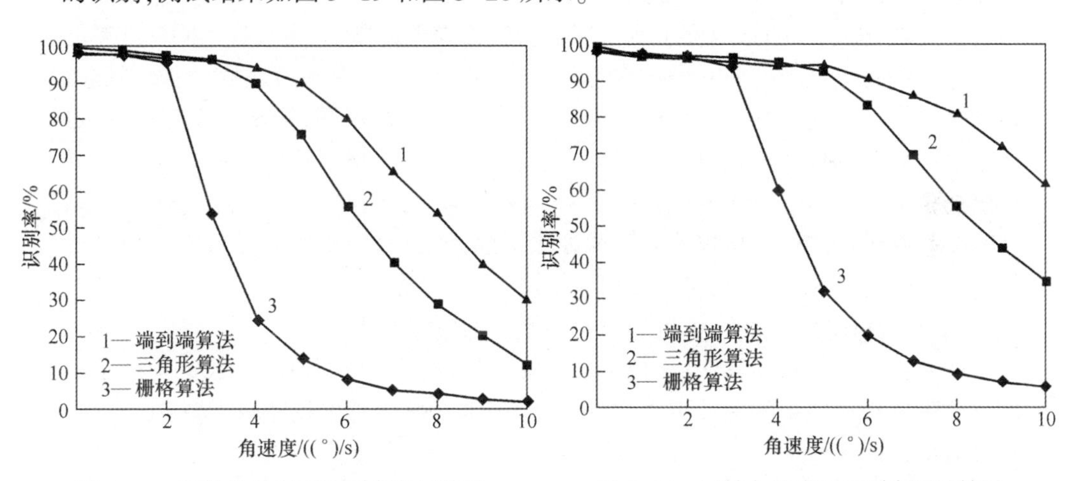

图 5-19 两轴角速度下识别率测试结果　　图 5-20 三轴角速度下识别率测试结果

图 5-19 所示为只有两轴角速度运动的测试结果,对应于坐标系中的 ω_x 和 ω_y 。测试的合速度范围为 0(°)/s~10(°)/s。每个角速度有 2000 个图像,两轴角速度方向与板滚角 ϕ_0 是随机的。结果表明,随着合成速度的增加,三种算法的识别率均下降。栅格算法最先受到影响,当角速度大于 2(°)/s 时开始急剧下降。当

角速度为 0~10(°)/s 时,算法识别率从 98.2%下降到 1.95%,三角形算法的识别率从 99.3%下降到 12.15%。所提出的端到端算法识别率随着角速度的增加而缓慢变化,识别率从 97.5%下降到 29.5%。当合成速度大于 4(°)/s 时,该算法的识别率高于其他两种算法。

图 5-20 所示为测试集具有三轴角速度的测试结果,三轴角速度数值相等方向随机,测试的合速度范围为 0~10(°)/s。对于所比较的三种算法,实验结果的变化趋势与第一类测试集大致相同。三角形算法的识别率从 99.3%下降到 34.4%,栅格算法从 98.4%下降到 5.3%。所提算法的识别率从 97.9%下降到 61.3%。其在相同角速度下具有最高的识别率。

为了验证算法的鲁棒性,下面对位置噪声和星等噪声进行测试。从图 5-19 和图 5-20 的结果可以发现,z 轴角速度对识别率的影响相对较小,仅作为合速度分量降低了另外两轴的速度影响,而平行于像平面的角速度是使识别率下降的主要原因。基于此分析,仅选取两轴角速度用于鲁棒性实验。针对添加的两种噪声,位置噪声用来衡量星点成像及提取过程的位置测量误差,星等噪声用来衡量恒星亮度在动态下产生的偏差,这两种噪声均在图像层面量化了动态条件下星点特性的影响,引入的两种误差分布也均被视为高斯分布。对于位置噪声的添加,在计算恒星的拖尾轨迹后,对恒星映射位置加入随机误差来模拟位置测量的不确定性。对于星等噪声,随机误差被添加到各恒星星等数值上。

首先在 0(°)/s 的角速度下测试算法的位置噪声鲁棒性,将具有不同标准差的噪声添加到每个星图的所有恒星位置处。在本章的测试中,位置噪声的标准偏差范围为 0.5~5 像素,每个等级的位置噪声生成 2000 幅星图,测试结果如图 5-21 所示。结果显示随着位置偏差的增大,三角形算法和栅格算法的识别率都有不同程度的下降。三角形算法的识别率从 95.4%下降到 30.6%,栅格算法的识别率从 97.1%下降到 69.9%。与测试的两种算法不同,所提出的算法对位置噪声更具鲁棒性,算法识别率随位置噪声增加略有下降,但仍保持在 89%以上。

当存在两轴角速度时,位置噪声对识别率的影响如表 5-6 所列。表中 A、B、C 分别代表提出的端到端算法、三角算法和栅格算法。通过加粗的方式标记出了相同条件下三种算法中的最佳识别率,可以发现本章基于神经网络的算法对位置噪声具有更好的鲁棒性。

为了测试星等误差对所提出算法的影响,在 0(°)/s 的角速度下对恒星星等加入不同标准差的高斯随机噪声。标准偏差范围为 0.2~1.2Mv,每个等级的星等噪声对应生成 2000 幅星图。图 5-21 说明了位置噪声对不同算法识别率的影响,其中栅格算法的识别率保持在 97%以上,这是由于其在识别过程中未用到星等信息,而三角形算法的识别率从 98.1%下降到 89.8%。随着星等噪声的增加,本章提出的算法的识别率在星等噪声达到 1.2Mv 时下降到 95%。在星等误差较大时,本章算法在相同噪声标准差下比三角形算法具有更高的识别率。

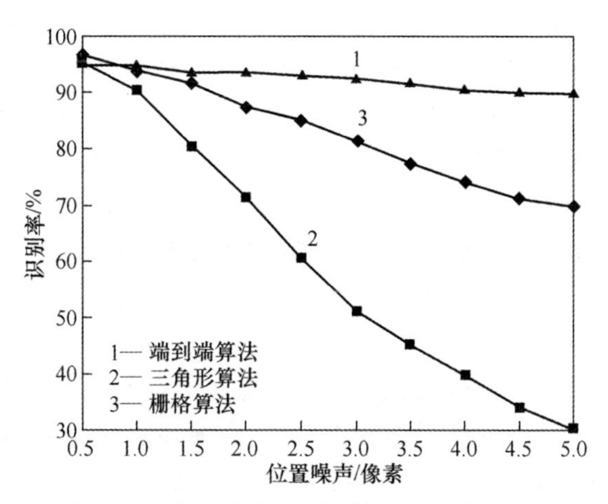

图 5-21 位置噪声对不同算法识别率的影响

表 5-6 位置噪声在不同角速度下对识别率的影响

角速度/(°)/s	算法	位置噪声(像素)1	位置噪声(像素)2	位置噪声(像素)3	位置噪声(像素)4	位置噪声(像素)5
1	A	**94.3%**	**93.1%**	**91.9%**	**89.2%**	**88.7%**
1	B	92.5%	70.7%	55.0%	41.1%	30.2%
1	C	88.4%	83.6%	76.8%	71.9%	67.0%
3	A	**90.3%**	**88.5%**	**87.7%**	**85.4%**	**83.1%**
3	B	88.7%	68.1%	46.1%	30.7%	21.0%
3	C	40.4%	40.3%	38.9%	36.0%	35.5%
5	A	**84.9%**	**81.5%**	**79.7%**	**76.5%**	**73.1%**
5	B	70.2%	60.7%	32.6%	15.5%	10.5%
5	C	15.5%	13.1%	11.0%	7.2%	7.05%
7	A	**59.7%**	**55.2%**	**50.5%**	**46.3%**	**39.1%**
7	B	31.7%	18.7%	10.6%	7.8%	4.1%
7	C	5.45%	5.1%	4.15%	3.75%	5.5%

当存在两轴角速度时，星等噪声对识别率的影响如表 5-7 所列。表 5-7 中噪声的标准偏差范围为 0.2~1Mv。可以发现在动态条件下，本节提出的算法对星等噪声具有更强的鲁棒性。

5.3.3.3 仿真实验总结

从两类测试数据集的实验结果可以看出,三种算法的识别率随着角速度增加均有所下降,但在相对较高的动态条件下,本节提出的基于神经网络的算法识别率高于其他两种传统算法。其原因可能是恒星能量随速度的增加而分散过多甚至消失,导致星点无法被算法有效提取。三角形算法的识别率下降是因为该算法使用星间角距离进行匹配,动态条件下星点提取的精度对结果有很大影响。端到端算法与栅格算法同属于模式识别类算法,恒星的消失也会产生错误的模式而被误识别。此时,恒星拖尾长度的增加极大改变了恒星中心所在的栅格状态,产生了错误的识别模式,严重影响栅格算法的准确性,导致在动态条件下识别率急剧下降。而本章起初的算法随着角速度的增加变化缓慢,因为该算法不会像栅格那样对图像直接进行分割,而是通过神经网络生成局部特征,再对特征位置编码以进行识别,这一过程使得算法对位置偏差更加鲁棒。除此之外,从图 5-22 和表 5-7 中可以看出,算法中采用卷积操作提升了能量较弱恒星的发现概率,配合注意力机制凸显星间特征,更加注重临星与主星间相对位置特征,有效提高了动态条件下的识别率。

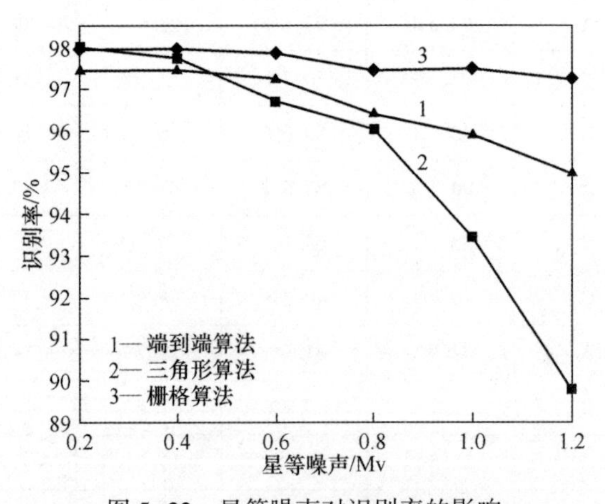

图 5-22　星等噪声对识别率的影响

鲁棒性实验结果表明,本章提出的神经网络算法对位置噪声的鲁棒性更好。随着位置噪声的增加,其他两种传统算法的识别率下降较为严重,基于角距的三角形算法受影响最大,而基于模式的栅格算法对位置噪声的鲁棒性相对较强,这也验证了模式识别类星图识别算法的优势。随着角速度的增加,模式识别类算法依旧有优势,且本章所提算法在高动态条件下有用更优的鲁棒性。对于星等噪声,栅格算法具有最好的鲁棒性,因为它不依赖亮度信息。基于神经网络的算法相对于三角形算法具有一定的改进,对星等噪声的鲁棒性在低角速度下具有同样平稳的趋势,当角速度较大时,所提算法的识别率相对更高。这是因为随着速度的增加,位置误差产生的影响超过了星等噪声的影响,此时所提出的算法优于两种传统算法。

表 5-7　星等噪声在不同角速度下对识别率的影响

角速度/(°)/s	算法	星等噪声 0.2(Mv)	星等噪声 0.4(Mv)	星等噪声 0.6(Mv)	星等噪声 0.8(Mv)	星等噪声 1(Mv)
1	A	96.8%	96.1%	95.7%	95.5%	95.1%
1	B	75.8%	67.8%	56.3%	53.3%	49.9%
1	C	**97.3%**	**96.6%**	**97.0%**	**96.9%**	**97.4%**
3	A	91.2%	90.1%	**89.5%**	88.4%	**87.1%**
3	B	38.2%	37.3%	36.8%	30.2%	25.5%
3	C	**91.4%**	**90.7%**	89.1%	87.3%	86.9%
5	A	**85.3%**	**83.6%**	**75.4%**	**68.2%**	**57.5%**
5	B	14.3%	13.7%	11.5%	10.2%	7.05%
5	C	71.4%	67.7%	62.5%	55.3%	51.0%
7	A	**60.9%**	**57.3%**	**51.8%**	**42.7%**	**29.5%**
7	B	5.45%	5.5%	5.15%	4.85%	4.3%
7	C	35.9%	33.6%	31.6%	27.8%	21.1%

本章在基于神经网络星图识别算法的基础上,提出一种端到端的对模糊星图直接识别算法。由于动态下星图的星点定位精度差,星图识别算法的准确率下降严重。基于神经网络的星图识别算法对位置误差具有较高的鲁棒性,对模糊星图的识别更为适用。因此,本章基于神经网络的注意力机制,将模糊星图中星点的位置信息进行编码,重点提取相对位置特征,并结合网络分类的强鲁棒性,提出了一种针对模糊星图的识别网络。将星点信息提取融合在网络中,对模糊星图进行直接识别。利用网络简化了星点识别流程,并且不需对星点能量进行恢复,是一种端到端的识别网络。实验结果表明,本章所提出的算法在不同角速度下的识别率均优于传统算法,并且对位置噪声具有较好的鲁棒性,更适用于动态下的星图识别。

5.4 小结

本章从星图的成像模型、运动在图像上的表现形式进行退化分析,从图像去噪、运动恢复、星点提取方面进行算法分析。针对星点提取中的低准确率和精度差的问题,引入了匹配滤波和互相关原理,进行星点的粗提取,有效增加了星图中信噪比较低恒星的发现率;针对星图识别的鲁棒性提高,基于神经网络的星图识别算法,提出了一种端到端的模糊星图直接识别方法,有效应对星点定位精度较差的动态情况,并能提升算法全流程的运行速度,为后续暗弱目标在更加复杂和多变的动态环境下的识别和定位提供了质心定位基础。

参考文献

[1] ZHANG Y, QIN H, WANG X, et al. Rethinking noise synthesis and modeling in raw denoising [C]// Proceedings of the IEEE/CVF International Conference on Computer Vision, 2021: 4593-4601.

[2] 邢飞,尤政,孙婷,等. APS CMOS 光学相机系统原理及实现方法 [M]. 北京:国防工业出版社,2017.

[3] LIEBE C C. Accuracy performance of star trackers-a tutorial [J]. IEEE Transactions on Aerospace and Electronic Systems, 2002, 38(2): 587-599.

[4] BRADLEY D, ROTH G. Adaptive thresholding using the integral image [J]. Journal of Graphics tools, 2007, 12(2): 13-21.

[5] YOO J C, HAN T H. Fast normalized cross-correlation [J]. Circuits, Systems and Signal Processing, 2009, 28(6): 819-843.

[6] TAN W, QIN S, MYERS R, et al. Centroid error compensation method for a star tracker under complex dynamic conditions [J]. Optics Express, 2017, 25(26): 33559-33574.

[7] HE K, ZHANG X, REN S, et al. Deep residual learning for image recognition [C] //Proceedings of the IEEE Conference on Computer Vision and Pattern Recognition, 2016: 770-778.

[8] DOSOVITSKIY A, BEYER L, KOLESNIKOV A, et al. An image is worth 16×16 words: Transformers for image recognition at scale [J]. arXiv preprint arXiv: 2010. 11929, 2020.

[9] VASWANI A, SHAZEER N, PARMAR N, et al. Attention is all you need [J]. Advances in neural information processing systems, 2017, 30(0): 5998-6008.

[10] HE K, ZHANG X, REN S, et al. Delving deep into rectifiers: Surpassing human-level performance on imagenet classification [C] //Proceedings of the IEEE International Conference on Computer Vision, 2015: 1026-1034

[11] KINGMA D P, BA J. Adam: A method for stochastic optimization [J]. arXiv preprint arXiv:

1412.6980,2014.

[12] 张广军,魏新国,江洁．一种改进的三角形星图识别方法 [J]. 航空学报,2006,27(6):1150-1154.

[13] PADGETT C,KREUTZ-DELGADO K. A grid algorithm for autonomous star identification [J]. IEEE Transactions on Aerospace and Electronic Systems,1997,33(1):202-213.

[14] 孔德可,钟升,匡乃亮等．基于 CMOS 传感器和 FPGA 的图像采集系统设计[J]. 机械工程与自动化,2020(3):28-30.

[15] 贾辉．高精度星敏感器星点提取与星图识别研究[D]. 长沙:国防科技大学,2010.

[16] 王淑敏,宫宁生,陈逸韬．加权的超像素级时空上下文目标跟踪[J]. 计算机应用研究,2017,34(1):270-274.

[17] XIAO J,NG M K,YANG Y F. On the convergence of nonconvex minimization methods for image recovery[J]. IEEE Trans Image Process. 2015,24 (5):1587-1598.

[18] ZHAO X,LIU G,JIN R,et al. Partially Interpretable image deconvolution framework based on the Richardson-Lucy model[J]. Opt Lett. 2023,48 (4):940-943.

[19] LOU Y,WU R,LI J,et al. A learning convolutional neural network approach for network robustness prediction[J]. IEEE Trans Cybern. 2023,53 (7):4531-4544.

第6章 基于改进密度峰值搜索的暗弱小目标检测方法

在天基光学对空间目标的观测中,红外探测是有效发现和识别暗弱目标的技术手段之一,但由于成像距离远,红外小目标在图像中占据相当多的像素,缺乏明显的纹理特征和形状信息,这些因素使红外小目标的检测变得非常困难,并且由于空间目标背景复杂多变,高度疑似目标广泛存在,这些因素给目标检测任务带来了巨大的困难和挑战。现有检测方法仍然难以稳定地消除虚警,实际表现有待进一步提升。现阶段,聚类分析领域的密度峰值搜索可以很好地寻找被低密度区域分离的高密度区域,本章基于此方法进行空间红外小目标检测,通过小目标空间域的局部异质性和时间域的相关性区分红外目标和复杂背景,提升红外小目标检测算法的性能和稳定性。首先,研究远距离红外成像的噪声特性以及低空场景的特点,分析了红外小目标检测算法的性能瓶颈。其次,针对密度峰值搜索性能和效率的不足,提出改进密度峰值搜索与局部灰度差分的单帧目标检测方法。最后,针对基于人类视觉系统理论的算法在受点状背景特征干扰时面临高误报率的问题,提出改进密度峰轨迹一致性的动态目标序列检测方法。

6.1 红外小目标检测密度峰值搜索研究

红外小目标检测技术现有的检测算法存在检测率低、虚警率高的问题,主要是由于空间背景与成像噪声等背景在区域灰度分布和目标干扰等方面的差异较大,而且目标通常呈现出较小的尺寸,经常被复杂的背景杂波所掩盖。为了解决这个问题,现有的红外小目标检测方法通常采用特征提取的方式,但是使用对目标和杂波区分力强的特征会增加计算开销;使用运算速度快的特征,则会降低检测性能。现有的红外小目标检测方法通常很难同时提高检测性能和运算效率。

密度峰值搜索(density peaks searching,DPS)是在文献[1-2]中提出的用于红外小目标检测的框架,能够有效地检测图像中不同尺度的目标。在红外小目标检测过程中,基于密度峰值搜索框架的算法对不同类型的像素点采用不同的特征描述符[3-4]，利用快速特征处理平缓背景区域中的像素点，利用高区分力特征处理背景杂波区域中的像素点，能够兼顾检测性能和计算效率。然而，在景物干扰严重的空间复杂场景中，背景复杂多变。密度峰值搜索难以应用于目标点临近高亮度背景杂波的情况，此时目标像素的 δ-distance 较小，很容易引起“集中效应”，使目标在提取候选点时被忽略。基于此，本章提出了一种基于局部异质性的密度峰值搜索，通过局部异质性密度提高密度峰值搜索对高亮与临近杂波的鲁棒性，并通过对比实验加以验证。这部分研究内容是后续章节红外小目标检测算法的基础，在本章后续研究均有应用。

6.1.1 红外图像特性分析

通常，红外小目标检测的模型[5]可以定义如下：

$$f_D(x,y)=f_B(x,y)+f_T(x,y)+f_N(x,y) \tag{6-1}$$

式中：f_D、f_B、f_T、f_N分别为一帧红外视频对应的输入红外图像、背景图像、目标图像和噪声图像。小目标检测的目的是准确地从复杂背景和噪声中分离出真实目标。为此，需要分析红外图像的噪声特性、背景成像特性以及小目标成像特性等，以便为未来的小目标检测方法奠定理论基础。

6.1.1.1 红外图像噪声特性分析

从红外成像系统输出的红外图像的噪声可以分为瞬态噪声、空间噪声和背景噪声。受这些噪声影响红外小目标的信噪比通常很低，是影响检测性能的主要原因。

瞬态噪声包含探测器的按电流噪声、读出噪声、光子散粒噪声和 $1/f$ 噪声（低频噪声）等[6-8]。暗电流噪声指的是在光电器件（如 CCD、CMOS 等）中，即使没有外界光照的情况下，由于热激发或材料本身的缺陷等，光电器件中也会产生一定的电子运动和信号输出，从而引起随机噪声。在低光条件下，暗电流噪声是影响图像质量的主要因素之一。暗电流噪声电子数的表达式为

$$n_{DC}=\sqrt{\tilde{n}_D(x,y)t} \tag{6-2}$$

式中：$\tilde{n}_D(x,y)$ 为每个像元的暗电流；t 为积分时间。

读出噪声是指在数字图像采集中，由模拟信号转换为数字信号的过程中存在的误差所产生的噪声，其表达式为

$$n_{RE}=\sqrt{\frac{kTC_s}{q}} \tag{6-3}$$

光子散粒噪声是指在光学系统中，由光子的离散性质和量子特性导致的随机噪声。光子散粒噪声服从泊松分布，其电子数可表示为

$$n_{pH}=\sqrt{\tilde{d}_0(x,y)t} \tag{6-4}$$

式中：$\tilde{d}_0(x,y)$ 为每秒产生的电子数。

$1/f$ 噪声（低频噪声）是存在于电子元器件中的低频噪声，其均方噪声电压值计算公式为

$$v_{1/f}^2=\frac{IR\Delta f}{f_0 A_{\mathrm{d}}}\frac{1}{2} \tag{6-5}$$

式中：I 为流过探测器的电流强度；f_0 为探测器的工作频率；R 为探测器内阻；Δf 为等效噪声宽度；A_{d} 为探测器的面积。

根据文献[9]，瞬态噪声的统计特性与背景无关，在空间是独立的，除低频噪声之外，其他噪声都近似服从高斯分布。因此，可以认为红外图像中的瞬态噪声整体近似于高斯分布，相邻图像噪声无相关关系，可以表示为

$$n_T(x,y)\sim N(0,\sigma_n^2) \tag{6-6}$$

此外，由于红外探测设备硬件部分的不断改进和发展，瞬态噪声在很大程度上可以通过采用斯特林闭式循环制冷技术有效降低。

空间噪声又称空间固有模式噪声，主要来源包括探测器盲元和响应非均匀性。盲元（也称失效像元）是指光电信号转换规律异常的像元，通常表现为亮点或暗点。图 6-1 所示为未经盲元校正的红外图像，图像的两个盲元与场景边缘细节或小目标差别较小，难以区分。

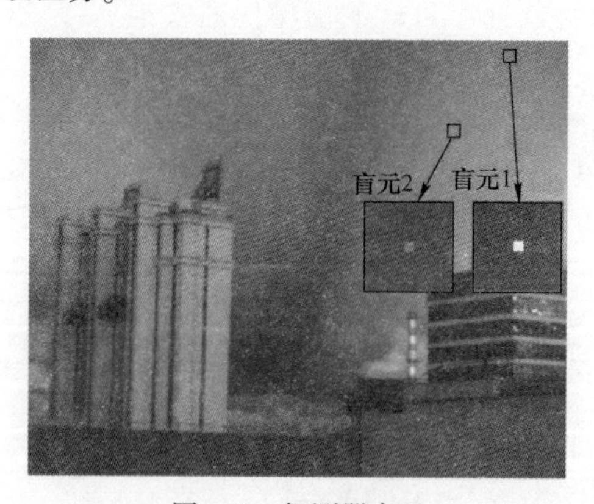

图 6-1　探测器盲元

根据国家标准焦平面参数测试方法中提到的响应法，像元的响应值不满足以下条件就为盲元：

$$\frac{\overline{R}}{n} \leqslant R(i,j) \leqslant n\overline{R} \tag{6-7}$$

式中：$\overline{R}$ 为探测器像元的平均响应值，计算公式为：

$$\overline{R} = \frac{1}{M \cdot N}\sum_{i=1}^{M}\sum_{i=1}^{M} R(i,j) \tag{6-8}$$

根据文献的研究盲元通常由生产工艺过程中的材料缺陷导致，不同类型的盲元具有不同的光电响应特性。以本章使用 HAMAMATSU InGaAs 短波红外成像仪为例，如图 6-2 所示，在光学系统光圈不改变时，红外探测器盲元的强度分布可以视为高斯分布。

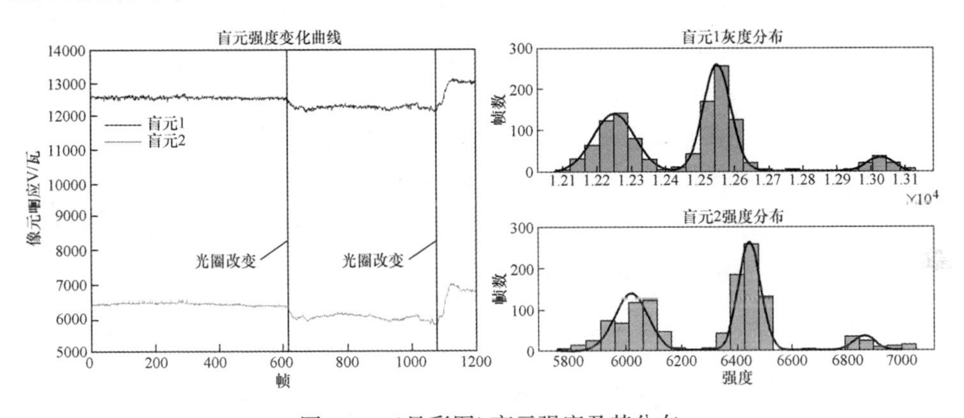

图 6-2 （见彩图）盲元强度及其分布

盲元的存在严重影响图像中小目标的检测，导致出现漏检。目前，对盲元的检测算法有很多，常用的检测方法有辐射定标法、基于场景的检测法两类。辐射定标法无法有效检出随机盲元，基于场景的检测法能够对探测器产生的随机盲元进行实时检测。利用均匀背景的红外成像灰度值服从正态分布的统计特征，3σ 法[10]将响应灰度值在平均响应灰度值在 3σ 之外的像元判定为盲元。但是，由于红外焦平面阵列元响应的非均匀性，全局阈值判易将点元误判。孙超等[32]提出改进局部 3σ 法，用大小为 $(2N+1)\times(2N+1)$ 的窗口对像元进行加窗，实现对盲元实时的动态检测。为了提高算法实时性，张桥舟等[11]分析了矩阵参数 k、b 的分布状态，设计 FPGA 加速处理数据流的硬件结构。

基于 3σ 准则的方法对复杂场景的适应性不足，在对小目标进行检测与跟踪时，容易将点目标误判为盲元，从而对目标的检测和识别造成障碍。为了避免对小目标的误判，冷寒冰等[12]提出基于模糊中值与时域累积的自适应检测法，为了避免对黑体辐射定标的依赖，李召龙和韩玉龙[13]时域平均野值提取（TMOE）法，利用 K 帧连续红外图像的时域平均检测随机盲元。李成立等[14]提出改进的 TMOE

法，通过帧间时域平均和帧内空域平均做差，对盲元进行判别，该算法对连续盲元具有更好的检测效果。

综上所述，对红外小目标检测影响最为显著的噪声是探测器盲元。因此，在小目标检测研究中必须考虑对盲元检测和替换的预处理，提高红外图像的质量，减少漏检或过检问题。

6.1.1.2 红外图像目标和场景特性

自 1989 年以来，国际光学工程学会（SPIE）每年都会举办红外小目标探测国际会议，讨论最新的研究成果。SPIE 对小目标的描述如下：

（1）对比度小于 15%；

（2）信噪比小于 1.5；

（3）目标尺寸小于整幅图像的 0.15%。

根据这个定义，目标通常被描述为“弱”和“小”。“弱”主要体现在低对比度和低信噪比；“小”是由于目标在整个红外图像中所占的像素数较少。单个小目标图像的能量分布为点光源的响应函数，即点扩散函数，光学传递函数为对应的傅里叶变换，目标光强分布可用圆孔衍射模型进行建模，表达式如下：

$$I(\Phi)=I_0\left[\frac{2J_1(\Phi)}{\Phi}\right]^2 \tag{6-9}$$

图 6-3 展示了 5 个典型的低空红外场景和相应的三维（3D）表面图像，其中目

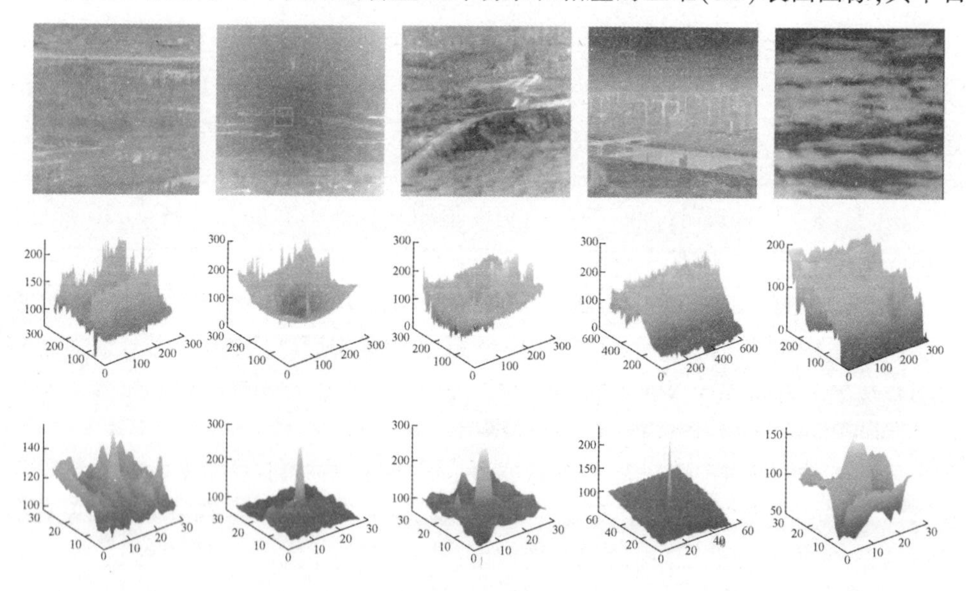

图 6-3 （见彩图）典型低空场景红外小目标图像

标用红色矩形标记。为了更好地可视化,目标及其邻域的 3D 表面图像在第三行显示。显然,目标的尺寸比较小,没有相应的形状和纹理特征。此外,在不平滑和不均匀的场景中存在厚厚的雾云和人造结构或者建筑物,这大大阻碍了正确检测。这些因素都使目标很容易被复杂的场景淹没,增加了小目标检测的难度。

6.1.2 基于局部异质性的密度峰值搜索

基于红外图像特性分析发现,在景物干扰严重的空间复杂场景中,背景复杂多变。密度峰值搜索难以应用于目标点临近高亮度背景杂波的情况,此时目标像素的 δ-distance 较小,很容易引起“集中效应”,使目标在提取候选点时被忽略。为此,本章提出了一种基于局部异质性的密度峰值搜索。针对密度峰值搜索算法定义像素强度为密度,如果杂波中像素 j 的强度大于目标像素 i,并且 i 和 j 之间距离 d_{ij}较小,那么 δ_i也较小。因此,简单地将像素强度定义为密度,导致算法存在漏检。需要一种方式来定义密度,使高亮度的背景和杂波得到抑制,同时增强目标。此外,由于图像中每个像素都需要计算密度,密度的计算应该足够迅速。

6.1.2.1 基于局部异质性目标增强

红外小目标通常形状各异和无明显纹理特征,但是与周围的背景像素相比,它们往往表现为异质且紧凑的区域[15]。为了避免盲元等噪声的影响:首先通过 6.1.1 节提及的 TMOE 法检测盲元,并采用局部中值滤波法进行盲元补偿;然后使用顺序统计滤波器对图像进行滤波。考虑到“异质性”是目标像素与背景像素的重要区别,本节构建了一种局部异质性度量(LHI)作为密度特征。首先应用 5×5 像素的均值滤波器来平滑图像,进一步降低 PHNB 对算法的影响[3],将平滑后的图像表示为 g。对于平滑后的图像,像素点 i 的局部异质性度量 I_{LH} 定义为

$$I_{\mathrm{LH}}(i)=\max(g_i-\mathrm{mean}(W\backslash i),0) \tag{6-10}$$

式中:W 为以 i 为中心的 $l\times l$ 的局部窗口;$W\backslash i$ 为 W 中除中心像素外的区域;$\mathrm{mean}(W\backslash i)$为区域 $W\backslash i$ 中元素的均值。

LHI 统计了像素点 i 与它周围像素的差异。对于目标点,其强度必然大于局部窗口的大多数像素,I_{LH}会很大;如果 i 位于高亮度背景和杂波的边缘,局部窗口一部分像素的强度接近 i 的强度,另一部分小于 i,$\mathrm{mean}(W\backslash i)$略小于 g_{i},相较于 i 为目标像素的情况,I_{LH}将减小;如果 i 位于高亮度背景和杂波的内部,$\mathrm{mean}(W\backslash i)$接近 g_{i},I_{LH}也接近 0。因此 LHI 能够有效抑制高亮度背景杂波,并增强目标。

6.1.2.2 异质性密度搜索

图 6-4 (a)为目标周围的局部图像三维示意图,图 6-4(b)所示为 LHI 的处理

结果,从中可以看到高亮度杂波被抑制,目标得到了增强。为了验证 LHI 的有效性,用 LHI 处理图 6-5 中目标周围的局部图像(黑色圆圈)。

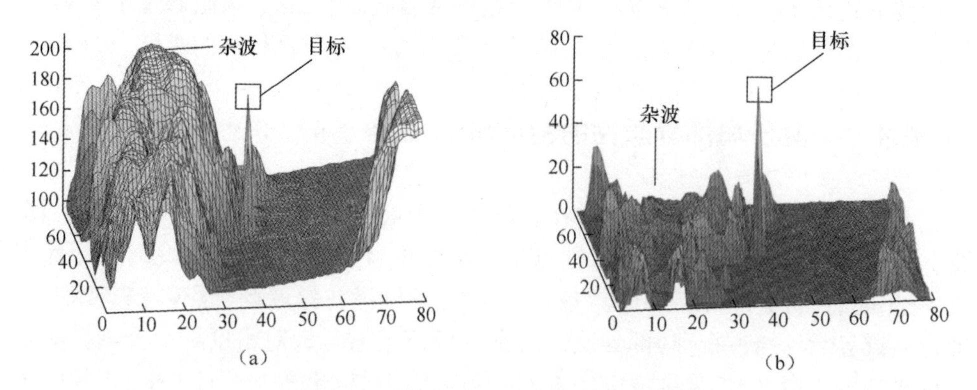

图 6-4 (见彩图)LHI 背景抑制效果

(a)目标周围的局部图像三维示意图;(b)LHI 的处理结果。

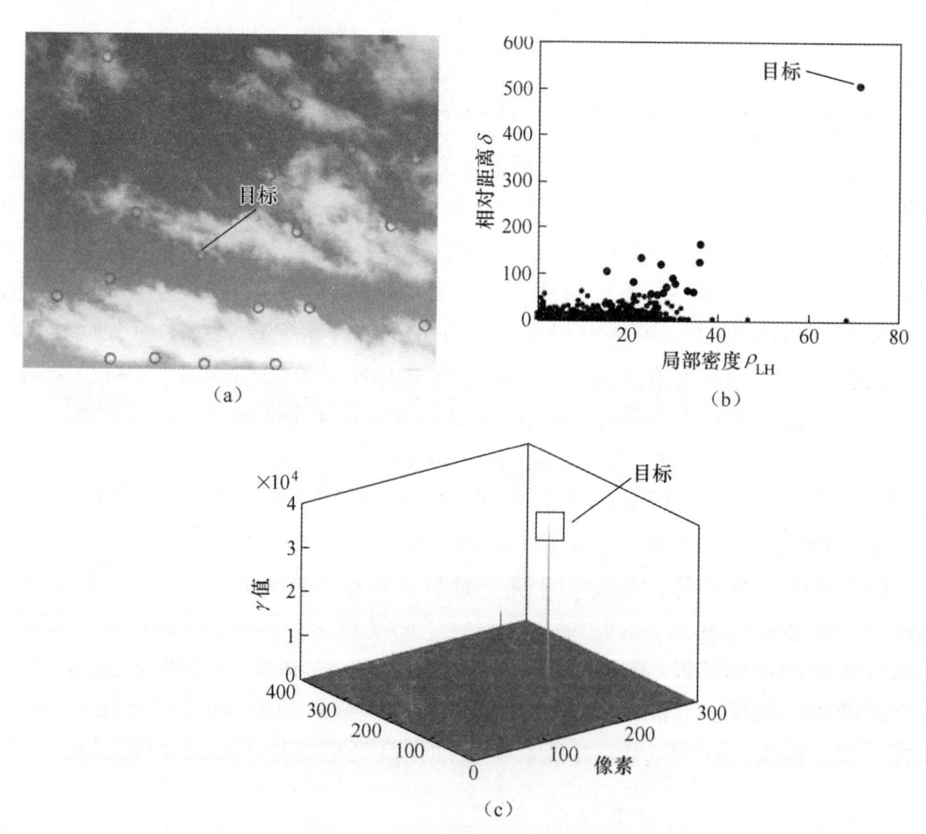

图 6-5 (见彩图)改进密度峰值搜索图像的结果

(a)改进密度峰值搜索的检测结果;(b) 目标点在 $\rho-\delta$ 空间中的位置;(c) 图像的 γ 值。

改变密度峰值搜索中密度的定义,如式(6-11)所示,将 LHI 作为密度:

$$\rho_{LH} = I_{LH} \tag{6-11}$$

按下式计算:

$$\gamma = \rho_{LH} \times \delta \tag{6-12}$$

按照式(6-12)得到γ,用新的峰值密度搜索算法检测图 6-3 中的目标,图 6-5(a)显示了检测的候选点,如图 6-5(b)所示,目标像素在ρ-δ空间远离背景像素,背景杂波和噪声在图中得到了几乎完美的抑制。

本章通过研究在景物干扰严重的近地场景中的背景和目标特性,从图像的角度分析了密度峰值搜索受临近高亮度背景杂波影响导致的“集中效应”。在此基础上结合盲元补偿和背景抑制算法,探索出一种基于局部异质性的密度峰值搜索,通过局部异质性密度提高密度峰值搜索对高亮及临近杂波的鲁棒性。最后,通过对比实验加以验证,为后续与密度峰值搜索算法研究提供基础。

6.2 改进密度峰与局部灰度差分的单帧目标检测方法

在红外搜索和跟踪(IRST)实际应用中,目标和背景通常以非常高的速度快速变化,序列图像的帧与帧之间很难配准,快速移动的传感器平台通常会使目标的运动轨迹不一致。此外,序列检测的算法性能通常也依赖单帧算法检测的结果。这些因素降低了基于时空方法的检测性能,因此研究单帧目标检测算法对于提高红外小目标检测的性能和实现工程实时性具有重要意义。

针对 DPS-GVR 存在的问题,本章提出基于改进密度峰值搜索的单帧目标检测方法。该方法包含两个主要阶段:用改进密度峰值搜索(MDPS)提取候选目标,用局部灰度差分(LGD)度量从候选目标点中分辨出真实目标。

6.2.1 基于密度峰值搜索和局部灰度差分的检测方法

针对目标的暗弱特性和复杂多变的背景并存难以剥离的情况,提出了一种方法——改进密度峰值搜索和局部灰度差分。首先,用改进密度峰值搜索从图像中选择候选点。接着,通过局部异质性度量和迭代搜索,解决了“集中效应”并提升了算法效率。然后,根据小目标和背景的局部特征差异,用一种局部灰度差分度量来描述候选点的局部对比度。最后,使用自适应阈值提取目标。

不同于 DPS-GVR 和 LF-DPS[28],在 DPS-GVR 中用灰度值定义密度,LF-DPS用 LTrP 生成特征作为图像密度图,然后将像素转换为密度-距离空间提取候选点,本章的方法将 LHI 作为密度图,并用迭代搜索加快了计算 δ-distance 的

速度。此外,本章的方法使用 LGD 来区分真实目标不同于文献[5]中采用的融合特征。本章算法的主要创新点可以总结如下:

(1) 构建了一种局部异质性度量作为密度特征,抑制高亮度背景杂波。

(2) 通过迭代搜索计算 δ-distance,提升算法效率。

(3) 提出了一种新颖的局部灰度差分度量来描述候选点的局部对比度,更好地突出目标。

6.2.1.1 检测方法的框架

如图 6-6 所示,针对 DPS-GVR 存在的问题,本章的改进方法包含两个主要阶段:用改进密度峰值搜索提取候选目标,用局部灰度差分度量从候选目标点中分辨出真实目标。下面详细介绍了基于 MDPS-LGD 红外小目标检测方法。

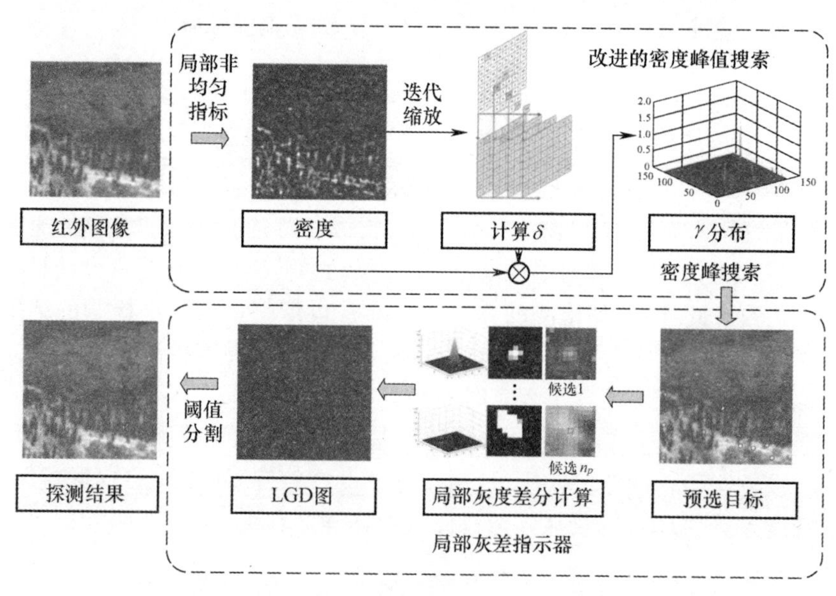

图 6-6 本章提出的方法流程图

6.2.1.2 基于顺序迭代加速改进方法

为了克服密度峰值搜索算法的缺陷,提出了基于顺序迭代加速改进方法,采用快速地计算策略来获取 δ-distance。以下部分描述了所提出的算法。

搜索密度峰值的过程中需要计算每个像素的 δ-distance,文献[1]中的计算策略重复对 3×3 窗口内元素进行排序来计算窗口内元素的 δ-distance,造成了不必要的时间消耗。因此,本节给出了一种计算策略,通过迭代缩放图像获取每个像素的 δ-distance。在每次迭代时,将密度从大到小排序,先处理密度大的点。这样对密度图进行一次排序，能够有效地减少计算时间。对于输入的原始密度图 ρ，快速计算 δ-distance 的算法如下：

令 $D^{(1)}=\rho, S^{(1)}=0, k=1$，重复下面的迭代过程，直到 $D^{(k)}$ 长和宽等于 1。

（1）将 $D^{(k)}$ 中所有元素从大到小排序，排序后元素的索引表示为 I_{des}。

（2）遍历 I_{des}，对于 I_{des} 中元素 (i,j)，执行（3），直到标记矩阵 $\boldsymbol{S}^{(k)}$ 中所有元素均为 1。然后停止遍历，执行（4）。

（3）令 $\boldsymbol{S}^{(k)}(i,j)=1$。如图 6-7（b）所示，$U_{(i,j)}$ 表示在 $D^{(k)}$ 中以 (i,j) 为中心的 3×3 区域，对于 $U_{(i,j)}$ 中每个点 (s,t)，如果 $\boldsymbol{S}^{(k)}(s,t)=0$：令 $\boldsymbol{S}^{(k)}(s,t)=1$，$D^{(k)}(s,t)=0$，令 p、q 分别表示 $D^{(k)}(s,t)$ 和 $D^{(k)}(i,j)$ 在 ρ 中对应点，计算 p 点的 δ-distance：

$$\delta_p = d_{pq}^{\rho} \tag{6-13}$$

（4）缩放 $D^{(k)}$ 到原来的一半，保留 $D^{(k)}$ 中大于 0 的点，缩放结果 $D^{(k+1)}$ 中任意点可表示为

$$D^{(k+1)}(i,j) = \max_{(s,t)\in V_{(i,j)}} D^{(k)}(s,t) \tag{6-14}$$

式中：$V_{(i,j)}$ 表示的区域如图 6-7（b）所示。

定义标记矩阵 $\boldsymbol{S}^{(k+1)}$，$\boldsymbol{S}^{(k+1)}$ 中任意点可表示为

$$\boldsymbol{S}^{(k+1)}(i,j) = \begin{cases} 1, & D^{(k+1)}(i,j) = 0 \\ 0, & \text{其他} \end{cases} \tag{6-15}$$

令 $k=k+1$。最后，对于 D 中最大密度值点 i，令 $\delta_i = \max\limits_{j}(d_{ij}^{\rho})$。

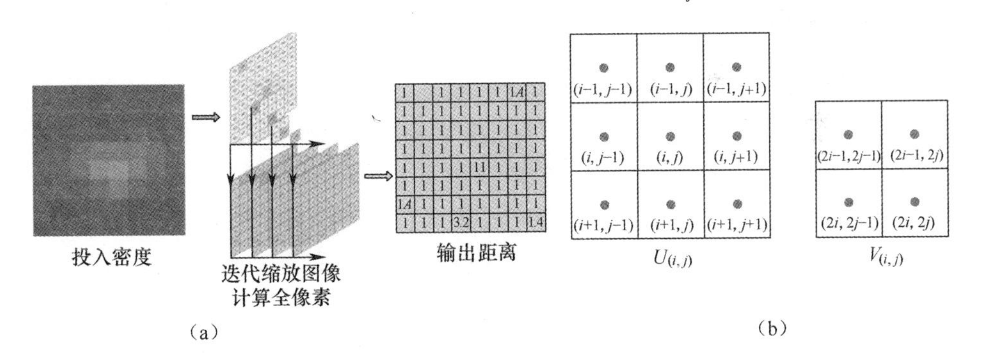

图 6-7　计算 δ-distance 的流程图

（a）原理图；（b）$U(i,j)$ 和 $V(i,j)$ 表示的区域。

本节提出了一种从红外图像中选择候选目标点的算法，称为改进的密度峰值搜索（MDPS）算法。这个算法将 LHI 作为密度，并通过顺序缩放计算像素点的 δ-distance。MDPS 的详细流程见算法 1。根据这个流程，可以建立以复杂度为指标的评价标准，解释设计的计算策略如何提升效率。如上所述，在文献[1]中的计算

策略重复对 3×3 窗口内元素进行排序来计算窗口内元素的 δ-distance，这个过程的时间复杂度为 $O(3.1699N)$。在本章的算法中遍历排序后的密度图的复杂度为 $O(N)$。通过复杂度可以看出，本节的计算策略提高了算法的效率。

算法 1　改进密度峰值搜索

Input: Infrared image $I \in \mathbb{R}^{w\times h}$

Output: Candidate target pixels set C

1: Initialize: $\rho = \mathbf{0}_{w\times h}$, $\delta = \mathbf{0}_{w\times h}$.

2: Calculate the density ρ according to (6-11).

3: $D^{(1)}=\rho, S^{(1)}=0$, $k=1$, $[m,n]$ =size(D_1).

4: **while** $m>1$ **or** $n>1$

5: Sort all the pixels by $D^{(k)}$ in descending order. The index vector of the sorted result is I_{des}.

6: **for** each index (i,j) in I_{des} **do**

7: $\boldsymbol{S}^{(k)}(i,j)=1$

8: **for**(s,t) in $U_{(i,j)}$ **do**

9: if $\boldsymbol{S}^{(k)}(s,t)=0$

10: $\boldsymbol{S}^{(k)}(s,t)=1, D^{(k)}(s,t)=0$, Calculate δ by(6-13).

11: **end if**

12: **end for**

13: **end for**

14: Generate matrix $D^{(k+1)}=\mathbf{0}_{m/2\times n/2}$, $S^{(k+1)}=\mathbf{0}_{m/2\times n/2}$.

15: The value of the pixel (i, j) in the $D^{(k+1)}$ is obtained by(6-14).

16: The value of the pixel (i,j) in the $D^{(k+1)}$ is obtained by (6-15).

17: $[m,n]$ =size($D^{(k+1)}$), $k=k+1$.

18: **end while**

19: For the last pixel i in D_k, $\delta_i=\max_j(d_{ij}^{\rho})$.

20: Calculate the density peaks clustering index γ according to(6-12)

21: Sort all the pixels by γ in descending order.

22: Output candidate target pixels set C with the first n_p pixels.

6.2.1.3 局部灰度差分度量检测

为了从候选目标点(密度峰值)中区分出真正的目标,设计了一种相较于 GVR 更为有效的特征,称为局部灰度差分度量。首先,使用随机游走算法[16]对局部图像进行分割,提取与候选像素紧密相关的区域,此区域称为“核心区域”。然后,构建了一种最小灰度差分元素,并将核心区域对最小灰度差分元素的最大响应作为候选像素的局部灰度差分度量。

1) 局部块种子点提取

图 6-8 显示了放进密度峰值搜索算法得到的两个候选目标周围的局部区域。图 6-8(a)和(b)分别为包含目标像素和背景像素的局部图像。放进密度峰值搜索找到的候选像素通常为局部窗口的最大值点,不过目标像素和背景像素存在一些差异。如图 6-8(a)所示,目标区域在全方向上与周围的背景之间均存在明显的差异。图 6-8(b)的局部图像在某一方向(箭头)上与中心像素差异较小,呈现出某一方向上的一致性。因此,可以利用目标区域的特征和背景像素的“方向一致性”来辨别目标和背景像素。

2) 基于随机游走图像分割

随机游走(RW)算法能够基于少量标记像素实现图像分割,即 RW 算法可以计算任意未标记像素属于每个标记的概率。随机游走是一种基于随机过程的数学模型,能将未标记的元素引向具有最高可能性的标记种子。给定一张图 $g=(\nu,\varepsilon)$,其中 ν 表示图的节点集合,ε 表示节点间的边集合,随机游走模型的任务是将节点分为 K 类。假设元素集合为 $\chi=\{x_1,x_2,\cdots,x_N\}$,其中 $x_1\in R^m$,N 是元素数。χ 中任意两个节点 x_u 和 x_v 之间的边由权重矩阵 $\boldsymbol{W}_{M\times N}$ 来量化。假设任意两个节点之间的连接都是无向的($\boldsymbol{W}_{uv}=\boldsymbol{W}_{vu}$),并且 $\boldsymbol{W}_{uv}$,由高斯加权函数计算:

$$\boldsymbol{W}_{uv}=\exp\left(-\frac{|I_{xu}-I_{xv}|^2}{\sigma^2}\right) \tag{6-16}$$

式中:I_{xu} 为节点 x_u 的亮度;σ 为高斯函数的标准差。

节点 x_u 的度(degree)可表达为

$$d_u=\sum_v \boldsymbol{W}_{uv} \tag{6-17}$$

将元素集合 χ 分解为 χ_{M} 和 χ_{U},分别表示标记种子节点集合和未标记元素集合,且满足 $\chi_{\mathrm{M}}\cup\chi_{\mathrm{U}}=\chi$,$\chi_{\mathrm{M}}\cap\chi_{\mathrm{U}}=\varnothing$。根据下式定义的标签函数,可将集合 χ_{M} 中的元素划分为 K 类:

$$Q(x_u)=k(k\in\mathbf{Z},0<k\leqslant K) \tag{6-18}$$

假设 $\boldsymbol{p}^k=[p_1^k,p_2^k,\cdots,p_N^k]=[(\boldsymbol{p}_{\mathrm{M}}^k)^{\mathrm{T}},(\boldsymbol{p}_{\mathrm{U}}^k)^{\mathrm{T}}]$ 表示 χ 中的元素标记为第 k 类的概率向量,其中 $\boldsymbol{p}_{\mathrm{M}}^k$ 和 $\boldsymbol{p}_{\mathrm{U}}^k$ 分别对应于 χ_{M} 和 χ_{U} 中元素标记为第 k 类的概率向量。

对 $\forall x_s \in \mathcal{X}_{\mathrm{M}}$ ，x_s 被标记为第 k 类的概率为

$$p_k^s = \begin{cases} 1, & Q(x_s = k) \\ 0, & 其他 \end{cases} \tag{6-19}$$

定义 $N \times M$ 的拉普拉斯矩阵(Laplacian matrix) $\boldsymbol{L}$ 为

$$\boldsymbol{L}_{uv} = \begin{cases} d_u, & u = v \\ -W, & e_{uv} \in \varepsilon \\ 0, & 其他 \end{cases} \tag{6-20}$$

由于节点之间的边是无向的,因此矩阵 $\boldsymbol{L}$ 是实对称矩阵。基于上述理论,最优的 p^k 可以通过求解最小化分解迪利克雷积分(decomposed Dirichlet integral)得到

$$\boldsymbol{D}[\boldsymbol{p}^k] = \frac{1}{2}(\boldsymbol{p}^k)^{\mathrm{T}}\boldsymbol{L}\boldsymbol{p}^k = \frac{1}{2}[(\boldsymbol{p}_{\mathrm{M}}^k)^{\mathrm{T}} \quad (\boldsymbol{p}_{\mathrm{U}}^k)^{\mathrm{T}}]\begin{bmatrix} \boldsymbol{L}_{\mathrm{M}} & \boldsymbol{B} \\ \boldsymbol{B}^{\mathrm{T}} & \boldsymbol{L}_{\mathrm{U}} \end{bmatrix}\begin{bmatrix} \boldsymbol{p}_{\mathrm{M}}^k \\ \boldsymbol{p}_{\mathrm{U}}^k \end{bmatrix} \tag{6-21}$$

求解最小化式可以转化为求解 $\partial D[\boldsymbol{p}^k]/\partial \boldsymbol{p}^k = 0$,从而有

$$\boldsymbol{P}_{\mathrm{U}}^k = -\boldsymbol{L}_{\mathrm{U}}^{-1}\boldsymbol{B}\boldsymbol{P}_{\mathrm{M}}^k \tag{6-22}$$

为了利用目标区域的特征和背景的方向一致性,与文献[17-18]中的工作类似,将 RW 用于以候选像素为中心 $d \times d$ 的局部区域。图 6-9(a)显示了标记策略,候选像素被标记为第 1 类,局部区域四条边(E_1, E_2, E_3, E_4)中的最小值点被标记为第 2 类。以图 6-8 为例,使用设计的标记策略分割中的局部图像块,由于目标区域内像素的灰度值显著地高于周围的背景像素的灰度值,目标区域内像素被均标记为第 1 类。图 6-8(b)局部块中平滑的区域内的像素被标记为第 1 类。标记为第 1 类的点集合称为“核心区域”。

3) 最小灰度差分元素

计算候选像素的 LGD 的过程如下。将候选目标集合 C 中第 k 个点记为 c_k,应用 RW 算法分割以 c_k 为中心的局部块,A_k 表示核心区域。对于 A_k 中的每个点 p,如图 6-9(b)所示,将以 p 为中心的局部块划分为 m 个区域 $\boldsymbol{\Phi}^1$ ，$\boldsymbol{\Phi}^2$ ，…，$\boldsymbol{\Phi}^m$ ，$\boldsymbol{\Phi}_p^j$ 表示到 p 点切比雪夫距离为 j 的点构成的集合:

$$\boldsymbol{\Phi}_p^j = \{q \mid \max(|p_x - q_x|, |p_y - q_y|)\} = j \tag{6-23}$$

构建向量 $\boldsymbol{s} \in \mathbb{R}^m$,$\boldsymbol{s}$ 中每个元素 s_j 为

$$s_j = \frac{1}{K}\sum_{i}^{K}(g_p - g_i^j) \tag{6-24}$$

式中: g_i^j 表示区域 $\boldsymbol{\Phi}_p^j$ 中第 i 个最大灰度值;g_p 表示 p 点的灰度值。K 表示为了消除异常值的影响考虑的局部最大灰度值的数量,K 取值为 2 或 3。s_j 描述了像素点 p 和 $\boldsymbol{\Phi}_p^j$ 中像素的最小灰度差,定义 p 的最小灰度差分元素为

$$\mathrm{MGDE}_p = \begin{cases} \boldsymbol{s} \cdot \mathrm{abs}(\boldsymbol{s}) & ,\left(\boldsymbol{s} \cdot \mathrm{abs}(\boldsymbol{s}) > \left(\dfrac{g_p}{\tau}\right)^2\right) \\ 0, & ,\text{其他} \end{cases} \tag{6-25}$$

式中：abs(·) 表示对向量中所有元素取绝对值；τ 为背景抑制因子，考虑到背景像素强度比小目标中心像素强度低，τ 取值为 5～10。

定义 c_k 的局部灰度差分度量（LGD）为

$$I_{\mathrm{LGD}}^k = \max_{p \in A_k}(\mathrm{MGDE}_p) \tag{6-26}$$

由于小目标核心区域的亮度在各个方向均高于邻域像素，当 c 为小目标时，Φ_p^j 在候选点 c 核心区域以外，s_j 取值远大于 0。Φ_p^j 在核心区域以内，s_j 接近 0，ILGD 将很大。c 为背景时，由于背景像素的"方向一致性"，$\boldsymbol{s}$ 的所有分量都接近 0，ILGD 将很小。考虑到红外图像中小目标的尺寸通常小于 9×9 像素，将参数 d 设为 11，m 设为 5，使局部块能够完全包含小目标。图 6-8 的第 4 列显示了目标和背景候选点周围的局部块的 MGDE，目标区域的强度显著高于背景，目标和背景区域候选点的 I_{LGD} 分别为 24360 和 751。因此，局部灰度差分度量（LGD）能够利用候选点中目标和背景的特征，辨别出真实目标。

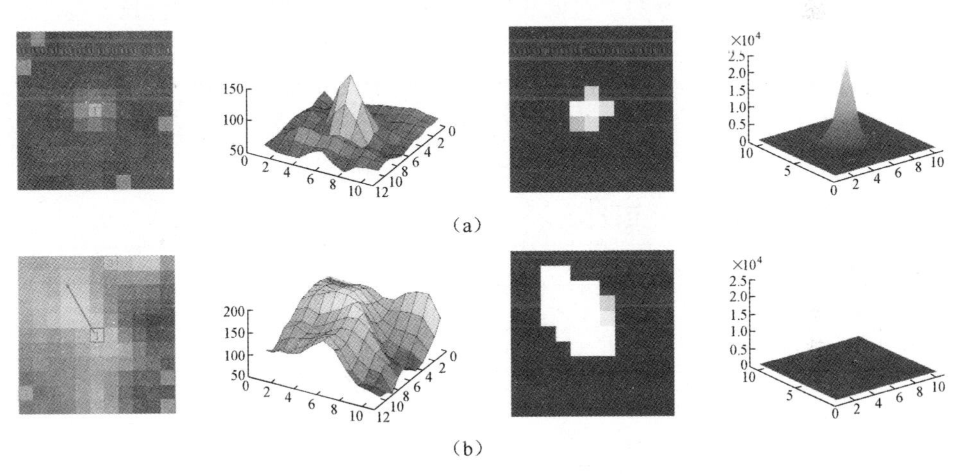

图 6-8 （见彩图）局部灰度差分度量处理候选目标点中的小目标和背景像素点
（a）小目标像素局部块；（b）背景像素局部块。

为了从候选点中提取有效目标，将核心区域相邻的两个候选点合并为一个，并取其中较大的 I_{LGD} 作为候选点的 LGD。具体地：对于任意两个候选点 c_i, c_j，如果存在 $p_i \in A_i$，使 $U_{p_i}/p_i \cap A_j \neq \varnothing$，从候选点集合 C 中移除 I_{LGD} 较小的候选点。从上面的讨论可以看出，真实目标的 LGD 将远大于背景杂波。因此，使用一个简单的阈值操作来提取真实目标，阈值定义为

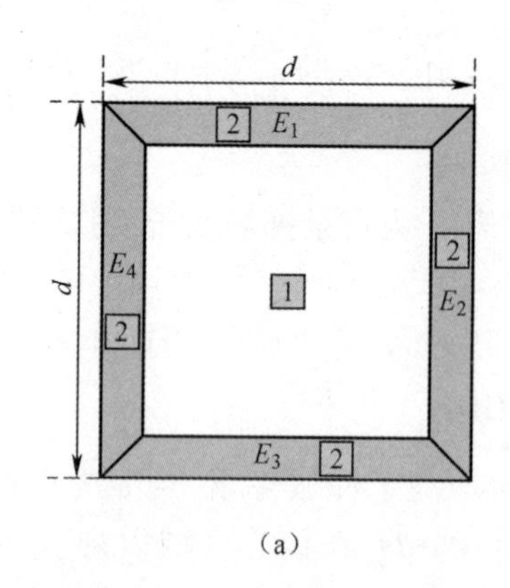

(a)

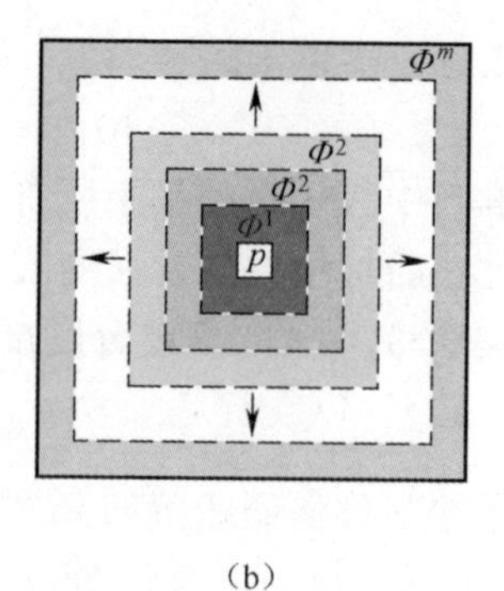

(b)

图 6-9　LGD 示意图

(a) RW 算法标记策略, $E_1 \sim E_4$ 为 $d \times d$ 局部区域的四条边,中心像素被标记为第 1 类,四条边上的最小值点被标记为第 2 类;(b)用于计算最小灰度差分元素的局部结构示意图。

$$T = \text{mean}(I_{\text{LGD}}) + \lambda * \text{std}(I_{\text{LGD}}) \tag{6-27}$$

式中: mean(·)、std(·) 分别为均值和标准差;λ 为固定的参数。选择 LGD 大于阈值 T 的候选点作为检测到的小目标。

在上述工作的基础上,设计了一种基于 LGD 的小目标检测算法,如算法 2 所示。所提出的算法包括三个主要步骤:①通过迭代密度峰值搜索获取候选目标点集合 C;②对每个候选目标点 c_k,计算核心区域 A_k 和局部灰度差分度量 I_{LGD}^k;③通过式(6-27)中阈值提取真实目标。

算法 2　基于 LGD 的小目标检测方法

Input: Infrared image $I \in \mathbb{R}^{w \times h}$

Output: Detection result

1: Obtain candidate target pixels set C according to Algorithm 1.

2: **for** any $c_k \in C$ **do**

3: 　Obtain core area A_k by RW algorithm.

4: 　**for** any $p \in A_k$ **do**

5: 　　Compute the MGDE_p according to formula(6-25).

6: 　**end for**

7: 　Compute the I_{LGD}^k according to formula(6-26).

8: **end for**

9: Extract targets from candidate target pixels using adaptive thresholding in formula(6-27).

6.2.2 实验结果分析

在本节中,首先介绍了对比的基准方法、评估指标和测试数据集。然后,分析了本章方法的抗噪性能。最后,通过定性和定量实验测试了每种方法的性能。所有实验均通过 MATLAB R2020a 在配备 4.3GH Intel i5-10400 CPU 和 16GB RAM 的个人计算机(PC)上完成。

6.2.2.1 实验设置

为了验证本章所提出方法的有效性和鲁棒性,本节的实验使用了 4 个具有不同背景的红外图像序列,表 6-1 展示了它们的详细信息。序列 1 由 100 张单帧图像组成,每张图像包含一个或多个目标,具有显著强边缘和干扰源的复杂背景。序列 2~序列 4 为连续图像序列,序列 2 包含 300 帧,每帧图像中有一个尺寸小于 6×6 像素的目标。序列 3 包含 180 帧,每帧图像含有一个尺寸大于 6×6 像素的目标。序列 4 每张图像包含两个靠近的目标,此外图像还含有高亮噪声像素(PNHB)和条带噪声。在 4 个序列中目标间的最小距离大于 10 像素。4 个序列的一些代表帧如表 6-2、图 6-11 和图 6-12 所示,其中目标都用红色圆圈标记。

表 6-1 8 种方法的参数设置

方法	参数设置
MKRW	$K=4$, $p=6$, $\beta=200$, window size:11×11
IPI	patch size:50×50, sliding setp:10, $\lambda = 1/\sqrt{\max(m,n)}$, $\varepsilon = 10^{-7}$
NRAM	patch size:50×50, sliding setp:10, $\lambda = 1/\sqrt{\min(m,n)}$, $\varepsilon = 10^{-7}$, $\gamma = 0.002$
PSTNN	patch size:40×40, sliding setp:40, $\lambda = 0.6/\sqrt{\min(n_1,n_2) * n_3}$, $\varepsilon = 10^{-7}$, $\gamma = 0.002$
DNGM	$N=3$
MPCM	$N=3,5,7,9$; $L=3$
DPS-GVR	$n_p=20$, $n_k=0.0015\times mn$
建议参数	$l=4$, $d=11$, $m=5$, $\tau=8$, $\lambda=1.2$

表 6-2 4 个实际图像序列的细节

序列号	帧数	帧尺寸	目标	目标尺寸	背景	杂波描述
序列 1	100	278×360,128×128	141	3×3 到 9×9	建筑、海洋等	噪声严重,边缘突出
序列 2	300	256×256	300	3×3 到 5×5	多云的天空	不规则云
序列 3	180	256×256	300	6×6 到 11×11	海洋	背景杂乱的海平面
序列 4	100	256×256	200	10×3,3×2	天空	高亮噪声及条带噪声

对比的基准方法包括一些经典方法和最近提出的先进方法，如 MPCM[19]、IPI[20]、NRAM[21]、PSTNN[22]，以及最近的 DNGM[23]、FKRW[24] 和 DPS-GVR[1]。FKRW 基于小面核滤波和随机游走实现小目标检测。IPI、NRAM 和 PSTNN 是基于主成分分析的方法，MPCM 和 DNGM 是基于 HVS 的多尺度检测方法。DPS-GVR 基于密度峰值搜索挑选候选点，并通过灰度区域增长提取真实目标。表 6-1 显示了实验中使用的所有方法及其参数设置。

为了进行全面比较，本节从图像质量、检测精度和运行速度三个方面评价小目标检测算法的性能。红外小目标检测算法输出的增强图像的质量，可以由背景抑制因子（BSF）和对比度增益（CG）定量地描述[25]。通常，BSF 和 CG 的定义如下：

$$\mathrm{BSF}=\frac{\sigma_r}{\sigma_e} \tag{6-28}$$

$$\mathrm{CG}=\frac{\mathrm{CON}_e}{\mathrm{CON}_r} \tag{6-29}$$

式中：σ_r、σ_e 分别为原始图像和增强图像的标准差；CON_r、CON_e 分别为原始图像和增强图像的对比度。

对比度（CON）定义为

$$\mathrm{CON}=|m_t-m_b| \tag{6-30}$$

式中：m_t 为目标像素的均值；m_b 为目标相邻区域中背景像素的平均值。

目标的相邻区域被定义为距离目标中心小于 16 像素的区域。由于 DPS-GVR 仅计算候选像素点的 GVR 值，不输出增强图像。在评价时，用候选像素的 GVR 来定义增强图像，具体而言，定义 DPS-GVR 的增强图像 I_e 为

$$I_e(i)=\begin{cases}\mathrm{GVR}(i),(i\ \text{作为候选像素})\\ 0,(\text{其他})\end{cases} \tag{6-31}$$

同样地，对于本章的方法，使用 MGDE 来定义增强图像。考虑上述定义，增强图像中仅候选点不为 0。为了更好地评价这些方法的目标增强能力，定义新的对比度为

$$\mathrm{CON}=|M_t-m_b| \tag{6-32}$$

式中：M_t 为目标像素的最大值，用上面定义的对比度来计算对比度增益 CG。

此外，为了描述图像中的噪声强度，定义图像的信杂比为

$$\mathrm{SCR}=\frac{\mathrm{CON}}{\sigma} \tag{6-33}$$

式中：σ 为目标相邻区域的标准差。采用受试者工作特征（ROC）曲线评估算法的检测性能，ROC 曲线的纵坐标是检测概率 R_d，横坐标是虚警率 R_f，定义如下：

$$R_d=\frac{\text{正确检测数量}}{\text{总目标数量}} \tag{6-34}$$

$$R_f = \frac{\text{错误检测数量}}{\text{总目标数量}} \tag{6-35}$$

ROC 曲线显示了真实检测和错误检测之间的权衡,曲线更靠近左上角的算法具有更好的性能。本节通过计算曲线下面积(AUC),定量比较 ROC 曲线。

6.2.2.2 抗噪性能

密度峰值搜索算法对图像中的噪声,特别是对高亮噪声像素(PNHB)的鲁棒性较差。本章所提出的方法基于密度峰值搜索,为了评估算法的抗噪能力,从序列 1 中选择了 4 张红外图像,向它们中人为地添加高斯白噪声,噪声的均值为 0,方差为 0.005。图 6-10 的第一行显示了原始图像,第二行显示了添加噪声的图像,本章所提出的方法处理结果在第三行。在添加高斯白噪声后,图像中的目标变得难以辨别。然而,所提出的方法可以仍然有效地增强目标。将上述实验重复 100 次,并记录未处理和已处理图像的平均信杂比,实验的结果见图 6-10。

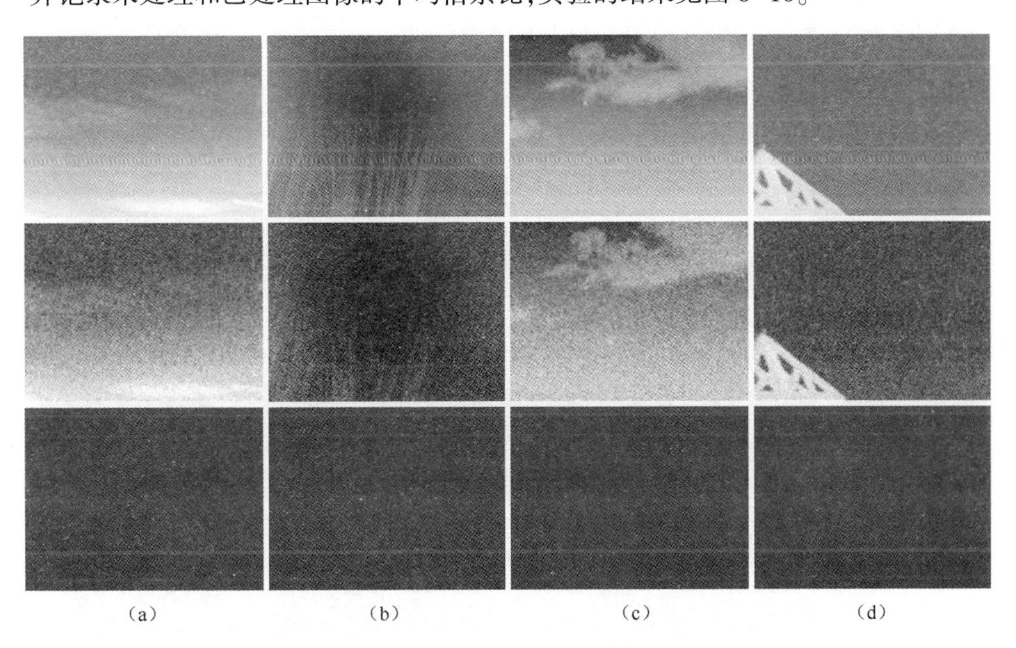

图 6-10　本章所提方法对 4 幅加噪图像的处理结果

(a)~(d) 4 张选自序列 1 的红外图像,

第一行是原始图像,第二行是添加噪声的图像,第三行显示了本章所提出方法的增强图像。

从表 6-3 可以看出,添加噪声后图像的信噪比明显下降。在 4 个场景中,本章的方法处理后增强图像的信杂比仍然大于 20,图像中大多数杂波和噪声都被抑制了。这表明本章的方法具有一定的抗噪能力。

表 6-3　图 6-10 中图像的平均信杂比

图像类型	原始图像	增强图像	添加噪声的图像	增强的图像
图 6-10 (a)	2. 8262	31. 5807	1. 7068	27. 3232
图 6-10 (b)	6. 3872	23. 0794	3. 4259	22. 9246
图 6-10 (c)	5. 8426	21. 6889	2. 8987	21. 0840
图 6-10 (d)	7. 2077	26. 3750	2. 1380	24. 2110

6. 2. 2. 3　图像质量

图 6-11 和图 6-12 显示了不同的方法对 4 个序列中代表性图像的处理结果。将所有方法得到的增强图像归一化,用红色方框标记了检测成功的目标,用黄色方框标记了误检。可以看到,本章所提出的方法准确地检测了所有的目标,实现了最佳的杂波抑制和目标增强效果。相比之下,基准方法不能同时在 4 个序列上具有很好的性能。在所有基准方法中,FKRW 有最好的目标增强能力,FKRW 成功地增强了序列 1 中的所有目标,完全消除了杂波。但是,对于序列 2 中的图像,FKRW

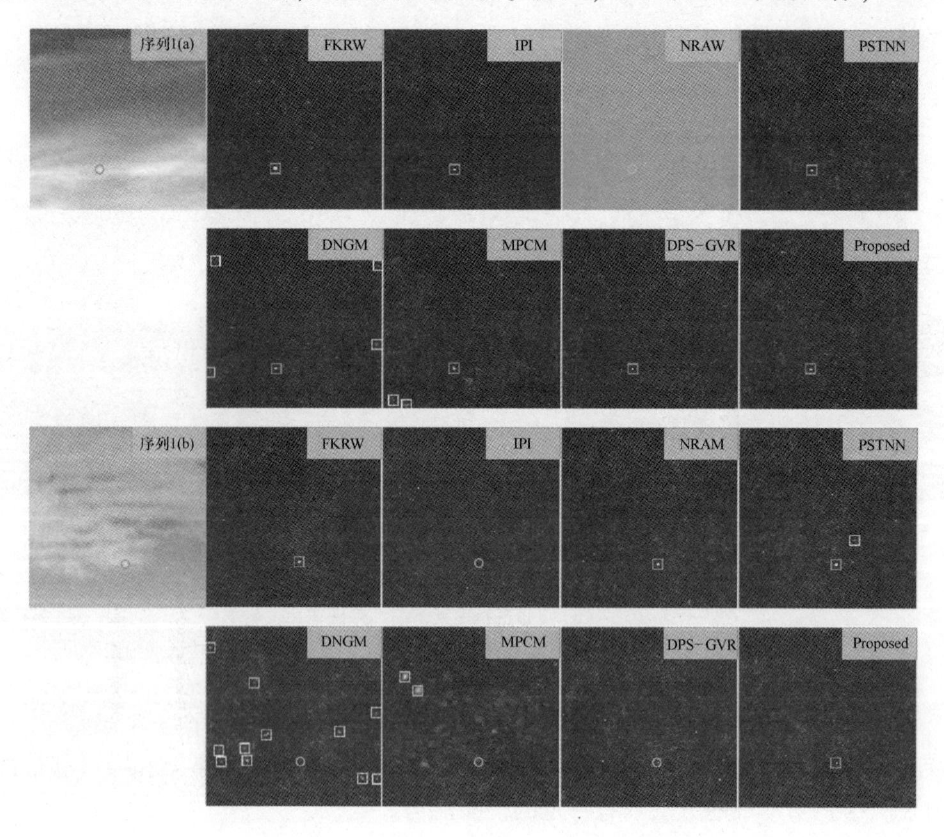

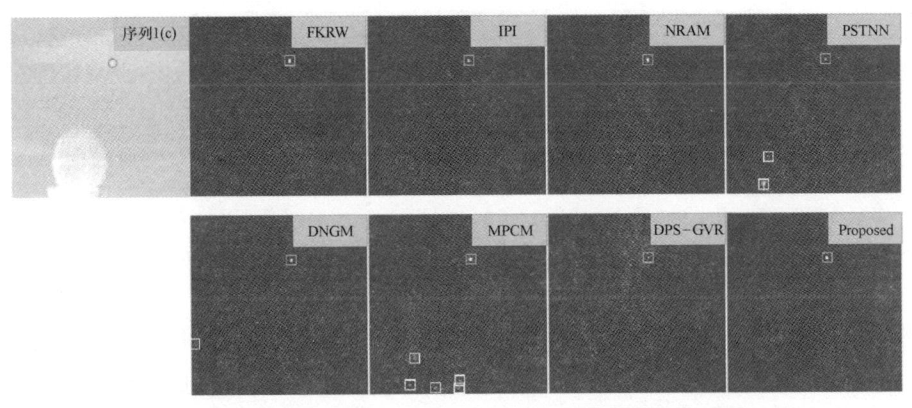

图 6-11 (见彩图)序列 1 不同方法的原始图像和相应的增强图像
红色方框表示实际目标的位置,绿色圆圈表示漏检,正确和错误的分割结果分别用红色和黄色框标记

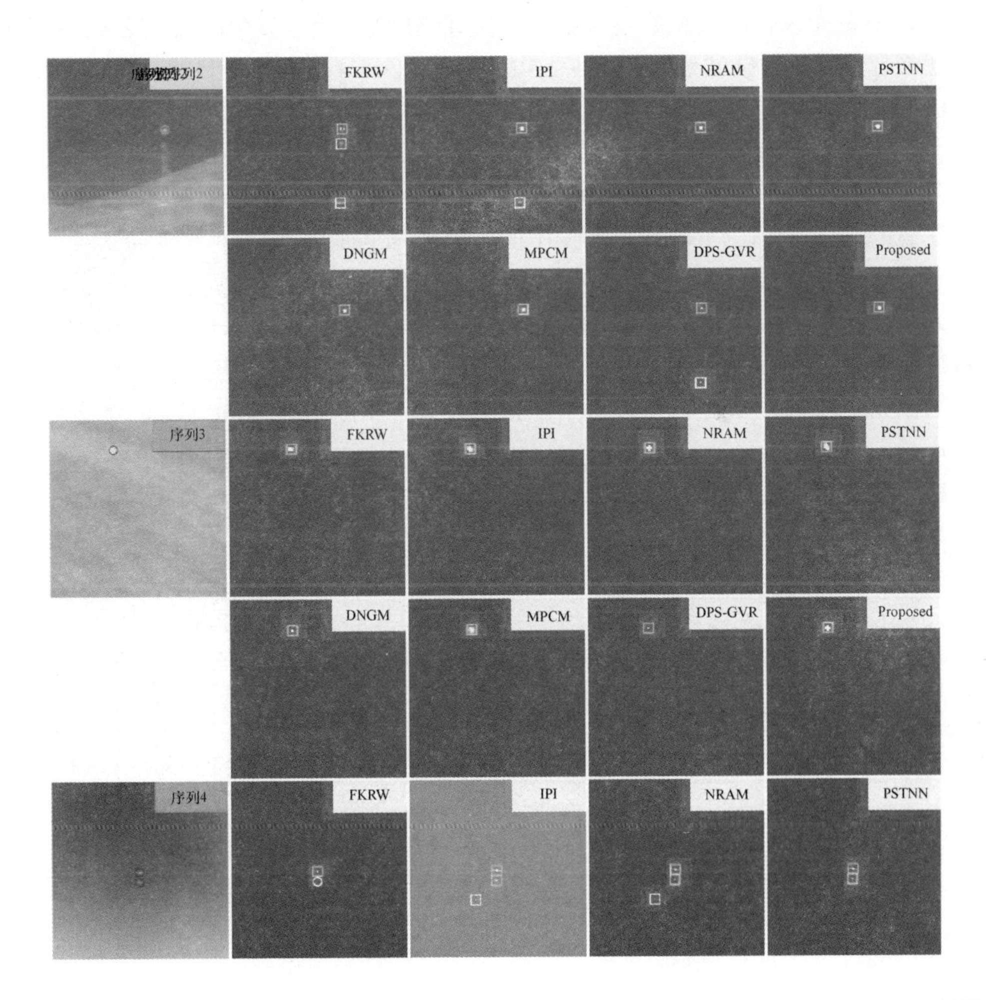

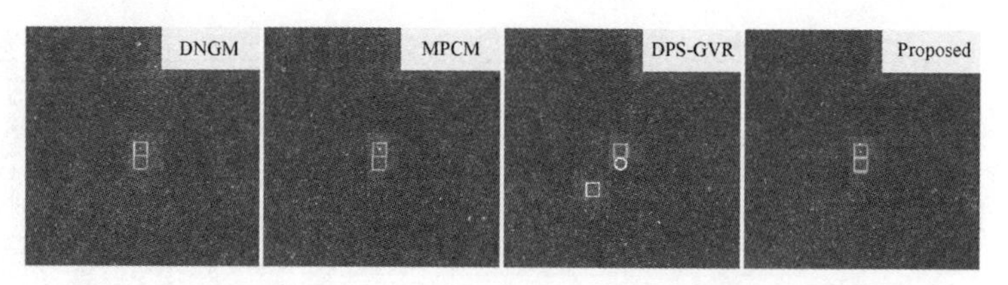

图 6-12 （见彩图）序列 2~序列 4 上不同方法的原始图像和相应的增强图像

红色圆圈表示实际目标的位置，绿色圆圈表示漏检。正确和错误的分割结果分别用红色和黄色框标记。

的结果中建筑物存在少量残留，序列 4 中暗弱的目标被忽略。IPI 错误地抑制了序列 1(b) 中隐藏在云层边缘的目标，并且在序列 4 的结果中，PHNB 没被抑制。NRAM 丢失了序列 1(a) 的目标，同样地没能抑制序列 4 的 PHNB。PSTNN 成功检测了所有目标，不过序列 1(b) 和(c) 中高强度的边缘仍然残留在结果中。DNGM 和 MPCM 的杂波抑制效果最差，特别是对于序列 1(a) 和(b) 中的云层区域，两个方法都存在大量的杂波残留。DPS-GVR 忽略了序列 4 中较小的目标，序列 4 中的 PHNB 也没被消除。

除了基于不同场景的定性评价外，本节使用背景抑制因子(BSF)和对比度增益(CG)，进一步评估了本章提出的方法和基准方法在 4 个序列上的检测性能。值得注意的是，BSF 值为 INF 表示图像中的背景被完全抑制。

表 6-4 中，最好的结果用粗体标记，次好的结果用下划线标记。本章所提出的方法在 4 个序列上都取得了最好或次好的结果。除了序列 3 上的结果以外，本章提出的方法获得的平均 BSF 超过了所有基准方法，在序列 2 中超过 100 张图像背景被完全抑制。对于序列 4，由于图像中存在 PHNB 和条带噪声，仅 PSTNN 和本章的方法能够完全抑制图像中的杂波。序列 4 中有 76 帧图像的杂波被本章的方法完全抑制了，这显示了本章的方法对 PHNB 的鲁棒性。可以得出结论，在大多数情况下，本章的方法对这 4 个数据集的背景抑制效果出色，优于大多数基准方法。

表 6-4 不同方法在 4 个实际序列图像上不含无穷的平均 PSF 和 CG 值

序列号	类型	FKRW	IPI	NRAM	PSTNN	DNGM	MPCM	DPS-GVR	建议参数
序列 1	BSF	**311.51**	32.41	94.36	28.94	175.11	23.95	42.04	329.79
	Inf (BSF)	0	5	**20**	9	0	0	0	**14**
	CG	5.45	5.25	5.19	5.62	6.92	**7.13**	5.27	**6.49**
序列 2	BSF	**639.17**	424.56	102.54	36.42	305.86	15.46	41.93	**2.17×10^3**
	Inf (BSF)	12	72	**127**	105	0	0	0	102
	CG	8.45	9.47	10.73	9.83	10.72	11.0361	**11.23**	**11.71**

续表

序列号	类型	FKRW	IPI	NRAM	PSTNN	DNGM	MPCM	DPS-GVR	建议参数
序列 3	BSF	164.93	**561.83**	40.72	28.38	320.08	40.71	14.24	**421.03**
	Inf (BSF)	38	43	**56**	**93**	0	0	0	35
	CG	6.22	5.72	5.06	5.43	**6.62**	**6.62**	6.48	**6.55**
序列 4	BSF	**174.99**	65.07	92.15	133.19	559.60	47.60	65.66	**5.00×10³**
	Inf (BSF)	0	0	0	50	0	0	0	**76**
	CG	3.35	3.11	3.98	**4.08**	3.28	3.27	2.55	**3.81**

注:最好的结果用粗体表示,次好的结果用下划线表示。

6.2.2.4 检测能力

作为对密度峰值搜索算法的改进,本节首先比较了 DPS-GVR 和本章提出的算法,以验证本章的改进是有效的。从序列 1 选择了 4 张图像,如图 6-13 显示,4 张图像见 6.2.1 节基于密度峰值搜索和局部灰度差分的检测方法所描述的"集中效应"。对 4 张图像分别应用 DPS-GVR 和本章的方法,结果表明,图中的目标全部被 DPS-GVR 漏检。但是,本章提出的方法能够正常检测目标,这证明通过局部异质性度量改进密度峰值搜索是有效的。

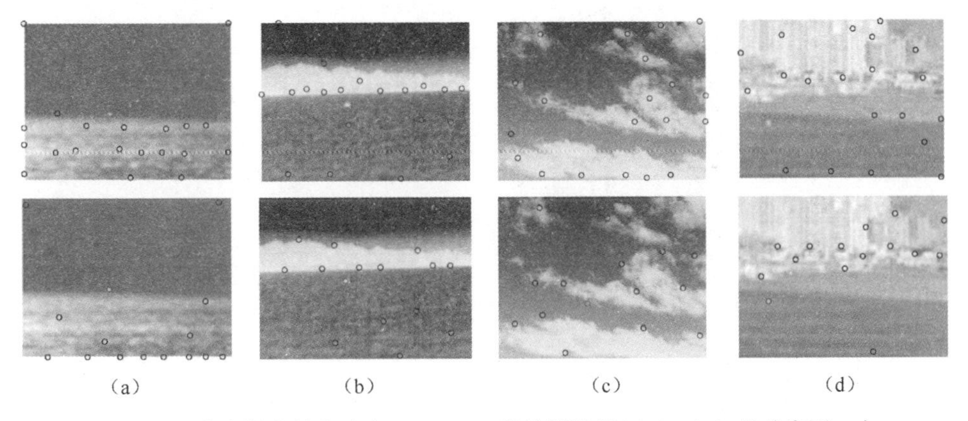

图 6-13 本章提出的方法和 DPS-GVR 的检测结果((a)~(d) 是从序列 1 中挑选的 4 张图像,图像中目标周围存在高亮度的背景杂波。第一行是 DPS-GVR 的结果,第二行是本章提出的方法的结果)

本节使用 ROC 曲线来评估本章的方法和基准方法的检测性能。不同方法在 4 个图像序列上的 ROC 曲线如图 6-14 所示。可以看出,与基准方法相比,本章的方法在序列 1、序列 2 和序列 3 上都实现了最佳检测性能。在序列 2 和序列 3 中本章的方法获得了几乎完美的曲线。值得注意的是,对于序列 4,每张图像中两个目标相距较近,并且所有图像中存在 PHNB。DPS-GVR 受到“集中效应”的影响,在每张图像上仅检测到一个目标,而改进后的算法没被影响。总之,本章提出的方法可以 4 个图像序列实现理想的检测性能。

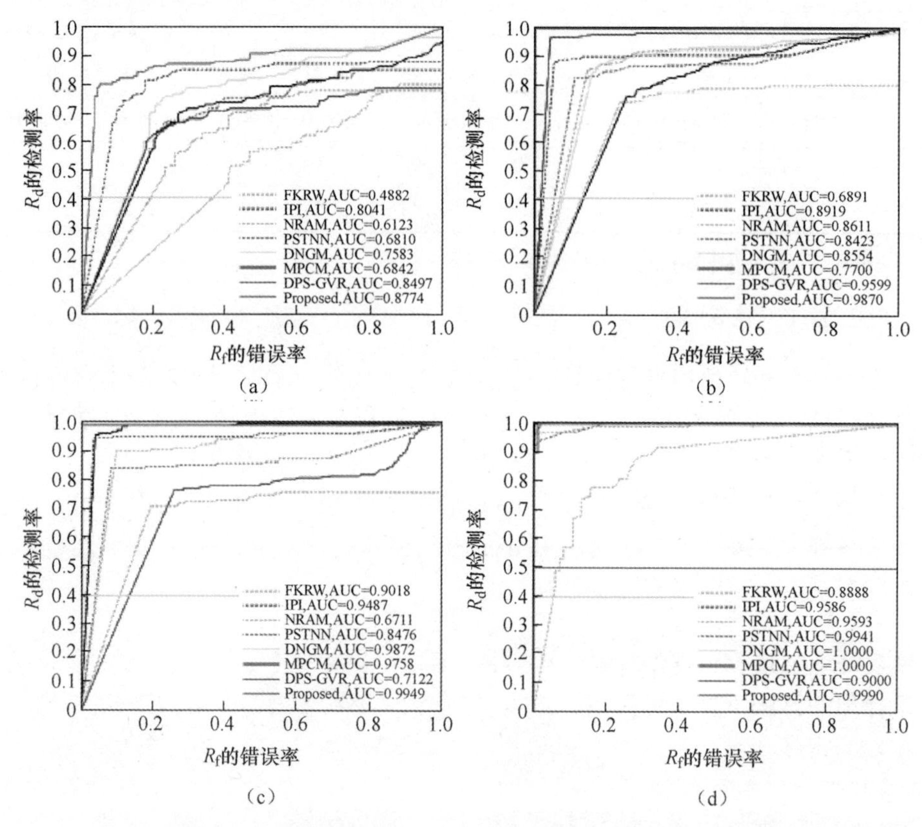

图 6-14 (见彩图)8 种方法在序列 1~序列 4 的 ROC 曲线

6.2.2.5 计算时间

本章方法的主要计算成本来自两部分:改进的密度峰值搜索中 LHI 和 δ-distance 的计算和 RW 算法求解。对于一帧像素数为 N 的图,计算 δ-distance 的复杂度为 $O(N\mathrm{lb}(N))$。用 RW 算法分割 n_p 个 $d\times d$ 局部块,复杂度为 $O(n_p d^6)$,n_p 和 d 为固定值。因此,提出的算法计算复杂度为 $O(N\mathrm{lb}(N))$。为了展示所提出方法的效率,本节比较了在数据集上不同方法的运行时间,并分析了所提出算法的计算复杂度。表 6-5 显示了在 4 个序列上测试的不同方法的平均运行时间,可以看出,本章提出的方法在 4 个序列上均取得了次好的结果,仅次于速度最快的 MPCM。然而,根据任何指标,所提出方法的性能都比 MPCM 好得多,而 IPI 是最耗时的方法。本章提出的方法比 DPS-GVR 快许多,体现了改进密度峰值搜索的优势。

表 6-5 不同方法的运行时间的平均值 单位:s

序列号	FKRW	IPI	NRAM	PSTNN	DNGM	MPCM	DPS-GVR	建议参数
1	0.1468	3.4239	1.0260	0.1715	2.1835	0.0331	0.3626	0.0840
2	0.2330	3.4830	1.2912	0.2806	3.1556	0.0724	0.4964	0.1336
3	0.2270	3.2550	1.2408	0.2696	3.0464	0.0732	0.5332	0.1376
4	0.1080	3.6193	1.6296	0.1542	3.1383	0.0380	0.5648	0.1322

6.3 改进密度峰与轨迹一致性的动态目标序列检测方法

基于改进密度峰值搜索的单帧目标检测算法,虽然能够抑制 PHNB 对算法的影响,应对复杂的背景杂波,但单帧目标检测算法对背景中与小目标高度相似的干扰物体束手无策,因为只能利用空域的信息。时域差分法(TDD)曾广泛应用于运动目标检测,但是该方法的局限性很明显。对于缓慢运动的目标,它们很容易在差分图像中被抑制,导致漏检。此外,在 TDD 得到的差分图像中同一个目标会产生两个阴影,这会导致误检。

为了解决上述问题,本章提出了一种检测运动红外目标的新方法,该方法通过短密度峰疏轨迹和长密度峰疏轨迹消除了 TDD 的限制。与以往的单帧算法不同,本章提出的算法不直接检测高斯分布的模式,而是在配准后的差分图像上寻找明暗相邻的密度峰对。由这些密度峰对,提取目标运动的轨迹,以利用空间相关性。同时,基于差分的算法能够有效地避免类目标干扰对检测性能的影响[27]。通过仿真实验对比验证了该方法在类目标噪声场景的有效性。

6.3.1 基于密度峰轨迹一致性的目标检测方法

图 6-15 显示了本章提出的检测方法的流程。利用目标的稀疏性,改进的密度峰值搜索被用于获取这些密度峰对,它们构成了稀疏密度峰轨迹。随后,相似性测度和轨迹的光流一致性被融合以描述密度峰轨迹强度,该强度被用于轨迹生长。最终真实目标通过轨迹滤波被提取。本章的方法主要基于三个关于低空红外目标的假设:①目标成像距离很远;②目标的结构近似高斯分布;③目标在全图中稀有,相对背景连续缓慢运动。由于第一个假设,图像中目标和背景可以看作位于远处的同一平面,这确保了使用单应性变换配准图像。后两个假设被用于提取密度峰轨迹并描述轨迹的光流一致性。真实的目标轨迹根据运动的连续性被提取。

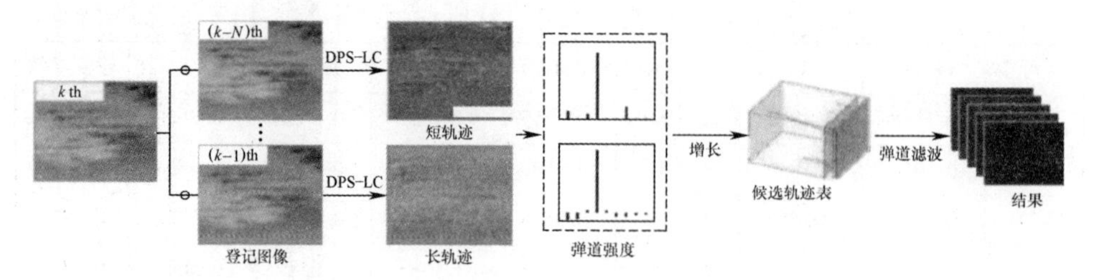

图 6−15　本章提出的检测算法的流程图

6.3.1.1　帧间图像配准原理

本章的算法利用图像差分消除背景杂波。然而,由于相机振动或移动,差分图像的帧间存在较大差异,基于帧间图像的后续时域差分算法的有效性受到严重影响。因此,首先需要对帧间图像进行精确配准。

如图 6−16 所示,单应性原理被广泛应用于图像配准、全景拼接、机器人定位 SLAM、AR 增强现实等领域。简单来说,用无镜头畸变的相机从不同位置拍摄同一平面物体的图像之间存在单应性,可以用投影变换表示,即

$$\begin{pmatrix} x_l \\ y_l \\ 1 \end{pmatrix} = \boldsymbol{H}_{3\times3} \times \begin{pmatrix} x_r \\ y_r \\ 1 \end{pmatrix} \tag{6-36}$$

式中:(x_l, y_l) 为左视角图片上的点;(x_r, y_r) 为右视角图片上对应的点;$\boldsymbol{H}_{3\times3}$ 为左右视图间的单应性变换矩阵。

一般传统方法估计单应性变换矩阵,需要经过以下 4 个步骤:①提取每张图的 SIFT−SURF−FAST−ORB 等特征点;②提取每个特征点对应的描述子;③通过匹配特征点描述子,找到两张图中匹配的特征点对(这里可能存在错误匹配);④使用随机抽样一致性(RANSAC)算法剔除错误匹配),求解方程组,计算单应性变换矩阵。本章的差分图像均通过上述步骤配准图像后进行差分得到。

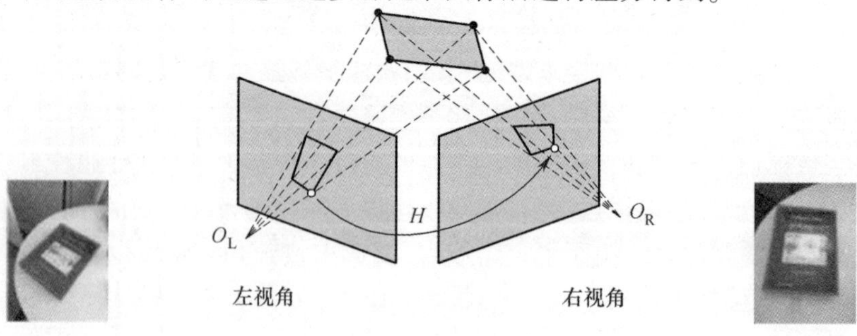

图 6−16　单应性变换原理

6.3.1.2 基于异质性的密度峰轨迹提取方法

如前文所述,小目标可以建模为二维高斯函数。在理想情况下,两帧之间的差分图像将仅包含目标分量。运动目标的差分模型可以表示为

$$\mathrm{diff}_{ij} = g(x,y,x_i,y_i) - g(x,y,x_j,y_j) \tag{6-37}$$

$$g(x,y,x_i,y_i) = A\exp(-(x-x_i)^2/2\sigma_x^2 - (y-y_i)^2/2\sigma_y^2) \tag{6-38}$$

式中:g 为二维高斯函数;A 为目标区域峰值;(x_i,y_i) 为第 i 个帧中目标的中心位置;σ_x、σ_y 分别为目标的水平参数和垂直参数。

图 6-17(a)显示了运动目标的 3D 差分模型,其中包含凸起区域的正峰 ω_p 和凹陷区域的负峰 ω_n。在目标移动距离大于 σ 时,每个峰中保留了超过 50%的能量。我们希望利用背景区域少有的高强度的正负峰对获取目标的轨迹。

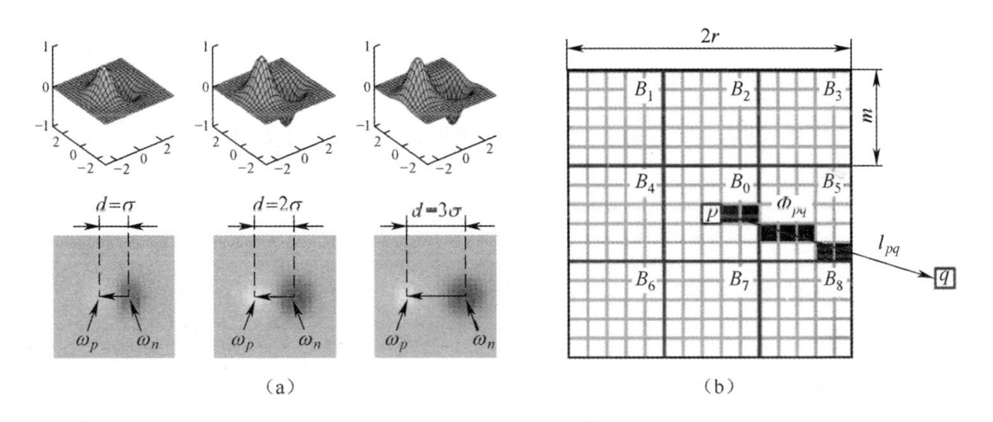

图 6-17 iDT 方案的流程

(a)移动距离为 σ、2σ 和 3σ 的目标差分模型;(b) 用于计算 p 的密度距离的局部结构。

以第 k 帧为当前帧,为了获取差分图像,单应性变换用于将 f_k 弯曲到 f_{k-1} 的视角下。本节 Farneback 光流和单应性变换矩阵的计算方法采用 iDT (improved dense trajectories)方案,iDT 方案的流程如图 6-18 所示。为了准确估计投影变换,iDT 算法中采用了两种方法来获得匹配点对,分别为 SURF 特征以及光流特征。在获得匹配的点对后,就可以利用 RANSAC 算法估计投影变换矩阵。

首先,用 f_{k-1} 到 f_k 两张图像计算得到投影变换矩阵 $\boldsymbol{H}_{k-1,k}$;然后用 $\boldsymbol{H}_{k-1,k}$ 的逆对 f_k 进行变换,即 $f_{k,k-1} = H_{k-1,k}f_k$。$f_{k,k-1}$ 代表假设不存在相机运动时 $t+1$ 时刻的图像。用 f_{k-1} 和 $f_{k,k-1}$ 就可以计算得到优化过的 Farneback 光流。

弯曲后的图像表示为 $f_{k,k-1}$,为了防止缓慢运动的目标在差分图像中被抑制,同时获取差分图像 $\mathrm{diff}_{k,k-1}$ 和 $\mathrm{diff}_{k,k-N}$ 用于检测密度峰轨迹,如式(6-39)和式(6-40)所示(这确保了运动速度大于 σ / N 时每帧的目标能够被检测到):

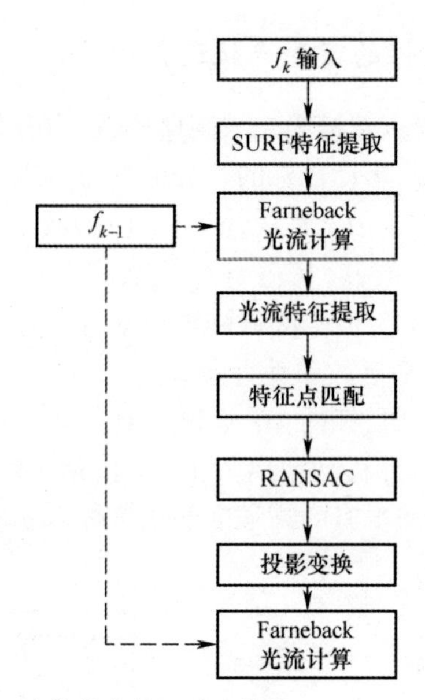

图 6-18　iDT 计算单应性矩阵和优化 Farneback 光流的流程图

$$\mathrm{diff}_{k,k-1}=f_{k,k-1}-f_{k-1} \tag{6-39}$$

$$\mathrm{diff}_{k,k-N}=f_{k,k-N}-f_{k-N} \tag{6-40}$$

利用小目标的稀疏性,用密度峰值搜索来搜索差分图像中的正峰和负峰。不过,为了避免临近目标的高亮度杂波对目标的抑制,局部对比度被引入密度峰值搜索。像素 p 的密度距离重新定义为

$$\delta_p=d(p,q)+\sum_{t\in\Phi_{pq}}(\rho_p-\rho_t)/r \tag{6-41}$$

$$q=\arg\min(d(p,q')) \tag{6-42}$$

式中:$d(p,q)$为 p 和 q 的欧几里得距离;ρ 为密度;Φ_{pq}是 p 和 q 之间的连线 l_{pq} 与局部窗口的交集,如图 6-17 (b)所示。

每个像素的密度峰指数用 γ 表示。为了获取尽可能多的 ρ-δ 空间的离群点,k 近邻距离 d_{k-NN}用于描述每个像素的离群程度:

$$d_{k-NN}(p)=\sum_{q\in k-NN(p)}|\gamma_p-\gamma_q| \tag{6-43}$$

最终,获取到的所有峰值点表示为

$$\Omega=\{(x_p,y_p)\mid d_{k-NN}(p)>\mathrm{std}(d_{k-NN})\} \tag{6-44}$$

密度峰轨迹:将改进的密度峰值搜索用于 $\mathrm{diff}_{k,k-1}$和$-\mathrm{diff}_{k,k-1}$,得到正峰 Ω_{pos}和负峰 Ω_{neg}。相距小于最大光流长度的正负密度峰对构成了相邻帧f_{k-1}到f_k间的短密度峰轨迹。具体地,如果密度峰对(ω_i,ω_j)满足:$\omega_i\in\Omega_{\mathrm{neg}}$,$\omega_i\in\Omega_{\mathrm{neg}},\omega_j\in\Omega_{\mathrm{pos}},d(\omega_i,\omega_j)<\max(|\Gamma_{k,k-1}|)$,它们构成的短轨迹 T_s为

$$T_s = \{\overline{\omega}^{k-1}, \overline{\omega}^{k}\} \tag{6-45}$$

式中：$\boldsymbol{\Gamma}$ 为 Farneback 光流；$\overline{\omega}^{k-1} = \omega_i$；$\overline{\omega}^{k} = \boldsymbol{H}_{k-1,k}\omega_j$，$\boldsymbol{H}_{k-1,k}$是$f_{k-1}$到$f_k$的单应性矩阵。同样地，$\mathrm{diff}_{k,k-N}$上的正负密度峰对$\{\omega_i, \omega_j\}$构成$k-N$到$k$间的长密度峰轨迹$T_l$，$T_l$内部的轨迹点由插值得到：

$$T_l = \{\overline{\omega}^{k-N}, \cdots, \overline{\omega}^{k-1}, \overline{\omega}^{k}\} \tag{6-46}$$

$$\begin{cases} \overline{\omega}^{k-N} = \omega_i \\ \overline{\omega}^{k-n} = H_{k-N,k-n}[\omega_i + (N-n)(\omega_j - \omega_i)/N] \quad ,(0 < n < N) \\ \overline{\omega}^{k} = H_{k-N,k}\omega_j \end{cases} \tag{6-47}$$

图 6-19　红外序列中第 $k-N$ 帧、第 $k-1$ 帧和第 k 帧图像

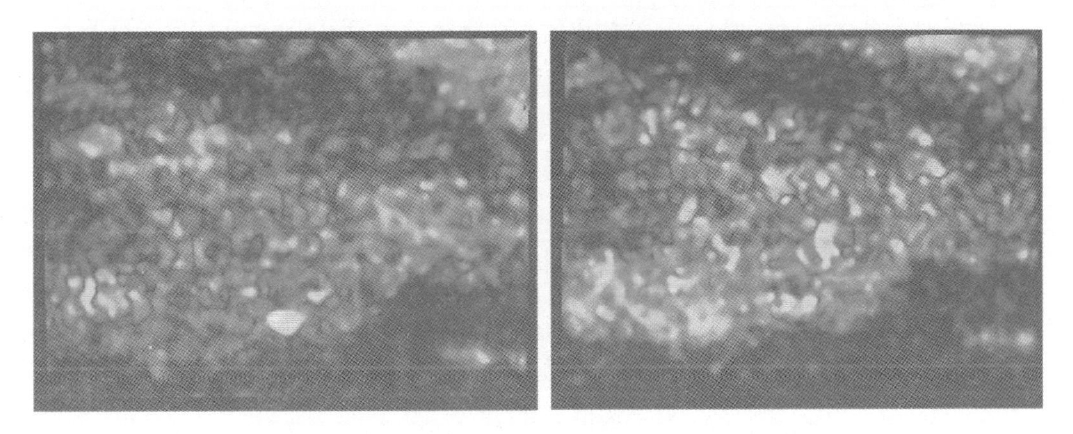

图 6-20　（见彩图）图 3- 22 中 3 帧间的 Farneback 光流

图 6-21 给出了 $\mathrm{diff}_{k,k-N}$和 $\mathrm{diff}_{k,k-1}$的光流计算结果，目标分别形成了长密度峰轨迹和短密度峰轨迹。将密度峰轨迹的端点称为“实点”，由插值得到的内部点称为“虚点”（由式计算得到）。用 $P_{\overline{\omega}}$ 来表示轨迹点 $\overline{\omega}$ 的类型：

$$P_{\overline{\omega}} = \begin{cases} 1 & 若\ \overline{\omega}\ 为实点 \\ 0 & 其他 \end{cases} \tag{6-48}$$

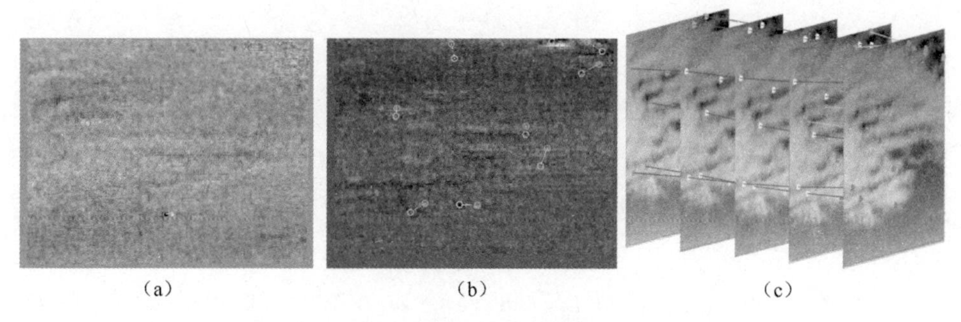

(a)　　(b)　　(c)

图 6-21　密度峰轨迹

(a)和(b)从图 6-19 中 3 帧提取的差分图像上的长短轨迹；
(c)为插值得到的轨迹点。

6.3.1.3　密度峰轨迹强度表征公式

密度峰轨迹强度包含相似性测度和光流一致性两种指标，因此，在提取差分图像上的密度峰轨迹后，本节先推导密度峰轨迹强度公式，用于后续评判候选轨迹是否为真实运动目标。

1）相似性测度

针对一条由密度峰对(ω_i,ω_j)构成的密度峰轨迹 T，用 B^i和 B^j分别表示以 ω_i、ω_j为中心的 $m\times m$ 的局部区域。参考图 6-17 的模型，同一个目标形成的凸起区域 B_0^i和凹陷区域 B_0^j必然相似。此外，$B_0^{i_0}$与相邻的子块 B_{1-8}^i差异较大，B_0^j同理。Wasserstein 距离被用于描述局部块的相似性。对于两个分布 μ 和 ν，它们的 Wasserstein 距离为

$$W(\mu,\nu)=\inf_{\chi\in\Pi(\mu,\nu)}\iint\chi(x,y)d(x,y)\mathrm{d}x\mathrm{d}y \tag{6-49}$$

式中：χ 为μ、ν 的联合分布。将 B_0^i、B_0^j内的像素分为 m^2个灰度区间，它们的灰度分布分别表示为μ^i、ν^j。定义 B_0^i,B_0^j 的相似性 S^{ij}如下：

$$S^{ij}=\exp(-W(\mu^i,\nu^j)) \tag{6-50}$$

结构不相似性和梯度通量被设计以指示 B_0与相邻子块的差异，用 e_0^i 和 e_{t0}^i表示向量化的 B_0^i 和$[B_0^i,B_t^i]$。外围子块 B_t^i 和中心块 B_0^i 的结构不相似性为

$$D^i=\min((\mathrm{std}(e_{t_0}^i)-\mathrm{std}(e_0^i))/\mathrm{std}(e_{t_0}^i)) \tag{6-51}$$

式中：std(·)为标准差；梯度通量用于评估流入或流出闭合区域向量的数量，凸起区域的通量往往是一个较小的负值。

为了获取中心块 B_0的梯度通量，用二维高斯函数拟合 B_0，得到 B_0解析式：

$$g(x,y)=A\exp(-(x-u)^2/2\sigma_x^2-(y-v)^2/2\sigma_y^2) \tag{6-52}$$

式中：$(A,u,v,\sigma_x,\sigma_y)$为待拟合系数，将式(6-52)两边取对数得到

$$\ln g=\ln A-\frac{(x-u)^2}{2\sigma_x^2}-\frac{(y-v)^2}{2\sigma_y^2} \tag{6-53}$$

即

$$\ln g=\ln A-\frac{x^2}{2\sigma_x^2}+\frac{xu}{\sigma_x^2}-\frac{u^2}{2\sigma_x^2}-\frac{y^2}{2\sigma_y^2}+\frac{yv}{\sigma_y^2}-\frac{v^2}{2\sigma_y^2} \tag{6-54}$$

此问题可以转化为一般的二元二次多项式拟合问题：

$$\ln g=ax^2+by^2+cx+dy+e \tag{6-55}$$

式中：$a=-\frac{1}{2\sigma_x^2}$，$b=-\frac{1}{2\sigma_y^2}$，$c=\frac{u}{\sigma_x^2}$，$d=\frac{v}{\sigma_y^2}$，$e=\ln A-\frac{u^2}{2\sigma_x^2}-\frac{v^2}{2\sigma_y^2}$。

上述问题可以表示为残差和 $J=\min\{\sum(ax^2+by^2+cx+dy+e-\ln(g))^2\}$ 最小。考虑到靠近 B_0 中心处的像素通常具有更大的权重，使用加权最小二乘求解，令 $\boldsymbol{C}_{1\times m^2}=\ln(e_0^i)$ 为中心块 B_0 取对数构成的向量。则 $\boldsymbol{B}_{m^2\times 5}$ 表示系数矩阵：

$$\boldsymbol{B}=\begin{pmatrix} B^{(1)} \\ B^{(2)} \\ \vdots \\ B^{(m^2)} \end{pmatrix} \tag{6-56}$$

式中：$\boldsymbol{B}^{(i)}=[j_x^2 \quad j_y^2 \quad j_x \quad j_y \quad 1]$，$i_x$ 表示 B_0 内第 j 个像素的 x 坐标(以 B_0 中心点为原点)。

考虑到中心像素具有更大的权重，定义加权矩阵为

$$\boldsymbol{W}=\begin{pmatrix} w^{(1)} & & & \\ & w^{(2)} & & \\ & & \ddots & \\ & & & w^{(m^2)} \end{pmatrix} \tag{6-57}$$

式中：$w^{(1)}$ 为点 $B^{(i)}$ 的高斯权重。

令 $\boldsymbol{\theta}=[a \quad b \quad c \quad d \quad e]^{\mathrm{T}}$ 表示待拟合的系数矩阵，那么残差可以表示为

$$\boldsymbol{B\theta}-\boldsymbol{C}=\begin{pmatrix} B^{(1)}\boldsymbol{\theta}-C^{(1)} \\ B^{(2)}\boldsymbol{\theta}-C^{(2)} \\ \vdots \\ B^{(m^2)}\boldsymbol{\theta}-C^{(m^2)} \end{pmatrix} \tag{6-58}$$

残差的平方和为

$$J(\boldsymbol{\theta})=\frac{1}{2}\sum_{j=1}^{m^2}w^{(j)}(B^{(j)}\boldsymbol{\theta}-C^{(j)})^2=\frac{1}{2}\mathrm{tr}[(\boldsymbol{B\theta}-\boldsymbol{C})^{\mathrm{T}}\boldsymbol{W}(\boldsymbol{B\theta}-\boldsymbol{C})] \tag{6-59}$$

对待拟合系数求偏导数：

$$\begin{aligned}\frac{\partial J(\boldsymbol{\theta})}{\partial \boldsymbol{\theta}} &= \frac{1}{2}\cdot\frac{\partial \mathrm{tr}(\boldsymbol{\theta}^{\mathrm{T}}\boldsymbol{B}^{\mathrm{T}}\boldsymbol{W}\boldsymbol{B}\boldsymbol{\theta} - \boldsymbol{\theta}^{\mathrm{T}}\boldsymbol{B}\boldsymbol{W}\boldsymbol{C} - \boldsymbol{C}^{\mathrm{T}}\boldsymbol{B}\boldsymbol{W}\boldsymbol{\theta} + \boldsymbol{C}^{\mathrm{T}}\boldsymbol{W}\boldsymbol{C})}{\partial \boldsymbol{\theta}} \\ &= \frac{1}{2}\cdot\left[\frac{\partial \mathrm{tr}(\boldsymbol{\theta}^{\mathrm{T}}\boldsymbol{B}^{\mathrm{T}}\boldsymbol{W}\boldsymbol{B}\boldsymbol{\theta})}{\partial \boldsymbol{\theta}} - \frac{\partial \mathrm{tr}(\boldsymbol{\theta}^{\mathrm{T}}\boldsymbol{B}^{\mathrm{T}}\boldsymbol{W}\boldsymbol{X}\boldsymbol{C})}{\partial \boldsymbol{\theta}} - \frac{\partial \mathrm{tr}(\boldsymbol{\theta}\boldsymbol{W}\boldsymbol{C}^{\mathrm{T}}\boldsymbol{B})}{\partial \boldsymbol{\theta}}\right] \\ &= \frac{1}{2}\cdot[\boldsymbol{B}^{\mathrm{T}}\boldsymbol{W}\boldsymbol{B}\boldsymbol{\theta} + (\boldsymbol{B}^{\mathrm{T}}\boldsymbol{W}\boldsymbol{B})^{\mathrm{T}}\boldsymbol{\theta}\boldsymbol{I} - B^{\mathrm{T}}\boldsymbol{W}\boldsymbol{C} - (\boldsymbol{C}^{\mathrm{T}}\boldsymbol{W}\boldsymbol{B})^{\mathrm{T}}] \\ &= \boldsymbol{B}^{\mathrm{T}}\boldsymbol{W}\boldsymbol{B}\boldsymbol{\theta} - \boldsymbol{B}^{\mathrm{T}}\boldsymbol{W}\boldsymbol{C}\end{aligned} \tag{6-60}$$

令偏导数为 0：

$$\frac{\partial J(\boldsymbol{\theta})}{\partial \boldsymbol{\theta}} = \boldsymbol{B}^{\mathrm{T}}\boldsymbol{W}\boldsymbol{B}\boldsymbol{\theta} - \boldsymbol{B}^{\mathrm{T}}\boldsymbol{W}\boldsymbol{C} = 0 \tag{6-61}$$

则

$$\boldsymbol{\theta} = (\boldsymbol{B}^{\mathrm{T}}\boldsymbol{W}\boldsymbol{B})^{-1}\boldsymbol{B}^{\mathrm{T}}\boldsymbol{W}\boldsymbol{C} \tag{6-62}$$

最终可得

$$\begin{cases}\sigma_x = \sqrt{-1/(2a)} \\ \sigma_x = \sqrt{-1/(2b)} \\ u = c/(-2a) \\ v = c/(-2b) \\ A = \exp(e + (u^2/2\sigma_x^2) + (v^2/2\sigma_y^2))\end{cases} \tag{6-63}$$

用 $(\hat{A}, \hat{u}, \hat{v}, \hat{\sigma}_x, \hat{\sigma}_y)$ 表示参数的估计值,无偏移的拟合曲面被表示为

$$\hat{g}(x,y) = \hat{A}\exp(-x^2/2\hat{\sigma}_x^2 - y^2/2\hat{\sigma}_y^2) \tag{6-64}$$

图 6-22 显示了图 6-19 中目标在差分图像 $\mathrm{diff}_{k,k-1}$ 上形成的凸起区域 B_0^i 和凹陷区域 B_0^j 的拟合曲面,可以看到在拟合曲面保留了原始差分图像的强度信息。将 $\hat{g}$ 的最大梯度通量的极值作为中心块 B_0 的梯度通量,如式(6-65)所示。

$$F = \max_C \oint_C |F \cdot n| \mathrm{d}s,\ C: z = \hat{g}(x,y)\ (z > 0) \tag{6-65}$$

令

$$F = \mathrm{grad} g(x,y) \tag{6-66}$$

上述曲线积分可转换为面积分：

$$\oint_C F \cdot n \mathrm{d}s = \iint_R (M_x + N_y)\mathrm{d}A \tag{6-67}$$

其中

$$M_x = \frac{x^2 g}{\sigma_x^4} - \frac{g}{\sigma_x^2} = A\left(\frac{x^2 \mathrm{e}^{-\frac{x^2}{2\sigma_x^2} - \frac{y^2}{2\sigma_y^2}}}{\sigma_x^4} - \frac{\mathrm{e}^{-\frac{x^2}{2\sigma_x^2} - \frac{y^2}{2\sigma_y^2}}}{\sigma_x^2}\right) \tag{6-68}$$

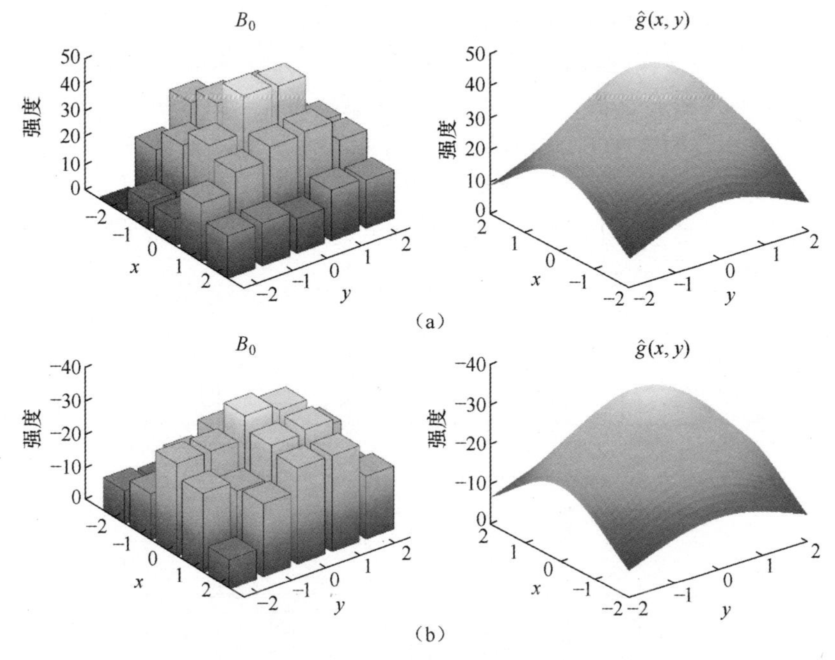

图 6-22　中心块 B_0 及其拟合曲面

(a)和(b)分别为图 6-19 中目标在差分图像 diff_k、$k-1$ 上形成的凸起区域 B_0^i 和凹陷区域 B_0^j

$$N_y = \frac{y^2 g}{\sigma_y^4} - \frac{g}{\sigma_y^2} = A\left(\frac{y^2 \mathrm{e}^{-\frac{x^2}{2\sigma_x^2}-\frac{y^2}{2\sigma_y^2}}}{\sigma_y^4} - \frac{\mathrm{e}^{-\frac{x^2}{2\sigma_x^2}\frac{y^2}{2\sigma_y^2}}}{\sigma_y^2}\right) \tag{6-69}$$

$$\oint_C F \cdot n\mathrm{d}s = \iint_R (M_x + N_y)\,\mathrm{d}A = -\frac{\pi(e^2+1)\mathrm{e}^{-\frac{r^2}{2}r^2}}{e} \tag{6-70}$$

F 的计算公式为

$$F = 2\pi\hat{A}(1 + r_C^2)/(r_C e) \tag{6-71}$$

式中：$r_c = \hat{\sigma}_y/\hat{\sigma}_x$ 为 C 的长宽比(aspect ratio)。

定义局部结构差异为

$$D^{ij} = \min(D^i, D^j) \times \min(F^i, F^j) \tag{6-72}$$

轨迹相似性测度被定义为 B_0^i、B_0^j 的相似性和局部结构差异的积，即

$$SM = S^{ij} \times D^{ij} \tag{6-73}$$

在式(6-72)中，局部结构差异被定义为外围子块与中心块之间的结构差异(D)与中心块的梯度通量(F)的组合。它是对轨迹两端点的中心子块和外围子块之间差异的度量，它是基于强度和梯度两种类型的特征构建的。此处的强度和梯度特征分别在式(6-52)中描述。该式通过取其特征响应的最小值来计算 B_0^i 和 B_0^j 与外

围子块的差异,这样该式可以反映与外部子块差异最小的端点的局部差异。

对于真实目标对应的轨迹,其端点 D 和 F 都较大。然而,其他轨迹不能同时满足 D_i和 D_j或 F_i和 F_j都很大。因此,在式中选择 min( ) 函数来突出真实目标。

为了进一步说明式(6-72)和式(6-72)的意义,这里以图 6-21(a) 中短稀疏轨迹为例,图 6-23 显示了 min( )函数如何突出显示真实目标(编号 4)。与轨迹 4 相比,轨迹 7 的 D_j较大,但 D_i较小。使用 min( )函数可以抑制虚假轨迹的强度并突出真实目标。

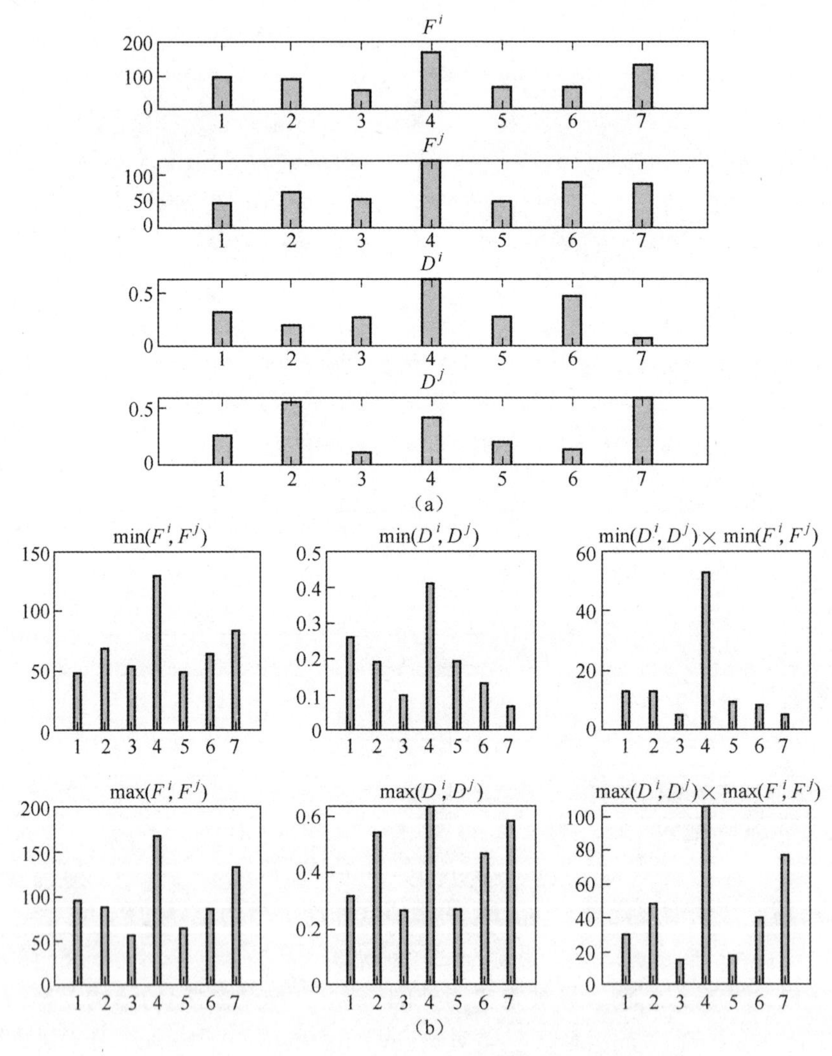

图 6-23 在图 6-21(a)中 7 条短稀疏轨迹的 D 和 F

(a)不同区域(i,j)内 7 条短稀疏轨迹的 F 和 D;(b)7 条短稀疏轨迹的局部结构差异

2）轨迹的光流一致性

包含真实目标的轨迹方向通常与光流的方向一致，轨迹的光流一致性 FC 可以表示为

$$FC = \boldsymbol{v}^{ij} \cdot \Gamma(\omega_i) / \max(|v^{ij}|, |\Gamma(\omega_i)|)^2 \tag{6-74}$$

式中：$\boldsymbol{v}^{ij}$表示由 ω_j到 ω_i的向量，$\Gamma(\omega_i)$ 表示 ω_i 的光流。

最终，密度峰轨迹强度表示为

$$I_{st} = (FC + 1) \times SM/2 \tag{6-75}$$

从式(6-75)可以看出，密度峰轨迹强度 $I_{st} > 0$，I_{st}较大的轨迹更可能是由真实目标形成。用符号 I_{ϖ}来表示 T 中的轨迹点 T 的强度，它等于轨迹 T 的强度 I_{st}。图 6-24和图 6-25 分别显示了图 6-21 中所有短密度峰轨迹两个成分分量和融合后的轨迹强度，其中 4 号轨迹为真实目标的轨迹，可以看出其强度远大于虚假轨迹。

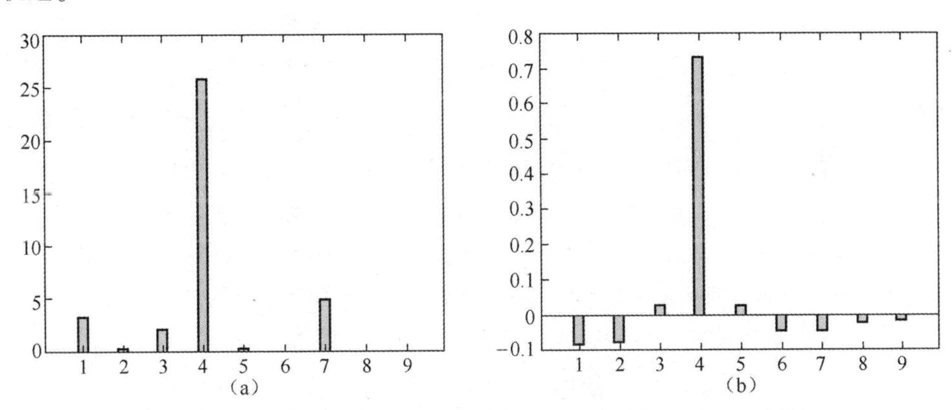

图 6-24　图 6-21 中短密度峰轨迹的相似性测度和光流一致性

(a) 相似性测度；(b) 光流一致性。

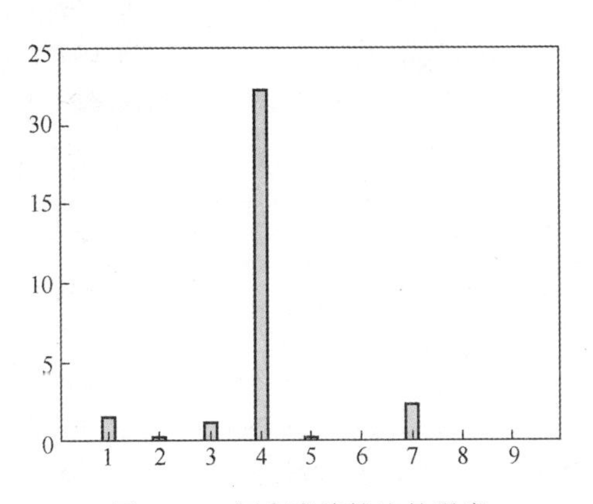

图 6-25　短密度峰轨迹的强度

本章算法是在目标相对于背景缓慢且连续移动的情况下开发的。在轨迹提取阶段,本章算法过滤了图像中短于最大光流长度的轨迹。其中使用的 Farneback 光流是通过 7 层图像金字塔计算的,在金字塔的上层有望捕获较大的运动轨迹,但较小的目标在金字塔构建的上采样过程中显得较暗,导致光流计算不可靠。因此,本节只使用了金字塔的两个底层,这可能会导致位移较大的目标的轨迹不完整。尽管如此,一旦目标的运动变得稳定,本章算法仍然可以有效地检测后续帧中的目标。

6.3.1.4 密度峰轨迹多帧关联

6.3.1.2 节基于异质性的密度峰轨迹提取方法和 6.3.1.3 节密度峰轨迹强度表征公式给出了密度峰轨迹的提取方法,并对密度峰轨迹强度进行评价。为了获取目标运动的完整轨迹,在本节中引入了一种轨迹生长策略,通过轨迹在时域的增长来剔除伪目标。

令 $\boldsymbol{\Lambda}^k=\{T_1^k,T_2^k,\cdots,T_n^k\}$ 表示第 k 帧提取的所有密度峰轨迹构成的轨迹列表,令 $\boldsymbol{L}$ 表示候选轨迹列表。在 $k=2$ 时,令 $\boldsymbol{L}=\boldsymbol{\Lambda}^k$。$k>2$ 时,将 $\boldsymbol{\Lambda}^k$ 中的密度峰轨迹与 $\boldsymbol{L}$ 中的候选轨迹进行匹配。用 $\boldsymbol{T}_i^k=\{\overline{\boldsymbol{\omega}}^{k-N(i)},\cdots,\overline{\boldsymbol{\omega}}^k\}$ 表示 $\boldsymbol{\Lambda}^k$ 中的一条轨迹,$L_j=\{l^{k-N(j)},\cdots,l^{k-1}\}$ 表示 $\boldsymbol{L}$ 中的一条轨迹。轨迹匹配规则:如果存在 $a\in[1,N(i)]$,使得对任意 $b\in[a,N_i]$,$d(\overline{\omega}^{k-b},l^{k-b})<R$,那么 T_i^k 和 L_j 是匹配的,$\overline{\omega}^{k-b}$ 和 l^{k-b} 为匹配点。用 $\alpha=\min(a)$ 表示最后一个使 T_i^k 和 L_j 匹配的轨迹点的位置。$\alpha=1$ 意味着 T_i^k 和 L_j 是完全匹配的,L_j 生长为 $L_j=\{l^{k-N(j)},\cdots,l^{k-1},\overline{\omega}^k\}$,$\alpha>1$ 意味着 T_i^k 和 L_j 是部分匹配的。L_j 分裂为两条轨迹:其中一条为生长至第 k 帧的轨迹 $L_j=\{l^{k-N(j)},\cdots,l^{k-\alpha},\overline{\omega}^{k-\alpha+1},\cdots,\overline{\omega}^k\}$;另一条为原轨迹 $L'_{j'}=\{l^{k-N(j)},\cdots,l^{k-1}\}$。然后,更新 L_j 中轨迹点的类型和强度。对于匹配点 $\overline{\omega}^{k-b}$ 和 l^{k-b},令 $I(l^{k-b})=\max(I(\overline{\omega}^{k-b}),I(l^{k-b}))$,$P(l^{k-b})=P(\overline{\omega}^{k-b})\mid P(l^{k-b})$。具体地,图 6-26 显示了三种轨迹生长示例,实点表示为实心圆,而虚点表示为空心圆。正峰值 Ω_{pos} 和负峰值 Ω_{neg} 对应的轨迹点分别用橙色和绿色标记。匹配的轨迹点用蓝色椭圆标记,紫色线和黄色线表示密度峰轨迹,而蓝色线表示候选轨迹。如图 6-26(a) 所示,如果候选轨迹与一条短轨迹匹配,短轨迹第 k 帧的轨迹点被加入 L_j。令 $I(l^{k-1})=\max(I(\overline{\omega}^{k-1}),I(l^{k-1}))$,$P(l^{k-1})=P(\overline{\omega}^{k-1})\mid P(l^{k-1})$。如果候选轨迹与长轨迹匹配,根据 α 值的不同有两种情况。如图 6-26(b) 所示,如果 $\alpha=1$,候选轨迹与长轨迹完全匹配。由于长轨迹的端点 $\overline{\omega}^{k-N(i)}$ 是实点,那么 l^{k-N_i} 也变为实点,也就是令 $\boldsymbol{P}(l^{k-N(i)})=\boldsymbol{P}(\overline{\omega}^{k-N(i)})\mid P(l^{k-N(i)})$。当 $\alpha>1$ 时,如图 6-26(c) 所示。候选轨迹分裂为两条轨迹,对于生长后的轨迹 L_j 中的匹配点,令 $I(l^{k-b})=\max(I(\overline{\omega}^{k-b}),I(l^{k-b}))$,$P(l^{k-b})=P(\overline{\omega}^{k-b})\mid P(l^{k-b})$。

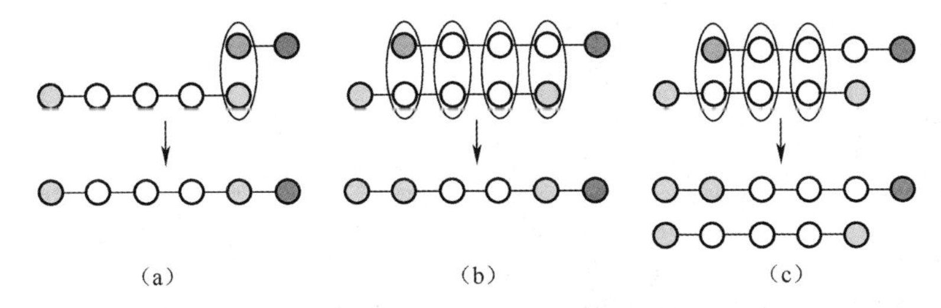

图 6-26 (见彩图)轨迹增长策略

(a) 短轨迹与候选轨迹相匹配;(b)长轨迹与候选轨迹完全匹配;(c)长轨迹与候选轨迹基本匹配。

6.3.1.5 基于轨迹滤波的目标检测方法

考虑 $\boldsymbol{L}$ 中的一条候选轨迹 $\boldsymbol{L} = \{l^k - N_L, \cdots, l^k\}$,平均强度定义为

$$M = \frac{1}{N_L + 1} \sum_{i=0}^{N_L} I_{\bar{\omega}} \times P_{\bar{\omega}} \tag{6-76}$$

用 $\widetilde{M}$ 表示 L 最后 5 个轨迹点的平均强度,η 表示 L 中实点的比例。下面的条件用于选择真实轨迹:

$$\begin{cases} M > \mathrm{Th} \\ \widetilde{M} > \mathrm{Th} \\ \eta > 80\% \\ N_L \geqslant 2N \end{cases} \tag{6-77}$$

式中:Th 为固定的阈值。被选出的真实轨迹在第 k 帧的轨迹点即在该帧检测到的目标。

6.3.2 实验结果分析

本节在 4 个数据集上进行对比实验以评估提出方法的有效性和鲁棒性。数据集的详细信息被记录在表 6-6 中。

表 6-6 4 个红外目标数据集的详细信息

数据集顺序	序列号	帧号	分辨率	目标详细信息	背景	平均
Dataset1	2	131	320 × 240	>3 像素/帧 8 × 6	变化	12. 1626
Dataset2	4	242	640 × 512	>3 像素/帧 3 × 3	不变	55. 5701

续表

数据集顺序	序列号	帧号	分辨率	目标详细信息	背景	平均
Dataset3	4	187	640 × 512	>3 像素/帧 3 × 3	变化	37. 9729
Dataset4	2	1400	256 × 256	0-3 像素/帧 3 × 3	变化	22. 1341

每个数据集包含多个具有相同目标特征的序列。所有的实验使用 MATLAB 2020a 在一台具有 Intel i5 CPU 和 16 GB 内存的计算机上进行。

6. 3. 2. 1 对比试验

1）实验设置

在本章的实验中,接收者用特征曲线(ROC)和曲线下面积(AUC)评估方法的检测性能。ROC 曲线的纵坐标是检测概率 R_d,横坐标是虚警率 R_f,定义如下:

$$R_d = \frac{\text{正确检测数量}}{\text{目标的总数量}} \tag{6-78}$$

$$R_f = \frac{\text{错误检测数量}}{\text{目标的总数量}} \tag{6-79}$$

根据先前三层窗口的理论[29-31],目标的核心层通常小于 5×5,因此实验中图 6-17的子块 B 的尺寸被设置为 5×5 以覆盖目标的核心部分。用于提取长密度峰轨迹的前向帧值 N 被设置为 4。

2）关键参数分析

超参数 N、R 是本书算法中的关键参数,本节通过设置不同参数的值比较 ROC 曲线和 AUC 的大小以确定最优参数。

本章提出的长轨迹和短轨迹同时提取与生长的方案是为了实现长短轨迹的互补,以提取不同速度的运动目标。长轨迹提取的前向帧数 N 是实现这一目标的一个重要参数。因此,本节首先分别将 N 设置为 3、4、5、6、7、8,评估不同 N 在数据集上对检测性能的影响。如 6. 3. 1. 2 节基于异质性的密度峰轨迹提取方法所述,速度大于 σ/N(像素/帧)的运动目标可以被有效检测。因此,对于包含速度为 v 的运动目标的图像序列,N 应大于 σ/v,但不能太大。候选列表中需要匹配的轨迹数量随着 N 的增加而增加,从而导致虚警率增加。我们比较了不同 N 值的检测性能。图 6-27 显示了当 R 设置为 5 时,使用所提出的方法在不同 N 值的 4 个数据集上的 ROC 曲线结果。可以看出,当 $N<10$ 时,数据集 2 和数据集 4 的 AUC 值几乎相同。但是,AUC 性能随着 N 的增加而降低。当 N 设置为 20 时,数据集 3 的 AUC 显著下降至 0. 9。由于数据集 4 中目标的移动速度较慢,因此 AUC 的下降并不显著。

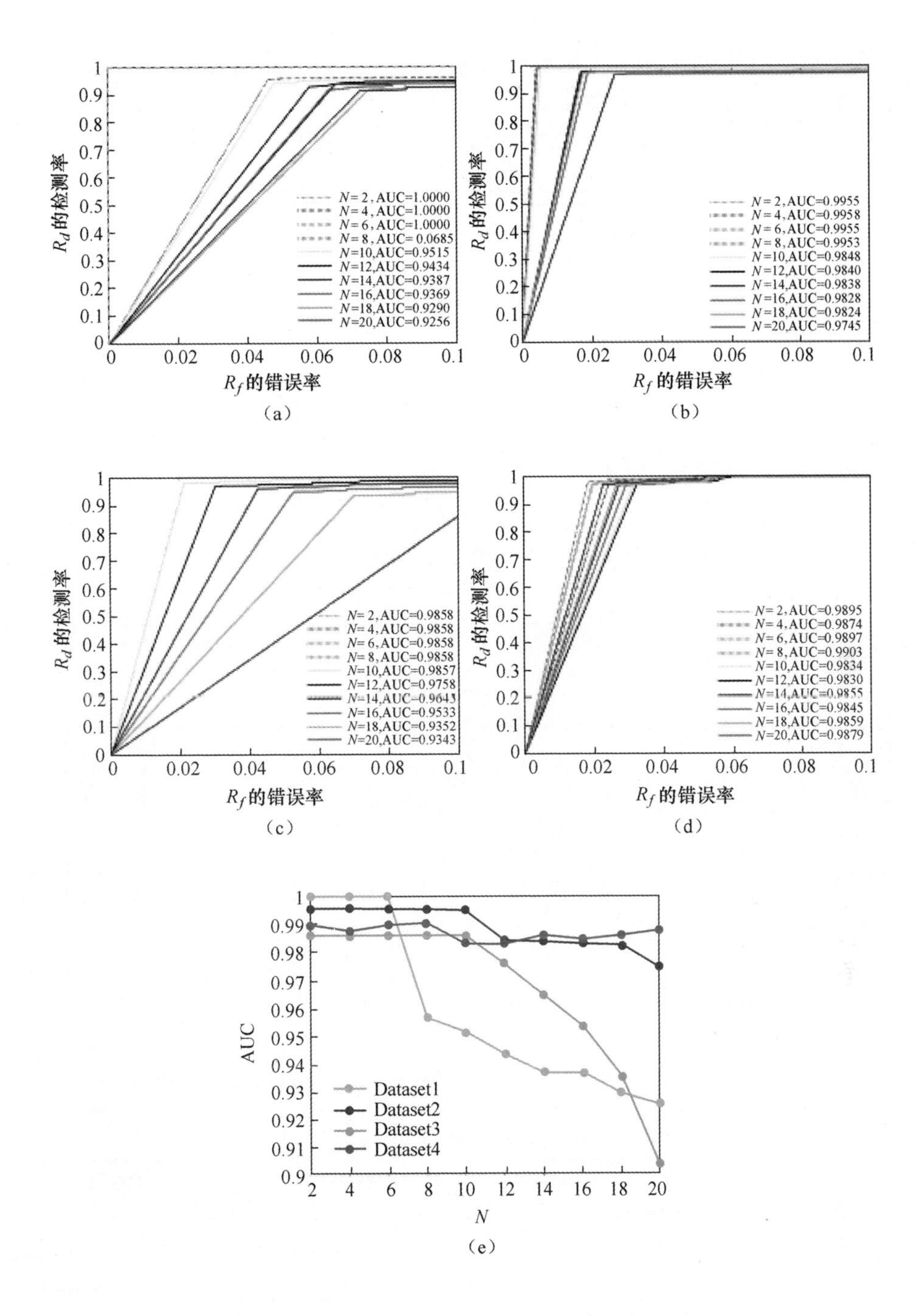

图 6-27 （见彩图）不同 N 值的实验结果

(a)~(d) ROC 曲线;(e) AUC 变化曲线。

在本章的方法中 R 是一个影响密度峰轨迹匹配的准确性的重要参数。本节首先比较了不同的 R 对检测性能的影响。在 4 个数据集上的评估结果被报告在图 6-28 中,AUC 变化曲线显示在图 6-28 中。从图 6-29 中可以看出,本章的方法

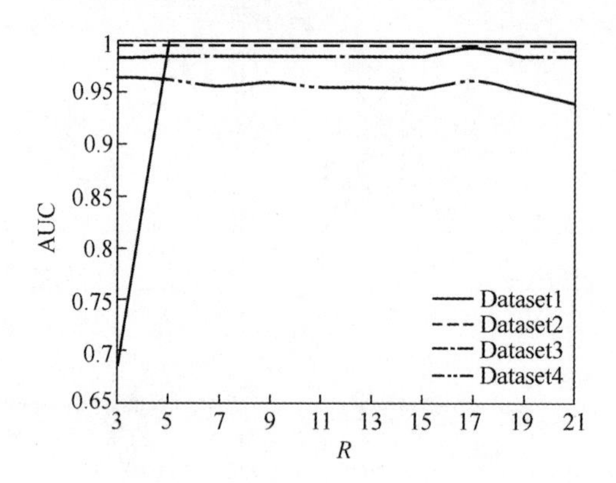

图 6-28 (见彩图)AUC 变化曲线

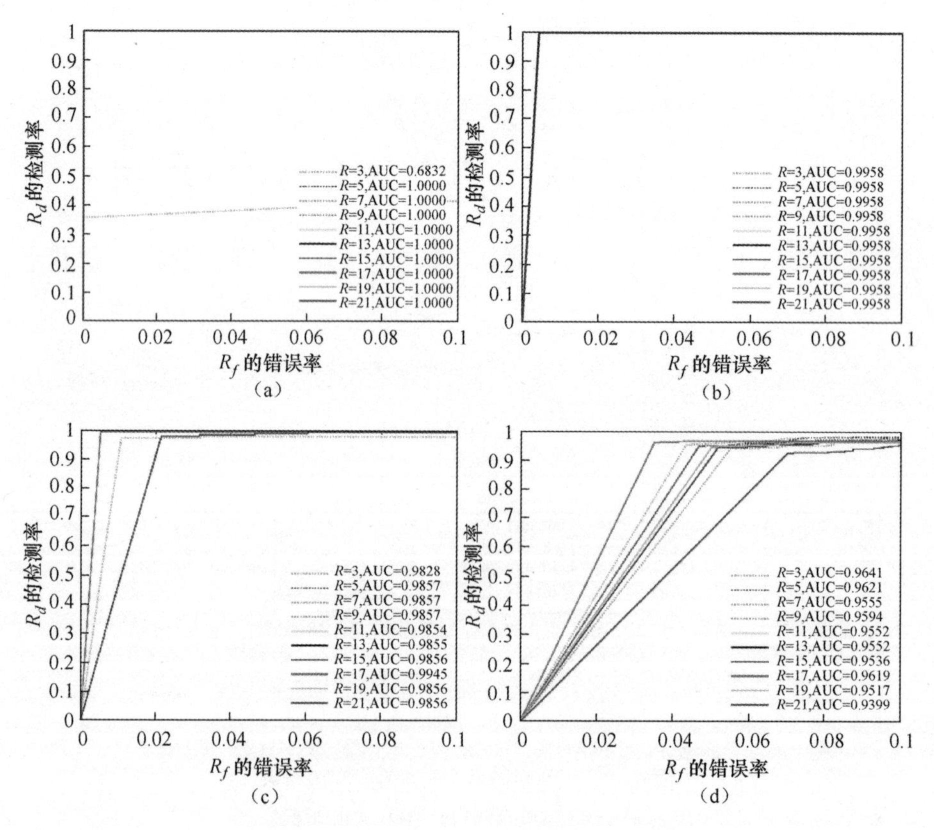

图 6-29 (见彩图)不同 R 值的实验结果

(a)~(d) ROC 曲线。

对 R 的取值并不敏感,在 R 设置为 5~21 时,本章的方法可以达到良好的 ROC 表现。当 R 设置为 3 时,本章的方法在 Dataset1 上的表现会变差。这主要是因为 Dataset1 的信杂比仅为 12.1626,更小的 R 值会使轨迹匹配的判断条件更为严格。因此,推荐在噪声较大的场景中将 R 设置为一个较大的值。

在本章的方法中,阈值 Th 是一个可变参数,可以随着输入图像序列的 SCR 的变化而变化。根据我们的测试,对于 SCR 较低的序列,Th 应设置为 50。但是,对于 SCR 高的序列,如 Dataset2,Th 设置为 100~200 可以实现较低的误报率。

3) 检测能力

图 6-30 给出了本章的方法在所有序列的第 15 帧中的检测结果,图 6-30 的第二、第三行分别展示了差分图像 $\mathrm{diff}_{k,k-1}$ 和 $\mathrm{diff}_{k,k-N}$,可以看出差分图像中的背景都被很好地抑制。在差分图像的右上角给出了目标附近局部区域的 3D 图像,运动目标形成的正负峰对在差分图像上很显著,这意味着提取密度峰轨迹的思想是合理的。对于包含快速运动目标的序列,如 Dataset1 的 S1 和 Dataset3 的 S1,$\mathrm{diff}_{k,k-N}$ 的正负峰距离较远,因此目标运动形成的长密度峰轨迹没有被提取。但是,在 $\mathrm{diff}_{k,k-1}$ 中短密度峰轨迹被成功地提取,这符合本章方法设计的初衷。此外,在图 6-30 第四行可以看出,尽管没有同时提取短密度峰轨迹和长密度峰轨迹,但目标运动的完整轨迹仍通过轨迹生长策略获得,它的平均轨迹强度远高于虚假轨迹。

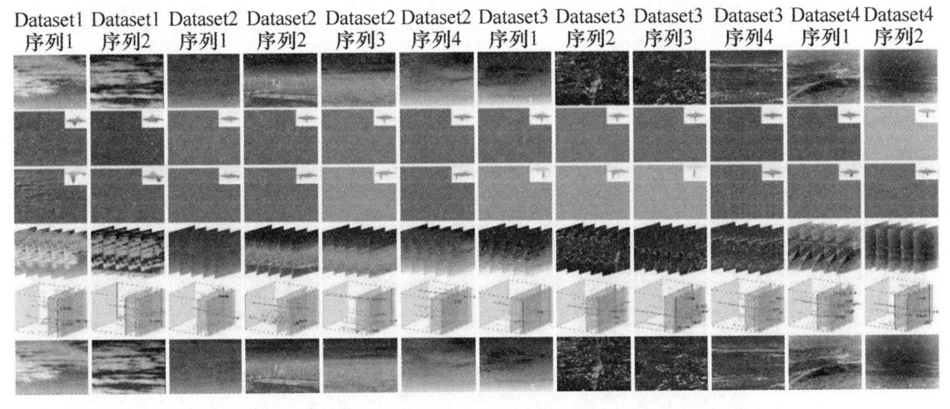

图 6-30 (见彩图)本章的方法在所有序列的第 15 帧中的检测结果

(第一行:原始图像。第二行和第三行:差分图像 $\mathrm{diff}_{k,k-1}$ 和 $\mathrm{diff}_{k,k-N}$。正峰和负峰分别用橙色和绿色圆圈标记。第四行:密度峰轨迹。第五行:候选轨迹。第六行:检测结果)

对比的基准方法包括 NSTSM[33]、Log-TFNN[34]、MSL-SIPT[35]、ISTD[36]、ECA-STT[37]、STLCF[38] 和 STLDM[39]。Log-TFNN 是单帧检测方法,其他的是序列检测方法。

图 6-31 显示了在 Dataset3 的复杂场景下检测结果的比较。由于场景中存在多个建筑斑点和与目标相似的物体，基准算法都出现了误检，忽略了暗淡的真实目标。但是，本章的方法能够准确检测目标。为了更好地展示本章方法的优势，比较了不同方法在包含慢速移动目标的 ISD 数据集[26]的序列 22 上的检测结果。如图 6-32 所示，本章的方法成功地检测到了其他方法遗漏的所有缓慢移动的目标。图 6-33 显示了使用 8 个算法的 ROC 曲线，可以看出，与基准方法相比，本章的方法在 Dataset1、Dataset3 和 Dataset4 上都实现了最佳检测性能。由于背景不变且场景的信杂比较高，大多数多帧算法在 Dataset2 都取得了很好的结果。本章的方法的 AUC 值仅比表现最好的 MSL-SIPT 低 0.0001。然而，在 Dataset3 的复杂场景中，仅本章的方法在表现很好，在 R_f 很低时，R_d>0.99。此外，在 4 个数据集上，大多数多帧算法的表现都比仅利用空域信息的 Log-TFNN 更好。

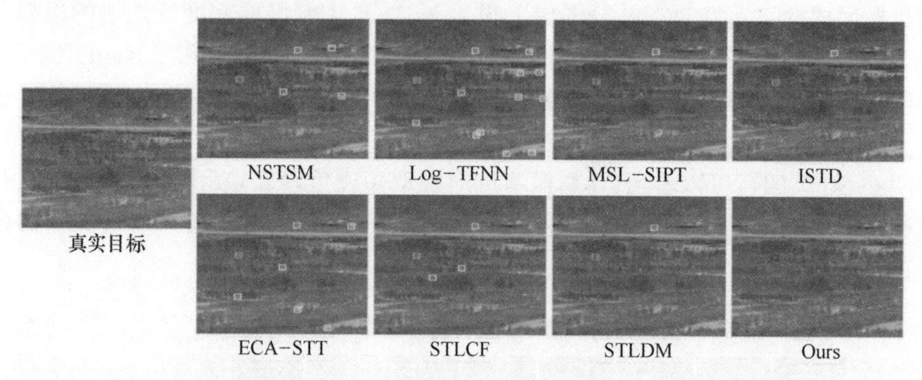

图 6-31 （见彩图）具有点状背景特征的场景的检测结果的比较示例

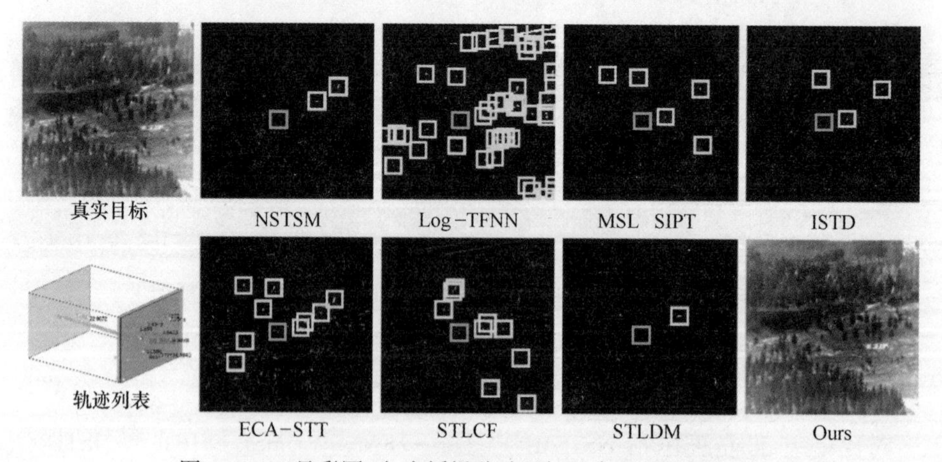

图 6-32 （见彩图）包含缓慢移动目标的序列的检测结果
（其中漏检和误检分别用绿色和黄色方框标记）

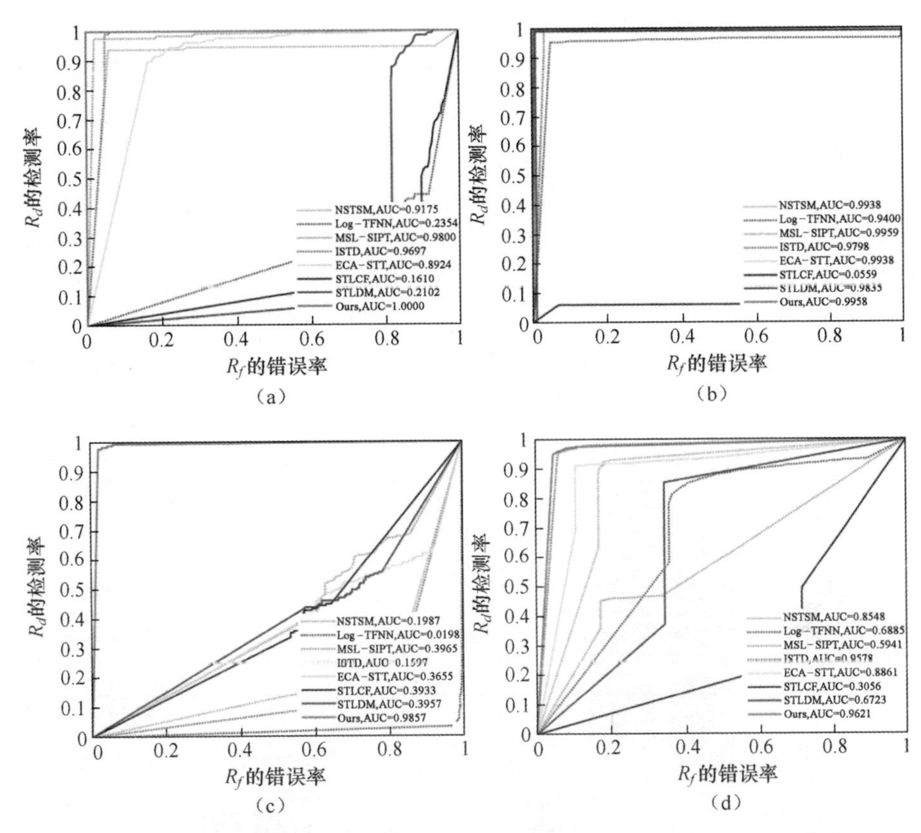

图 6-33 (见彩图)(a)~(d)数据集 1~数据集 4 中 8 种方法的 ROC 曲线

必须说明的是,当场景中短暂出现快速移动的目标(大于 15σ 像素/帧)时算法可能不适用。但是只要目标的运动变得稳定,算法仍然可以有效地检测后续帧中的目标。

4) 运行效率

所有对比方法的平均运行时间在表 6-8 中列出,其中 ISTD 算法通过 GTX 1650 GPU 进行了加速。本章的方法仅慢于 ISTD 和 STLCF。本章的算法利用两次密度峰值搜索提取密度峰轨迹,计算全图所有像素的密度距离占据了主要的时间成本。

为了通过并行计算实现对算法加速,本节评估算法不同过程的时间消耗。根据测试结果,影响本章所提方法运行时间的主要因素有以下 4 个过程:

(1) 图像配准和光流计算;

(2) $\mathrm{diff}_{k,k-1}$中的轨迹提取;

(3) $\mathrm{diff}_{k,k-N}$中的轨迹提取;

(4) 轨迹强度计算。

轨迹匹配和过滤的时间消耗在 0.1~0.2 ms,可以忽略不计。本章方法的主要过程耗时如图 6-34 所示,可以看出轨迹提取和图像配准占据了大部分时间。为了利用 GPU 加速图像配准和光流计算,使用 OpenCV 提供的 CUDA API 提取特征点并计算 Farneback 光流。

根据 6.2.2.2 节抗噪性能可知,密度距离 δ 的迭代计算消耗了密度峰值搜索的主要时间,而过程 2 和过程 3 进行了 4 个密度峰值搜索。借助 CUDA,实现了 GPU 版本的密度距离并行计算算法,显著加快了计算速度(图 6-34)。

将 GridSize 设置为 256,在 GTX 1650 上对 CUDA 加速后的程序进行了进一步的实验。如表 6-7 最后一列所列,与 CPU 版本相比,本章方法的运行时间减少了 83.5%,优于所有对比方法,有效提高了算法的实时性。

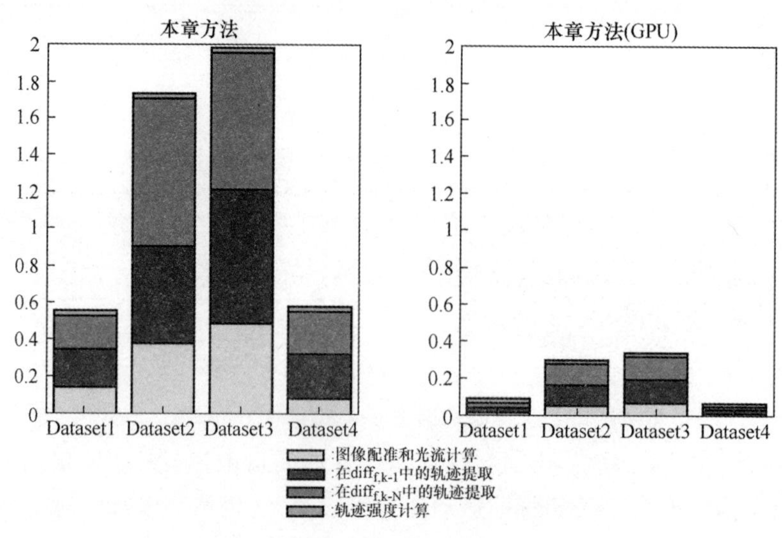

图 6-34 (见彩图)主要过程的运行时间

表 6-7 数据集 1~数据集 4 上每帧的平均计算时间 单位:s

数据集	NSTSM	Log-TFNN	MSL-SIPT	ISTD	ECA-STT	STLCF	STLDM	本章算法	本章算法(GPU)
Dataset 1	0.9718	1.0255	9.2784	0.1121	6.9870	0.1903	1.4661	0.5659	0.0936
Dataset 2	4.3062	4.1904	35.110	0.4217	34.924	0.8637	6.3553	1.7032	0.2992
Dataset 3	4.3018	4.3228	31.933	0.3842	40.498	0.8784	6.3600	1.9861	0.3384
Dataset 4	0.8193	1.1001	7.0745	0.1058	6.6259	0.1690	1.2577	0.5790	0.0681

6.3.2.2 低空目标检测外场实验

6.3.2.1 节用本章的算法和其他算法进行了对比。为了进一步验证提出算法的有效性,本节通过外场实拍红外图像测试所提出方法的性能。实验中使用非制冷型近红外 InGaAs 相机 Hamamatsu C12741-03 对低空飞行器进行远距离拍摄。相机探测器的分辨率为 640×512 像素,输出图像为 14b,详细的参数见表 6-8。实验中相机放置在二维转台上,通过伺服电机进行控制。图 6-36 显示拍摄了两个序列的原始图像信息,所拍摄序列分别包含地面建筑背景和云层背景两种典型低空背景,序列 1 中背景仅包含天空,而序列 2 背景中还存在两片近似目标的积云。序列 1 和序列 2 的详细信息如图 6-36 实验拍摄的原始图像。

表 6-8 Hamamatsu C12741-03 关键参数

成像设备	InGaAs sensor	像元大小	20μm×20μm
分辨率	640×512	有效面积	12.8mm×10.24mm
A/D 转换器	14 b	读出速度	59.774 帧/s
光谱响应	950~1700 nm	冷却方式	帕尔帖冷却

(a)

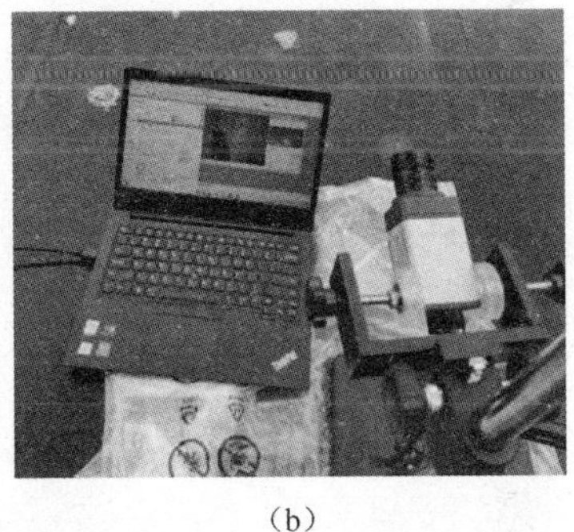

(b)

图 6-35 外场实验设置

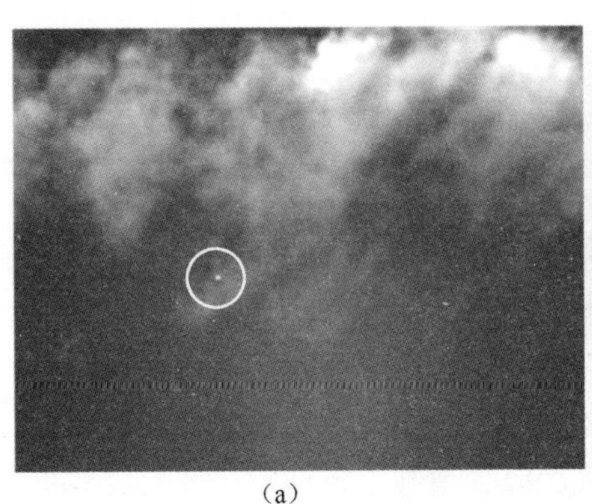

(a)

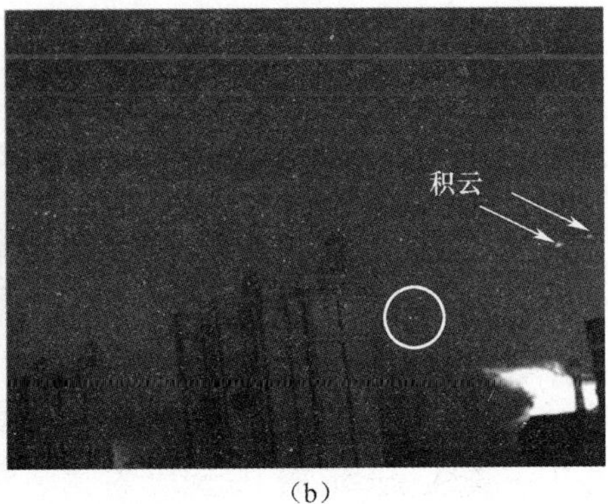

(b)

图 6-36 实验拍摄的原始图像

(a) 包含云层背景的目标图像;(b) 包含建筑背景的目标图像

如表 6-9 所列,拍摄地点位于 43.843903°N,125.40436°E。图 6-37 显示了 ADS-B 接收机记录的航班轨迹信息,目标航班的高度分别为 3650m 和 1356m。根据 ADS-B 提供的信息可以得到,目标航班据相机分别为 8.86km 和 13.28km。

表 6-9 实验拍摄图像序列的详细信息

序列	目标航班编号	目标航班位置	帧数/帧	时长/s	目标速度/(像素/帧)	目标尺寸/像素	SCR
序列 1	CA 2709	从 43.90311°N,125.34940°E 至 43.91707°N,125.34717°E	225	15	1~2	7×7	36.77
序列 2	MU 9883	从 43.75671°N,125.46476°E 至 43.77141°N,125.46668°E	225	15	<1	3×3	45.64

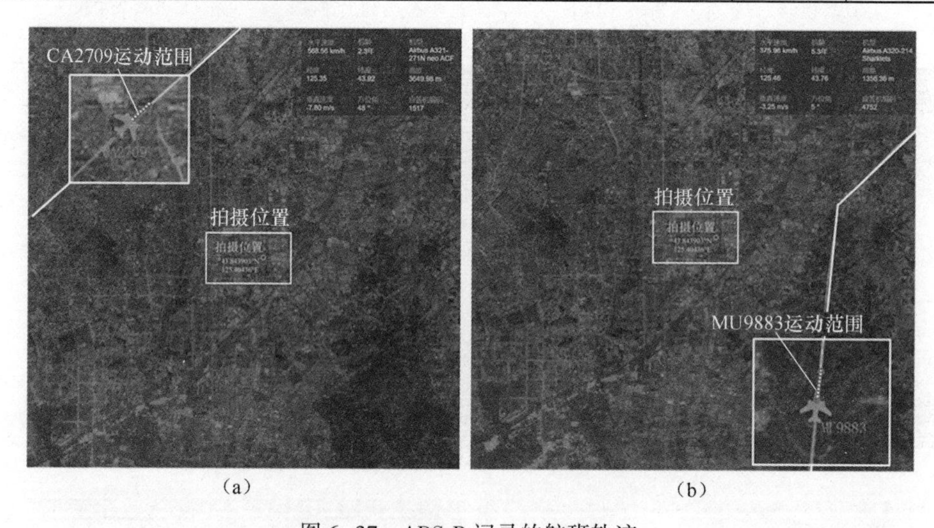

(a)　　(b)

图 6-37 ADS-B 记录的航班轨迹

(a)序列 1;(b)序列 2。

(拍摄位置用虚线标记,框线标记了拍摄过程中目标的运动范围)

用 6.1.1 节红外图像特性分析提出的目标检测预处理方法标记 Hamamatsu C12741-03 的盲元,并替换盲元像素,得到经过预处理的图像序列。将本章提出的方法应用于这两个实际序列,以两个序列第 10 帧图像为例,图 6-35 给出了目标检测结果。由于两个序列的信杂比都大于 30,差分图像的背景非常平滑,序列 1 和序列 2 运动目标形成的 P-NDP 对比强烈且形状规则。目标的运动速度较低,在差分图像 $\mathrm{diff}_{k,k-1}$ 上并不明显,因此图中仅给出了 $\mathrm{diff}_{k,k-N}$ 的图像。

表 6-10 记录了在真实序列上本章算法的性能表现,相比 0 的结果,由于背景更为干净,本章的方法在两个序列上都没有出现漏检,仅在序列 2 上出现了 0.02 的虚警率。

表 6-10 性能统计

序列	检测率/%	虚警次数/帧	时间/s
序列 1	100	0.0	1.7103
序列 2	100	0.02	1.8541

如图 6-38(b)所示,凸起区域和凹陷区域形状近似,确保了相似性测度适用于差分图像上的小目标。在序列 1 中虚假轨迹主要分布在云层边缘,而在序列 2 中建筑物边缘、云层边缘和两片碎积云都导致了虚假轨迹。

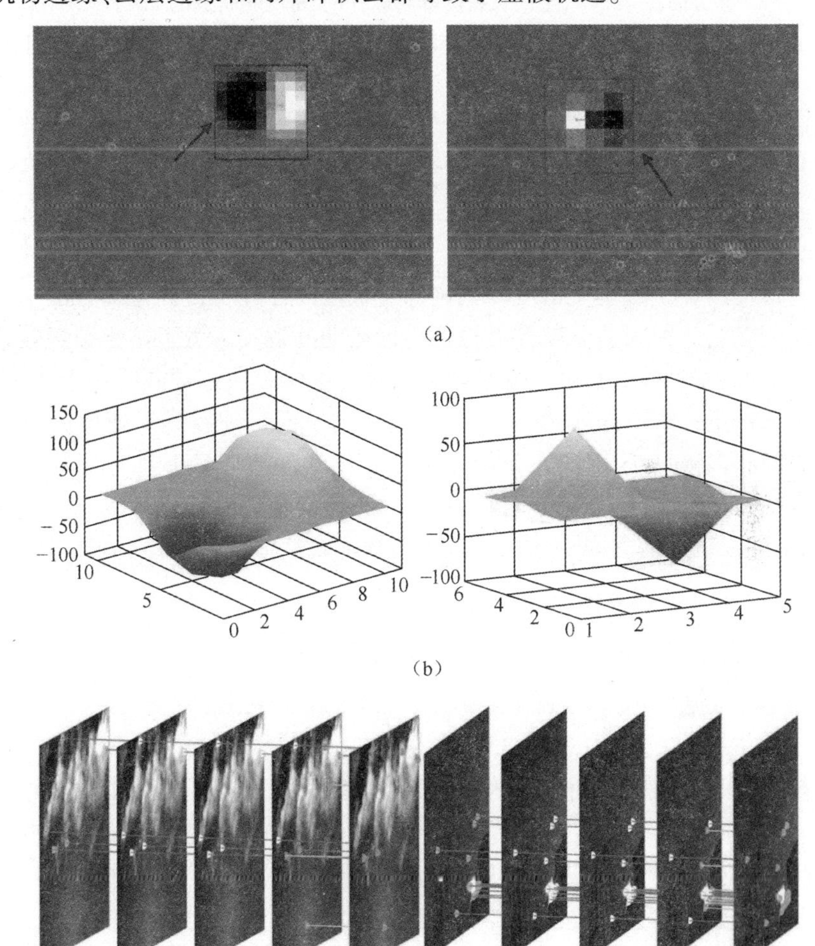

(a)

(b)

(c)

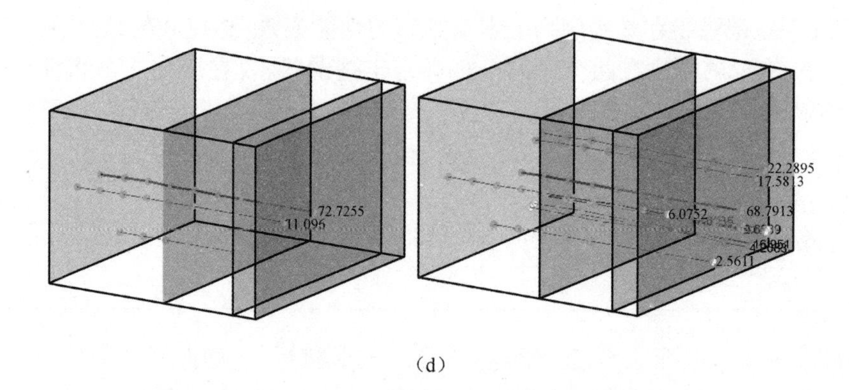

（d）

图 6-38　本章的方法在真实图像序列第 10 帧的检测结果

（a）差分图像 $diff_{k,k-N}$上的长密度峰轨迹;（b）密度峰轨迹的 3D 示意图;
（c）第 10 帧检测到的长密度峰轨迹和短密度峰轨迹;（d）候选轨迹(序列 1(左),序列 2(右))。

从图 6-38(d)可以看出,算法对序列 1 具有良好的检测效果,仅有少数低强度(11.1)的虚假轨迹。尽管序列 2 的云层边缘出现了大量虚假轨迹,这些轨迹的平均强度 $\widetilde{M}<10$,而两片碎积云的平均轨迹强度为 17.6 和 22.3,这些虚假轨迹强度都小于真实目标的轨迹强度(68.79)。

本节章提出了一种基于密度峰轨迹的一致性的红外小目标检测方法。其主要思想是在配准后的帧间差分图像上检测目标运动的轨迹。为了防止缓慢运动的目标在差分图像中被抑制,长密度峰疏轨迹和短密度峰疏轨迹被同时用于轨迹生长。实验显示这种生长策略是合理的,可以有效检测不同尺寸及运动速度的目标。与现有的单帧和多帧算法相比,本章的方法在变化的复杂背景下具有更好的检测能力。在实拍的场景中,由于场景背景更为干净,所提出方法的表现良好。在未来的工作中,密度峰轨迹的方向一致性可以用于描述轨迹强度,也可以提升对时间噪声的鲁棒性。

6.4　小结

本章通过对空间背景和目标特性的图像分析,深入研究了密度峰值搜索在临近高亮度背景杂波的干扰下可能出现的"集中效应"问题。结合盲元补偿和背景抑制算法,提出了一种基于局部异质性的密度峰值搜索方法,通过该方法可提高密度峰值搜索对高亮临近杂波的鲁棒性。此外,为了解决"集中效应"问题,本章还提出了一种改进密度峰值搜索和局部灰度差分相结合的单帧红外小目标检测算法。通过引入新型局部异质性度量作为密度,增强目标并抑制高亮度背景对算法的影响。最后,本章提出了一种基于密度峰轨迹一致性的红外小目标检测方法,利用帧间差分图像检测目标运动轨迹,充分利用时域上下文信息。通过将长密度峰疏轨迹和短密度峰疏轨迹同时用于轨迹生长,该方法在变化的复杂背景下表现出更好的检测能力。实验证明了该生长策略的合理性,能有效检测不同尺寸及运动速度的目标。总体而言本章提出的三种方法在红外小目标检测领域均有了显著的进展,为后续密度峰值搜索算法研究奠定了有力的基础。在未来的工作中,可以考虑采用顺序统计滤波器替代均值滤波器,结合基于多帧的方法进一步提升检测性能,同时使用并行计算以提高检测速度。

参考文献

[1] HUANG S,PENG Z,WANG Z,et al. Infrared Small Target Detection by Density Peaks Searching and Maximum-Gray Region Growing [J]. IEEE Geoscience and Remote Sensing Letters,2019,16(12):1919-1923.

[2] 黄苏琦. 时空谱多特征联合红外弱小目标检测方法研究 [D]. 成都:电子科技大学,2020.

[3] YAN P M,YAO S B,ZHU Q Y,et al. Real-time detection and tracking of infrared small targets based on grid fast density peaks searching and improved KCF [J]. Infrared Physics & Technology,2022(123):104181.

[4] ZHU Q,ZHU S Y,LIU G H,et al. Infrared small target detection using local feature-based density peaks searching [J]. IEEE Geoscience and Remote Sensing Letters,2022(19):1-5.

[5] 熊斌. 非均质复杂背景红外小目标检测算法研究 [D]. 武汉:华中科技大学,2021.

[6] 李梦莹. 复杂背景下的红外小目标检测算法研究 [D]. 长春:吉林大学,2018.

[7] 丁帅. 机载红外小目标探测系统非均匀性校正技术研究 [D]. 长春:中国科学院大学(中国科学院长春光学精密机械与物理研究所),2021.

[8] 李梦阳. 天基复杂背景下空间暗弱小目标检测方法研究 [D]. 长春:中国科学院大学(中国科学院长春光学精密机械与物理研究所),2020.

[9] 孙继刚. 序列图像红外小目标检测与跟踪算法研究 [D]. 长春:中国科学院研究生院(长春光学精密机械与物理研究所),2014.

[10] 李言俊,崔瑞青,赵桂芳,等. 一种新的红外焦平面阵列盲元检测方法 [J]. 激光与红外,2007(1):51-2+65.

[11] 张桥舟,顾国华,陈钱,等. 基于两点参数及自适应窗口的实时盲元检测和补偿技术[J]. 红外技术,2013,35(3):139-145.

[12] 冷寒冰,宫振东,谢庆胜,等. 基于模糊中值的 IRFPA 自适应盲元检测与补偿 [J]. 红外与激光工程,2015,44(3):821-826.

[13] 李召龙,韩玉龙. 基于场景的红外成像系统盲元检测及校正 [J]. 激光与红外,2017,47(4):465-469.

[14] 李成立,吕俊伟,王佩飞,等. 红外探测器盲元检测及评价 [J]. 激光与红外,2018,48(2):209-214.

[15] 覃尧. 基于数据分类的红外与高光谱图像处理技术研究 [D]. 长沙:国防科技大学,2019.

[16] GRADY L. Random walks for image segmentation [J]. IEEE Transactions on Pattern Analysis and Machine Intelligence,2006,28(11):1768-1783.

[17] XIA C Q,LI X R,ZHAO L Y. Infrared small target detection via modified random Walks [J]. Remote Sensing,2018,10(12):2004. 1-2004. 21.

[18] QIN Y. ,BRUZZONE L,GAO C,et al. Infrared small target detection based on facet kernel and random walker [J]. IEEE Transactions on Geoscience and Remote Sensing,2019,57(9):7104-7118.

[19] WEI Y T,YOU X G,LI H. Multiscale patch-based contrast measure for small infrared target detection [J]. Pattern Recognition,2016,(58):216-226.

[20] GAO C,MENG D,YANG Y,et al. Infrared Patch-Image Model for Small Target Detection in a Single Image [J]. IEEE Transactions on Image Processing,2013,22(12):4996-5009.

[21] ZHANG L D,PENG L B,ZHANG T F,et al. Infrared small target detection via non-Convex rank approximation minimization joint l2, 1 norm [J]. Remote Sensing, 2018, 10 (11): 1821. 1-1821. 26

[22] ZHANG L D,PENG Z M. INFRARED small target detection based on partial sum of the tensor Nuclear Norm [J]. Remote Sensing,2019,11(4):382. 1-382. 34

[23] WU L,MA Y,Fan F,et al. A double-neighborhood gradient method for infrared small target detection [J]. IEEE Geoscience and Remote Sensing Letters,2021,18(8):1476-1480.

[24] QIN Y,BRUZZONE L,GAO C,et al. Infrared Small Target Detection Based on Facet Kernel and Random Walker [J]. IEEE Transactions on Geoscience and Remote Sensing, 2019, 57 (9): 7104-7118.

[25] YANG P,DONG L,XU W. Infrared small maritime target detection based on integrated target saliency measure [J]. IEEE Journal of Selected Topics in Applied Earth Observations and Remote Sensing,2021(14):(2369-2386).

[26] BI Y,CHEN J,SUN H,et al. Fast detection of distant,infrared targets in a single image using multiorder directional derivatives [J]. IEEE Transactions on Aerospace and Electronic Systems, 2020,56(3):2422-2436.

[27] LI D W,MO B,ZHOU J T. Boost infrared moving aircraft detection performance by using fast homography estimation and dual input object detection network [J]. Infrared Physics & Technology,2022(123):104182.

[28] ZHU Q,Zhu S Y,LIU G H,et al. Infrared small target detection using local feature-based density peaks searching [J]. IEEE Geoscience and Remote Sensing Letters,2022/9(19):1-5.

[29] YANG P,DONG L,XU W. Infrared small maritime target detection based on integrated target saliency measure [J]. IEEE Journal of Selected Topics in Applied Earth Observations and

Remote Sensing,2021(14):2369-2386.

[30] PANG D,SHAN T,MA P,et al. A novel spatiotemporal saliency method for low-altitude slow small infrared target detection [J]. IEEE Geoscience and Remote Sensing Letters,2022(19):1-5.

[31] HAN J,XU Q,MORADI S,et al. A ratio-difference local feature contrast method for infrared small target detection [J]. IEEE Geoscience and Remote Sensing Letters,2022(19)1-5.

[32] 孙超,张洪文,王沛,等. 中波红外相机盲元的实时动态检测与补偿方法 [J]. 红外技术,2021,43(9):869-875.

[33] PANG D,SHAN T,MA P,et al. A novel spatiotemporal saliency method for low-altitude slow small infrared target detection [J]. IEEE Geoscience and Remote Sensing Letters,2022(19)1-5.

[34] KONG X,YANG C,CAO S,et al. Infrared Small Target Detection via Nonconvex Tensor Fibered Rank Approximation [J]. IEEE Transactions on Geoscience and Remote Sensing,2022(60):1-21.

[35] SUN Y,YANG J,AN W. Infrared dim and small target detection via multiple subspace learning and Spatial-Temporal Patch-Tensor Model [J]. IEEE Transactions on Geoscience and Remote Sensing,2021,59(5):3737-3752.

[36] XU L,WEI Y,ZHANG H Y,et al. Robust and fast infrared small target detection based on pareto frontier optimization [J]. Infrared Physics & Technology,2022(123):104192.

[37] ZHANG P,ZHANG L,WANG X,et al. Edge and corner awareness-based spatial temporal Tensor Model for Infrared Small-Target Detection [J]. IEEE Transactions on Geoscience and Remote Sensing,2021,59(12):10708-10724.

[38] DENG L Z,ZHU H,TAO C,et al. Infrared moving point target detection based on spatial - temporal local contrast filter [J]. Infrared Physics & Technology,2016(76):168-173.

[39] DU P,HAMDULLA A. Infrared moving small-target detection using spatial-temporal local difference measure [J]. IEEE Geoscience and Remote Sensing Letters,2020,17(10):1817-1821.

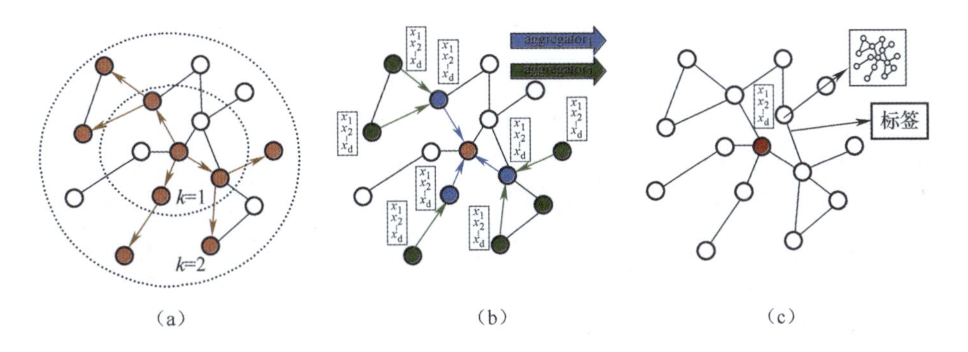

图 2-17　GraphSAGE 结构

(a) 结构示意图;(b) 特征总量;(c) 聚合信息预测。

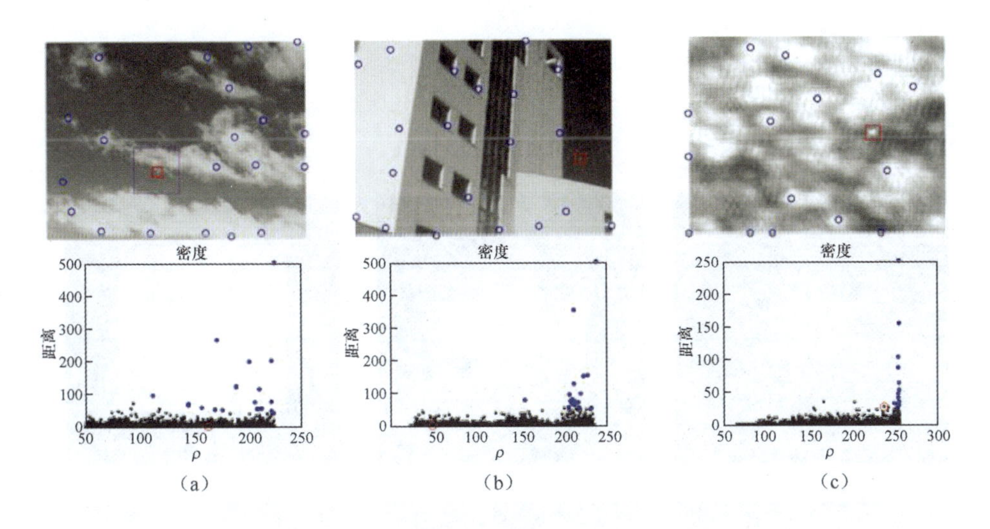

图 2-20　一些小目标被 DPS 忽略的场景

(a)目标靠近云层;(b)目标附近有建筑物;(c)目标位于阳光普照的湖面。

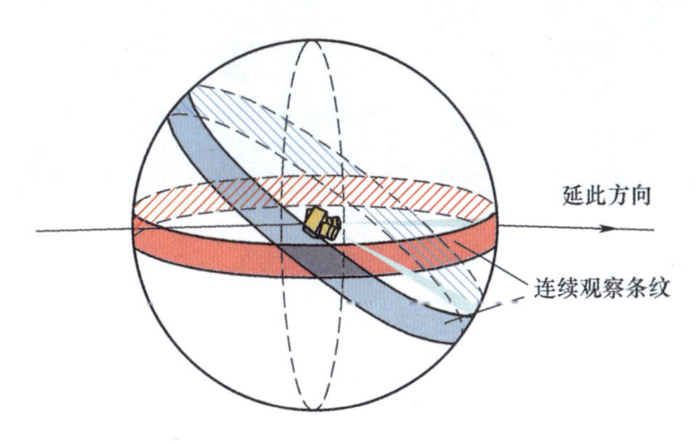

图 3-9　空间环扫推帧成像原理图

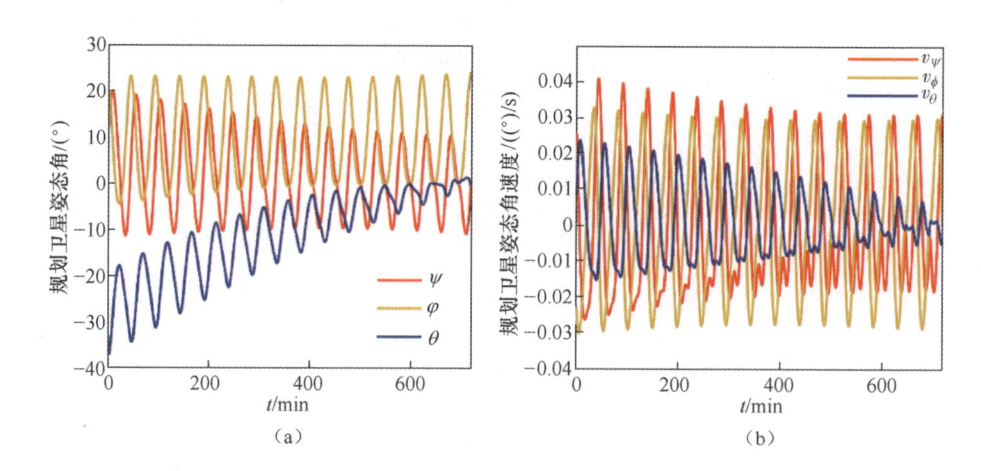

图 3-17　规划的卫星姿态角和姿态角速度

(a)三轴姿态角;(b)姿态角速度。

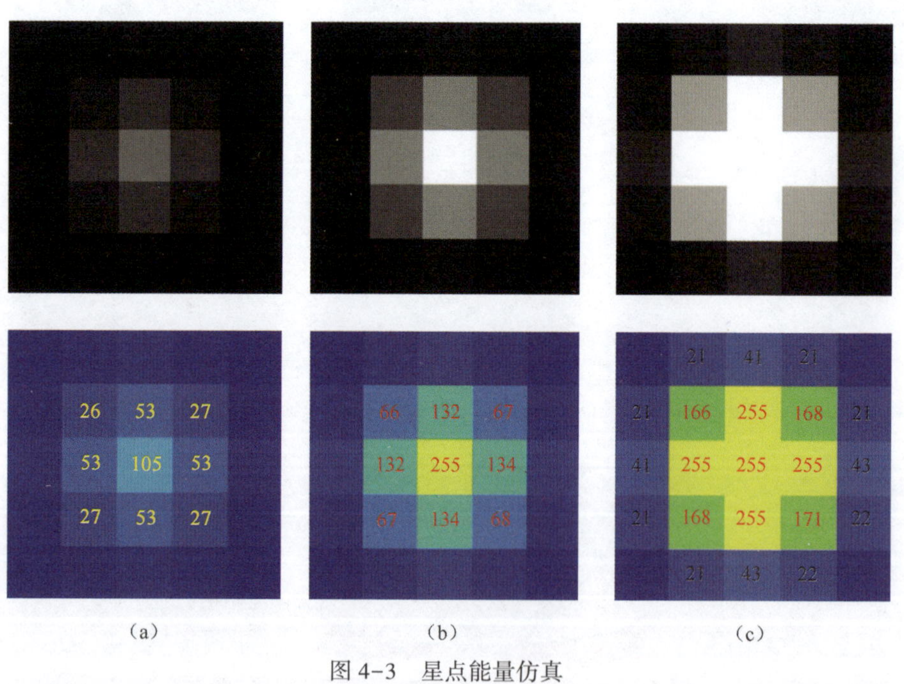

图 4-3　星点能量仿真

(a) $M_v = 6$;(b) $M_v = 5$;(c) $M_v = 4$。

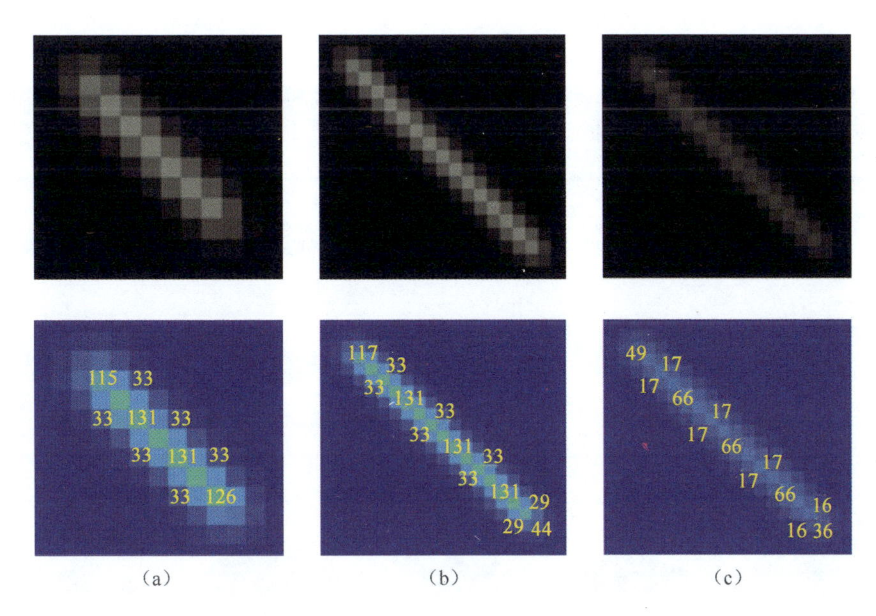

图 4-5 星点运动模糊仿真

(a)$\omega_x = 1(°)/s, \omega_y = 1(°)/s, T = 0.09s$;(b)$\omega_x = 1(°)/s, \omega_y = 1(°)/s, T = 0.18s$;(c)$\omega_x = 2(°)/s, \omega_y = 2(°)/s, T = 0.09s$。

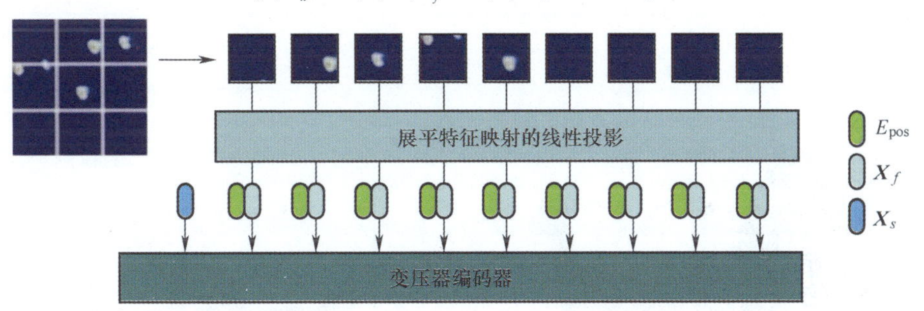

图 5-16 特征处理过程示意图

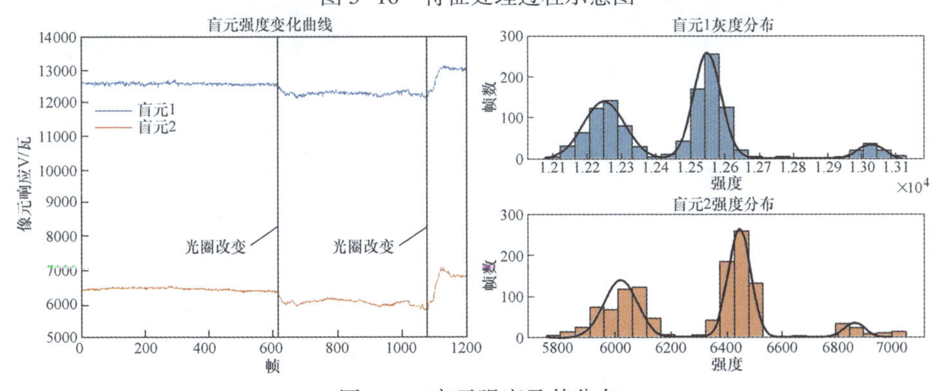

图 6-2 盲元强度及其分布

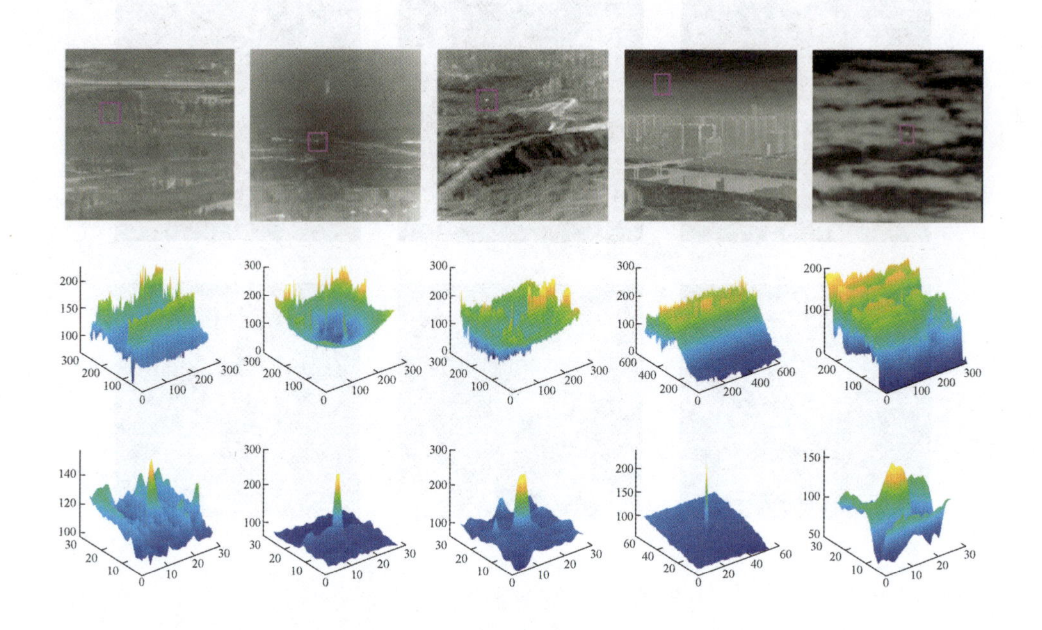

图 6-3 典型低空场景红外小目标图像

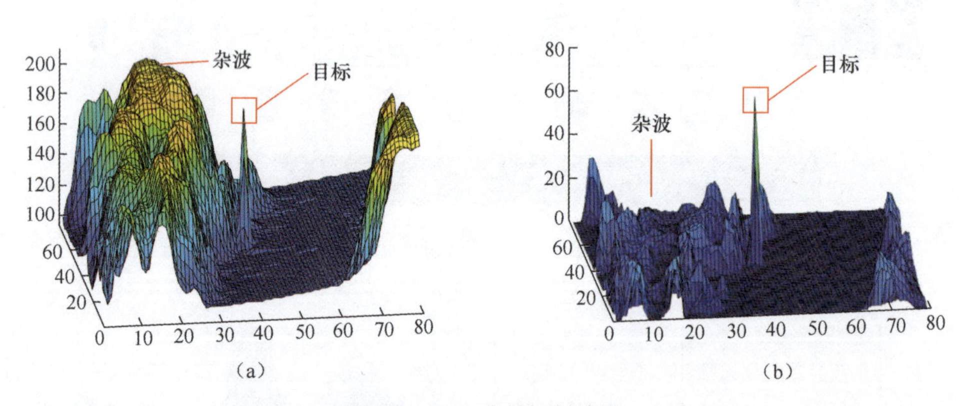

（a） （b）

图 6-4 LHI 背景抑制效果

(a)目标周围的局部图像三维示意图;(b)LHI 的处理结果。

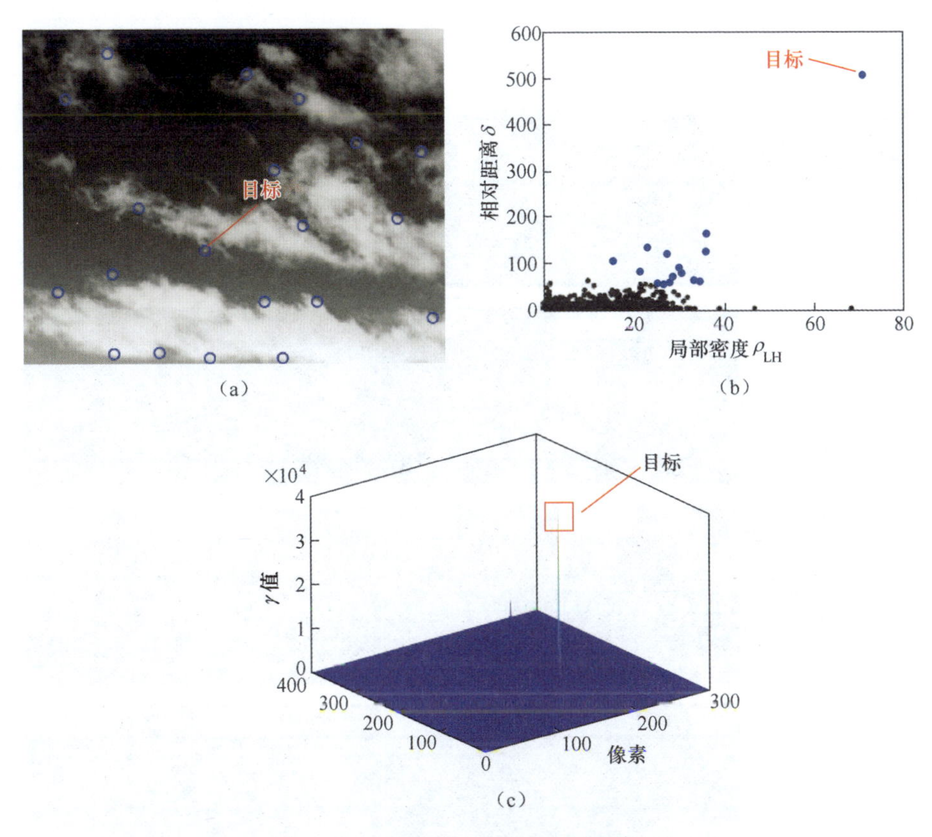

图 6-5　改进密度峰值搜索图像的结果

(a)改进密度峰值搜索的检测结果;(b) 目标点在 ρ-δ 空间中的位置;(c) 图像的 γ 值。

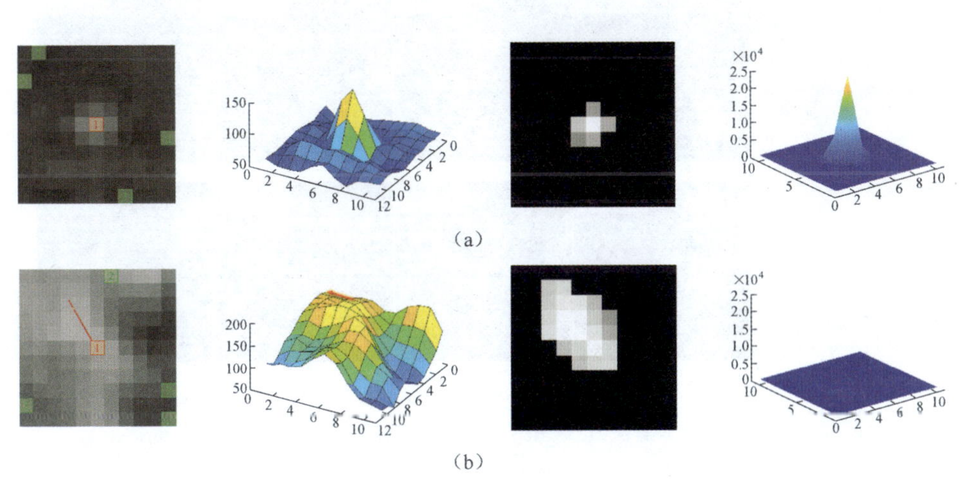

图 6-8　局部灰度差分度量处理候选目标点中的小目标和背景像素点

(a)小目标像素局部块;(b)背景像素局部块。

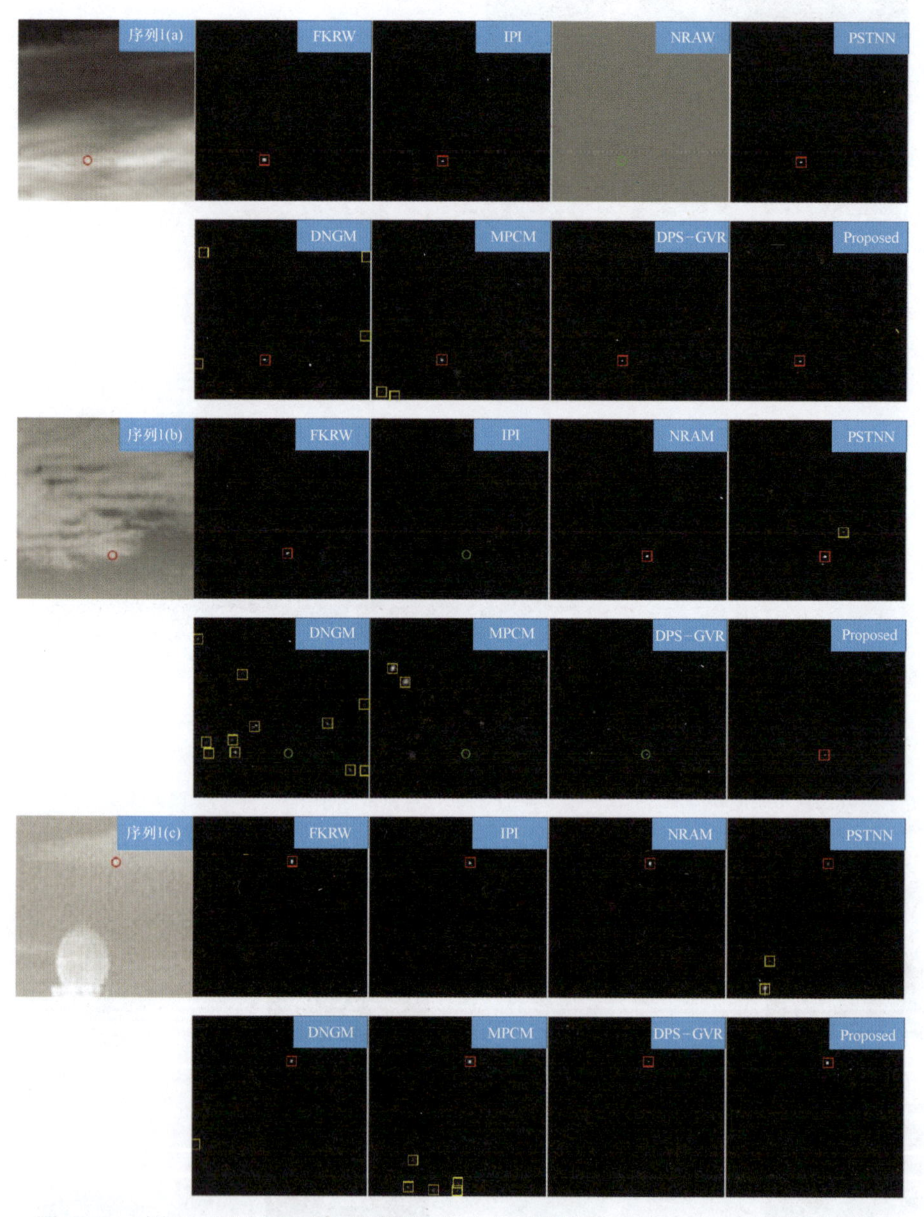

图 6-11　序列 1 不同方法的原始图像和相应的增强图像。(红色方框表示实际目标的位置,绿色圆圈表示漏检,正确和错误的分割结果分别用红色和黄色框标记)

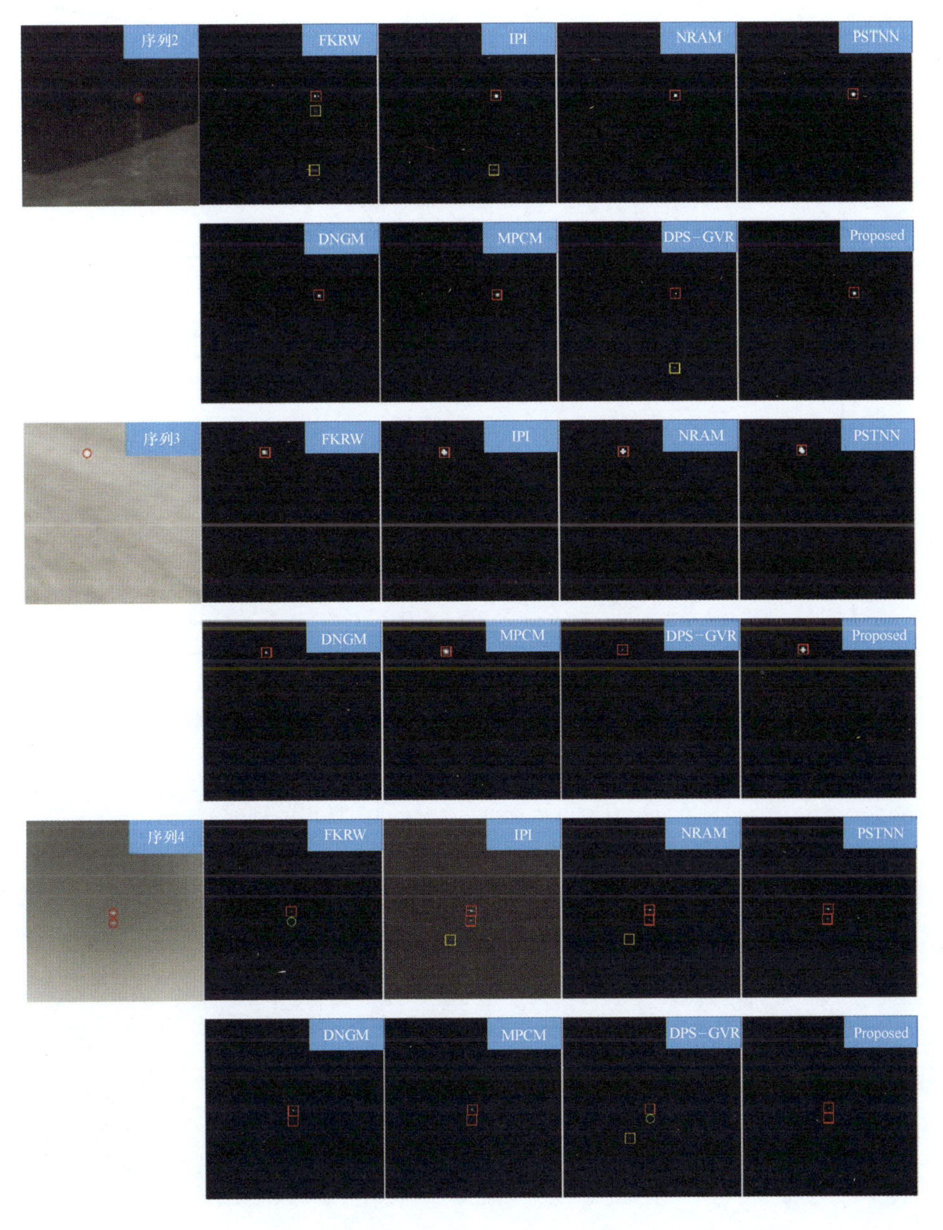

图 6-12　序列 2~序列 4 上不同方法的原始图像和相应的增强图像
（红色圆圈表示实际目标的位置，
绿色圆圈表示漏检。正确和错误的分割结果分别用红色和黄色框标记）

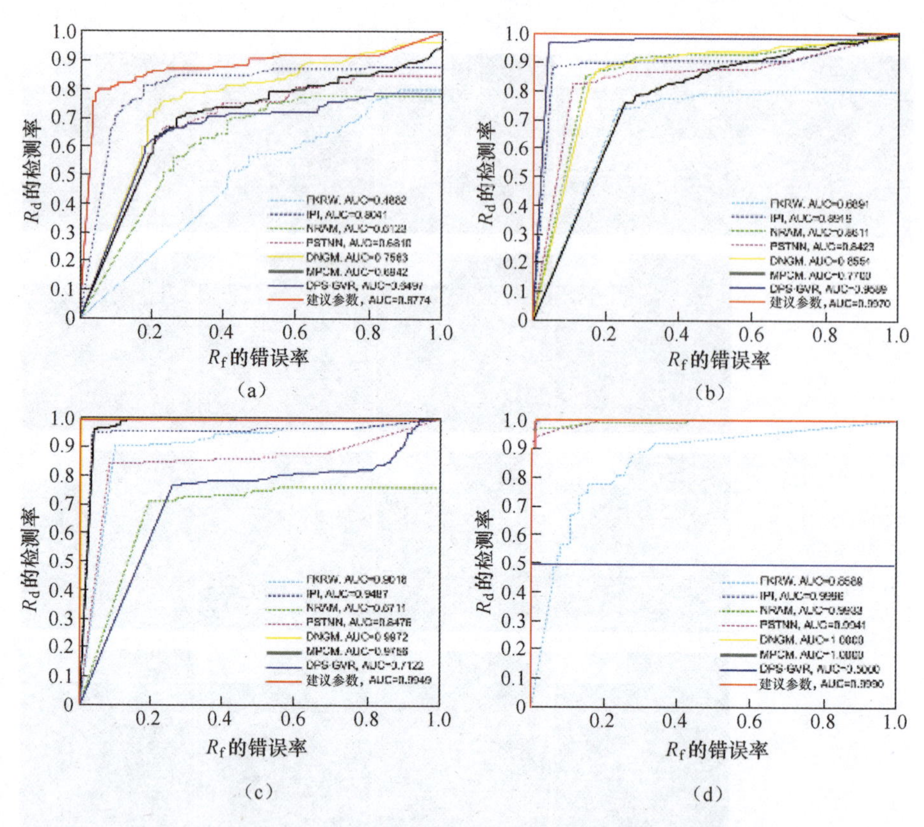

图 6-14　8 种方法在序列 1~序列 4 的 ROC 曲线

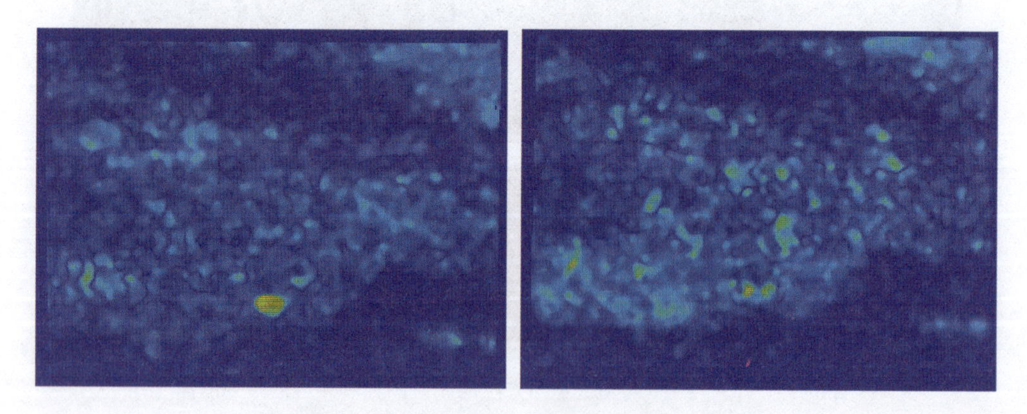

图 6-20　图 3- 22 中 3 帧间的 Farneback 光流

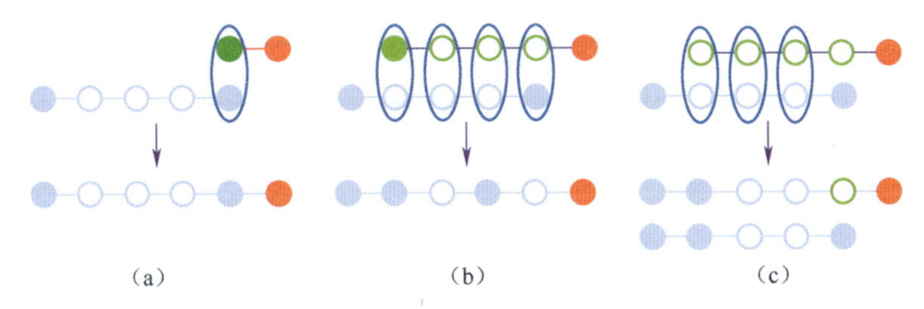

图 6-26　轨迹增长策略

(a) 短轨迹与候选轨迹相匹配;(b) 长轨迹与候选轨迹完全匹配;
(c) 长轨迹与候选轨迹基本匹配。

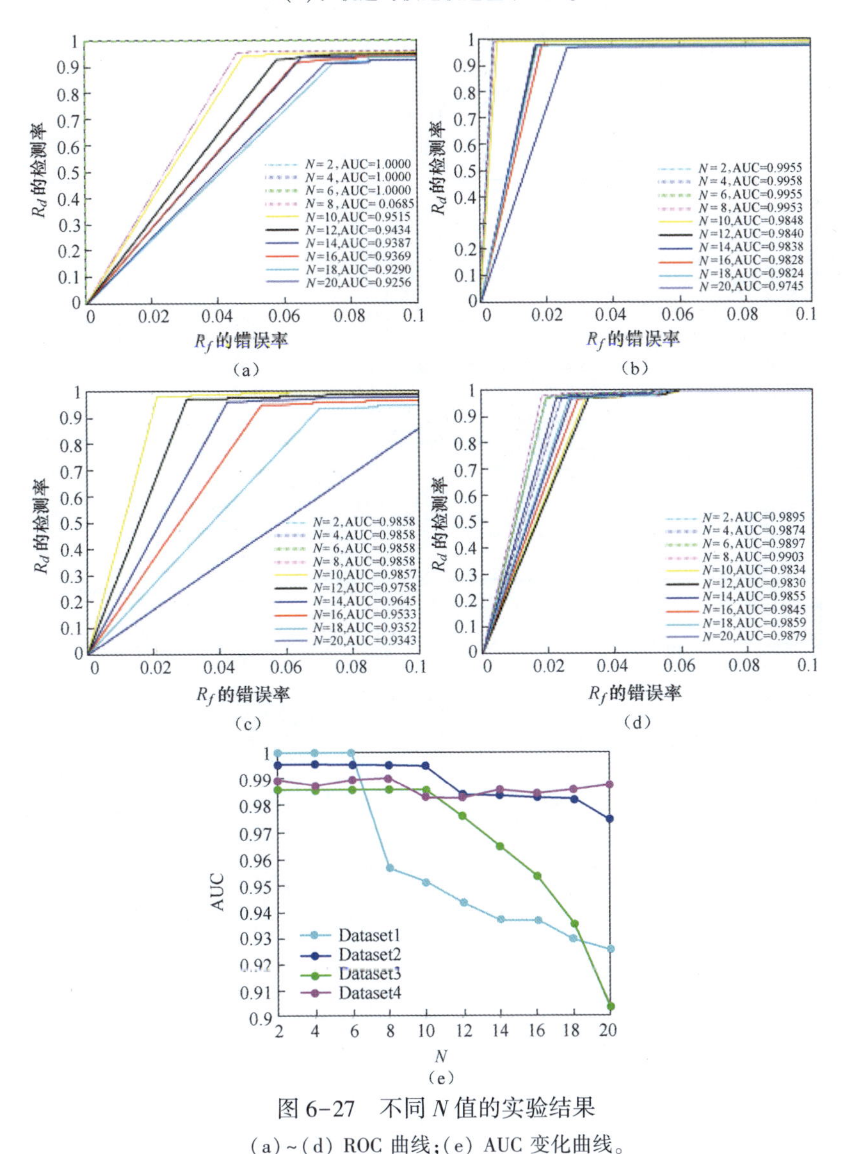

图 6-27　不同 N 值的实验结果

(a)~(d) ROC 曲线;(e) AUC 变化曲线。

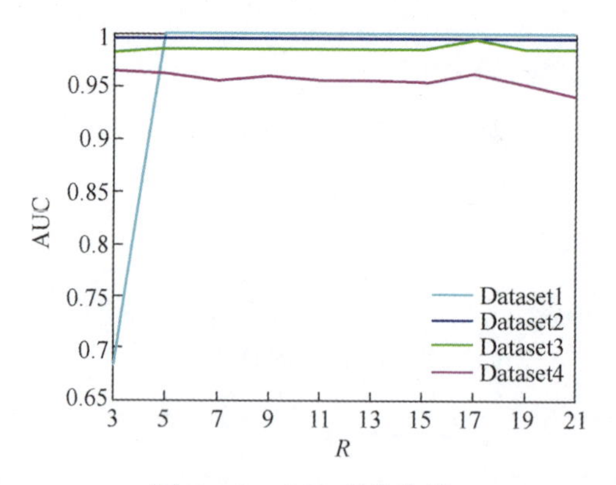

图 6-28　AUC 变化曲线

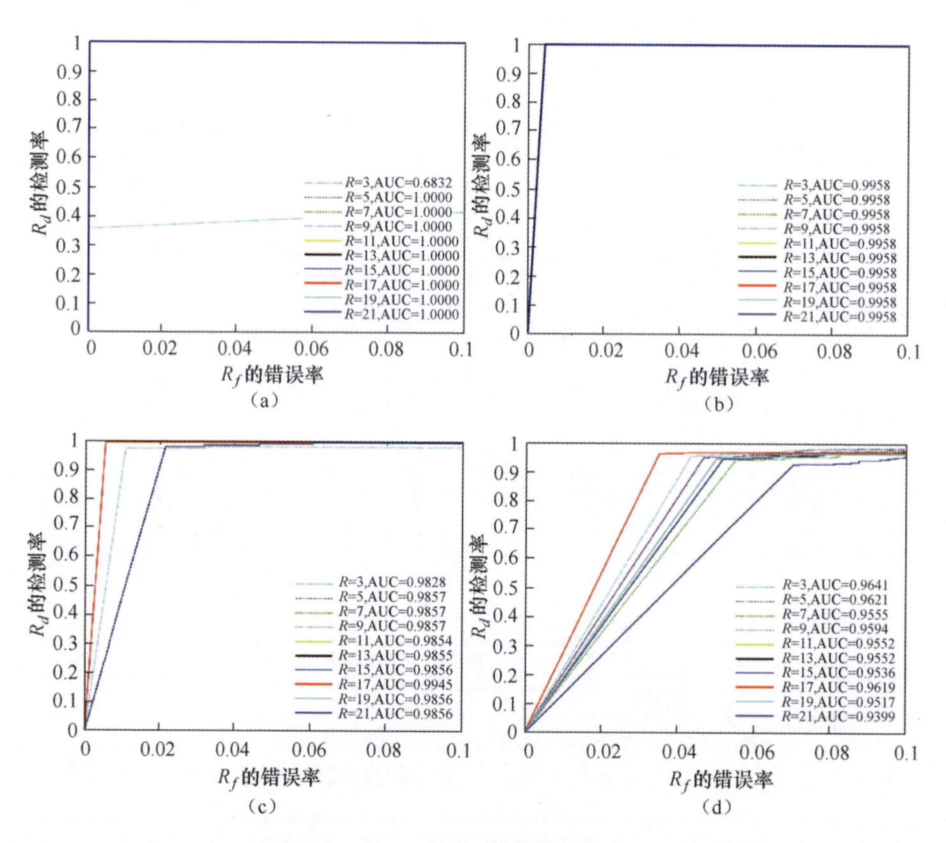

图 6-29　不同 R 值的实验结果

(a)~(d) ROC 曲线。

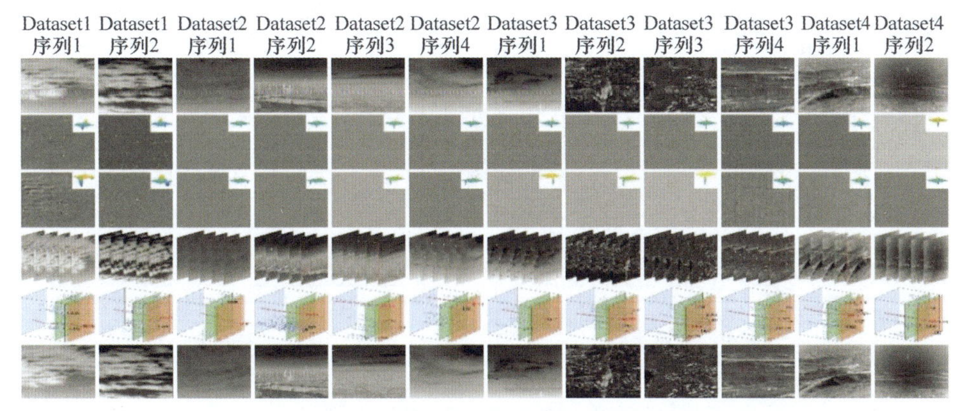

图 6-30 本章的方法在所有序列的第 15 帧中的检测结果

（第一行：原始图像。第二行和第三行：差分图像 $\mathrm{diff}_{k,k-1}$ 和 $\mathrm{diff}_{k,k-N}$。正峰和负峰分别用橙色和绿色圆圈标记。第四行：密度峰轨迹。第五行：候选轨迹。第六行：检测结果）

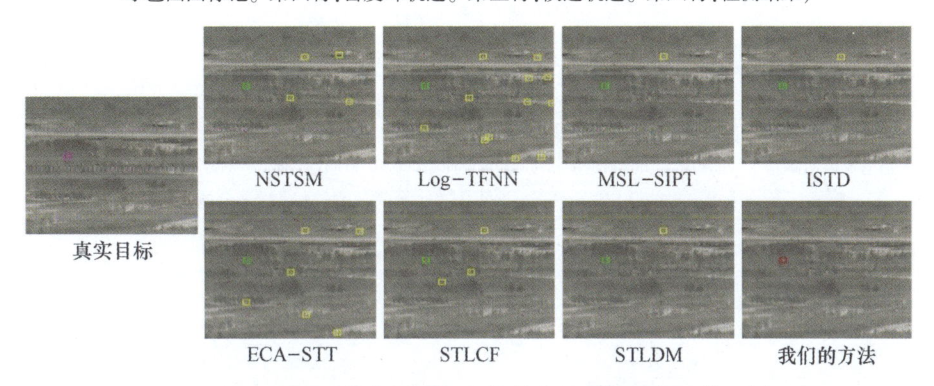

图 6-31 具有点状背景特征的场景的检测结果的比较示例

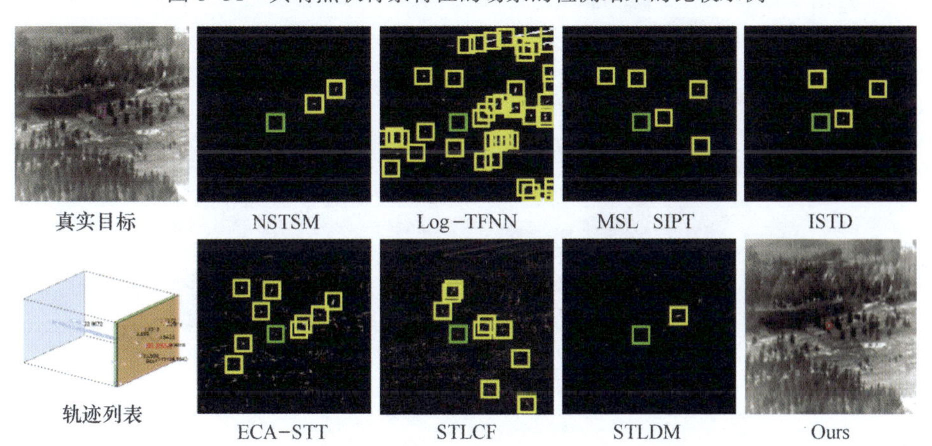

图 6-32 包含缓慢移动目标的序列的检测结果

（其中漏检和误检分别用绿色和黄色方框标记）

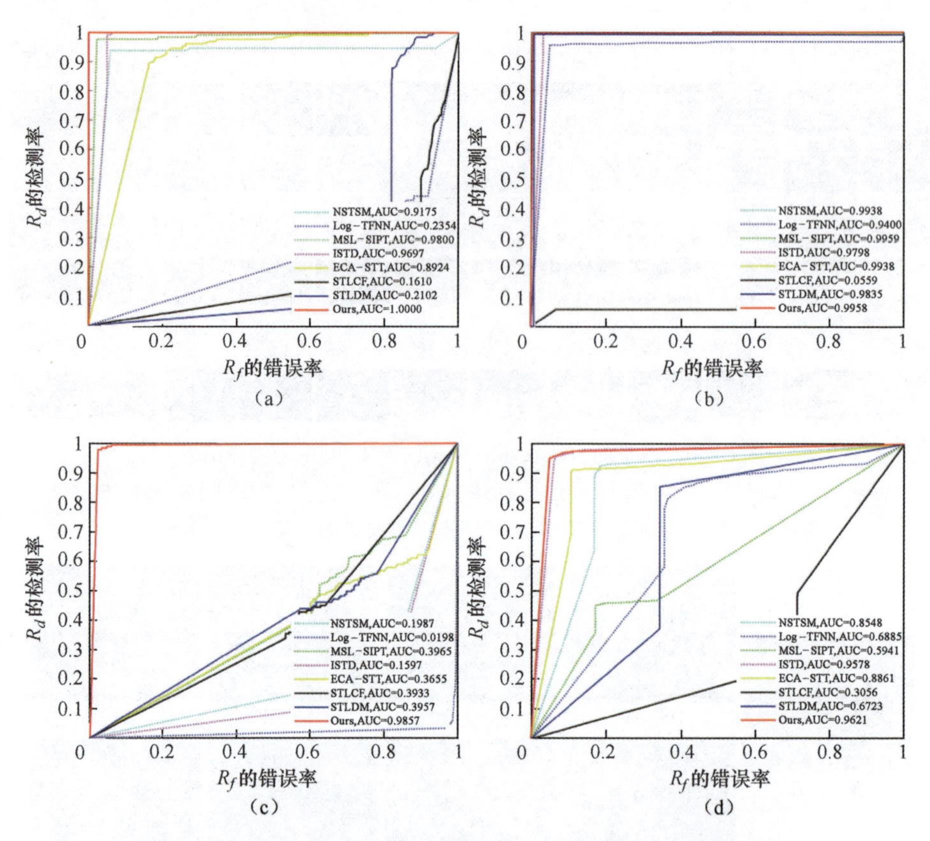

图 6-33 (a)~(d)数据集 1~数据集 4 中 8 种方法的 ROC 曲线

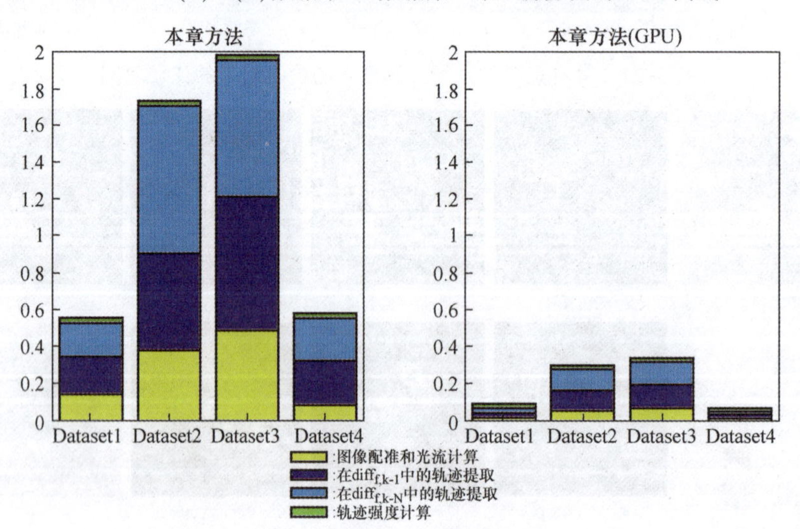

图 6-34 主要过程的运行时间